最受养殖户欢迎的精品图书

毛皮动物
生态养殖技术
第二版

葛 铭 张瑞莉 编著

中国农业出版社

内 容 简 介

　　本书主要阐述了毛皮动物生态养殖场的规划与设计、毛皮动物繁殖与育种、毛皮动物常用饲料、毛皮动物的饲养标准和饲料配制方法、毛皮动物生态养殖技术、毛皮动物的毛皮加工技术、毛皮动物生态养殖场的无害化处理技术、毛皮动物的疾病防治技术等内容。全书突出生态主线，重点将中草药应用于毛皮动物的饲料配制和疾病防治，内容科学、通俗和实用，可操作性和指导性强，可供广大毛皮动物养殖专业户和养殖场技术人员学习和参考。

本书有关用药的声明

　　兽医科学是一门不断发展的学问。用药安全注意事项必须遵守，但随着最新研究及临床经验的发展，知识也不断更新，因此治疗方法及用药也必须或有必要做相应的调整。建议读者在使用每一种药物之前，要参阅厂家提供的产品说明以确认推荐的药物用量、用药方法、所需用药的时间及禁忌等。医生有责任根据经验和对患病动物的了解决定用药量及选择最佳治疗方案，出版社和作者对任何在治疗中所发生的对患病动物和/或财产所造成的损害不承担任何责任。

中国农业出版社

第二版前言

《毛皮动物生态养殖技术》自2011年出版以来，得到了得广大读者的欢迎和喜爱。为了跟进新形势发展需要，更为贴近生产实际，我们对原书进行了修订。

第二版是在第一版的基础上对全书作了部分修改，仍保留原有的编写章节，但为了更好地体现本书的实用性，第二版删去了第一版中的一些原理性和概况性的内容。本次修订结合两年来毛皮动物养殖中所存在的问题，去伪存真，保留了毛皮动物饲料配制中常用的中草药添加剂及治疗毛皮动物疾病中应用效果较好的中药方剂，调整了治疗中所用的西药，增加了最新的用药技术，删去错误的用药方法及剂量，删除了违禁和淘汰兽药。

第二版书仍注重理论与生产实践紧密结合，注重实用性与可操作性，便于广大毛皮动物养殖户和养殖场技术人员阅读和参考。

由于修改时间仓促，编者水平所限，有不妥之处，恳请专家和读者赐教指正。

编　者

2013 年 7 月

第一版前言

　　由于无公害养殖技术的广泛推广和人们对绿色、无污染和无药物残留的生态动物产品的追求，传统的中兽医越来越受到人们的重视，但目前出版的毛皮动物类图书都是关于饲养和防病治病的，还没有一本图书将生态和中兽医技术贯穿毛皮动物养殖和疾病防治的全过程。本书以传统的"天地人"合一的农学思想和中兽医的管理观念为指导，以生态为主线，将中草药应用于毛皮动物的饲料配制，将中兽医的防重于治的思想贯穿于饲养管理和疫病防治的整个养殖生产过程中，从而生产出安全、优质、营养、无污染和无公害的生态毛皮动物产品和毛皮，使毛皮动物养殖业步入环境友好、资源循环和高效利用、经济效益良好的可持续发展道路。本书本着科学、通俗和实用的原则，突出可操作性和指导性，是国内第一本关于毛皮动物生态养殖和中兽医防治疾病的科普图书。

　　毛皮动物生态养殖技术突出生态主线，重点将中草药应用于毛皮动物的饲料配制和疾病防治。全书主要包括绪论、毛皮动物生态养殖场的规划与设计、毛皮动物生态养殖的饲养和管理、毛皮动物的繁殖和育种、毛皮动物的饲料与营养、毛皮动物的饲养标准和饲料配制方法、毛皮动物的取皮及毛皮的初加工、毛皮动物生态养殖场的无害化处理、毛皮动物的疾病防治。从事本书编写的人员都是长期从事教学和科研工作，具有丰富的临床经验的教师，具体分工是：张瑞莉负责绪论，第一章至第七章；葛铭负责第八章及全书的修改和统稿。

本书由许剑琴教授、郑世民教授主审，在编写过程中参考了李光玉、朴厚坤、胡元亮、汪嘉燮及同行的许多相关资料，在此也向参考文献的作者表示诚挚的谢意。由于时间仓促，编者水平所限，难免有不妥之处，恳请专家和读者赐教指正。

编　者

2011 年 3 月

目录 ● ● ● ● ●

绪　论

　　毛皮动物生态养殖是生态农业的重要组成部分，是运用生态学和系统论的原理和方法，把毛皮动物及其所处的自然环境和社会环境作为一个整体，研究其中相互联系、协同演变、调节控制和持续发展规律的学科。它使系统中的各组成部分有机结合、循环多次并且复合利用，从而大大提高了能量利用率和物质转化率，以获得良好的经济、社会和生态效益。它是一门应用性科学，是畜牧生态学在农业领域的分支。其任务是揭示这一系统中各种内外关系的规律，探寻最佳农业生态系统或生态农业模式，协调畜牧业的社会、经济和生态效益关系，促进农业的可持续发展。在应用研究上，为生态农业建设、农业可持续发展、食品安全生产等领域开展现状评价、诊断和预测，提供农业优化模式的工程设计，并对配套的技术和政策提供建议。

　　在毛皮动物生产中运用生态学、经济学和系统论的原理和方法，将毛皮动物养殖和与其相关的畜禽、农作物等组合在一个农业生态系统中，使它们组成一个与自然生态系统相似的，具有互生、互长、互相促进、互补及竞争关系的，每一个产业间都呈因果关系的系统。在一个产业的生产过程中，上一个生态位生物产生的副产品及废弃物成为生态链中下一个生态位生物的营养物质，形成一个食物链，相继传递，以达到物与能充分利用的目的，使投入的饲料和其他物质能得到充分的利用，使排污量达到最低限度以求得可持续发展的要求。毛皮动物生态养殖是一种半人工的生态过程，是人类通过劳动并利用自然条件，为毛皮动物的生存服务，并按生态学原理而建立的毛皮动物生态养殖系统，它在一定程度上要受到人为的控制。

毛皮动物生态养殖是一种专门的生态系统，它以毛皮动物生态养殖为主，经过人为的组合，结合其他农业生物与自然环境（光、热、水、土壤、气候）及人工环境（如畜舍、温室、饲料、肥料、药物管理及粪尿处理）等多种因素，组成了有关产业间有机的生存关系，这也是人为参与下的生产过程。它的产品要进入人类市场，就必然要和人的社会活动相联系，因此它是一个复杂的半人工系统工程，但它比自然生态系统的结构要简单、生物种类少、食物链短，同时也受人的影响，因此农业生物的自身调节能力较弱，易受气候、疾病等因素影响。

毛皮动物生态养殖和自然生态是不同的，毛皮动物生态养殖系统中往往是以某一个或几个农业生物为主，每一个毛皮动物、家畜及其他动物和农作物占据各自的生态位，并按照所构成食物链的顺序组成一个系统，同时由于毛皮动物的产出远远高于其他非主流农业生物，因此在生产过程的能源循环中加入了大量的辅助能。毛皮动物生态养殖系统有大量的产品输出，因此它的生态平衡状态与自然生态系统有着极大的差别。人类对物质的要求是无止境的，往往要求养殖毛皮动物生产能不断大幅度提升，但是由于生态平衡的限制，这种不符合生态原理的要求往往会因为生态平衡的破坏而遭到失败。在毛皮动物生态养殖系统中，除毛皮动物外，养鱼与宠物、昆虫养殖相比较要占重要的生态位，因此它也是毛皮动物生态养殖系统中的一个重要组成部分。养殖毛皮动物所需饲料主要来自于动物产品和植物，毛皮动物通过植物间接的利用太阳能和其他动物作为自身生存的营养源。在毛皮动物生态养殖系统中，又可以将粪肥及本身的尸体作为农业和其他动物的肥料及饲料，每一个处于上游生态位的生物所产生的产品或废物都可以作为处在下游生态位生物的能与氮的来源，从而形成一个循环系统。这种相互间的能源供应关系和生态学中食物链的原理是一致的。在这种有机互作关系下，形成了一种可持续发展的毛皮动物生态养殖系统工程，废物排放可以达到最低，使人和环境达到了和谐统一的关系。

在毛皮动物养殖生产中，种植业和养殖毛皮动物的相关产业是不能分离的，因此毛皮动物生态养殖系统必然是农牧结合的生态系统。在毛皮动物生态养殖系统的建设中，必然要以毛皮动物养殖为主，包含种植业及养殖业两大内容，在此基础上根据系统中多余能源的可利用情况补充生态位，以充实和完善其生态循环系统，使废物充分利用而达到可持续发展的目的（图0-1）。因此，毛皮动物生态养殖必须使种植业和养殖业的相互依存关系符合有关的生态学原理。这就是我们发展毛皮动物生态养殖的基本目的之一。

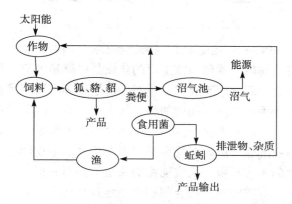

图0-1 毛皮动物生态养殖系统中能源传递及分级利用图

毛皮动物养殖生产包括了种、养、生产物质保证和产品销售、市场组织等社会经济元素，因此在生产中毛皮动物生态养殖形成一个系统。而建设毛皮动物生态养殖系统（图0-2）的一系列工作，称为毛皮动物生态养殖系统工程。生态系统工程的命名以生产为主要依据，毛皮动物生态养殖是农业生态系统中以毛皮动物养殖为主的一种农业生态系统工程，因此称为毛皮动物生态养殖系统工程。

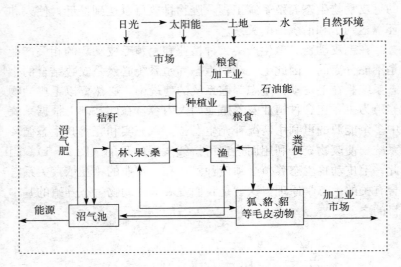

图0-2　毛皮动物生态养殖系统基本结构示意图

毛皮动物生态养殖系统工程的建设是以养殖毛皮动物生产为主，按农业生态学原理及农业生态经济学原理，以现代养殖毛皮动物技术为手段，发展相应的林、果、渔、蚕、副等产业并建立和管理一个生产水平比较高的毛皮动物生态养殖系统。毛皮动物生态养殖系统建立后，在这个系统内所饲养的毛皮动物应该完全适应当地的生态环境，毛皮动物的质量得到不断提高，毛皮动物的疾病得到有效防控，能合理利用当地各种饲料资源，毛皮动物的饲料利用率得到提高，建立起与当地农业状况相适应的毛皮动物养殖规模及密度相对合理，毛皮动物舍的建筑符合毛皮动物的生存要求，并能保证其发挥最佳生产能力的毛皮动物养殖生产系统；毛皮动物养殖所产生的粪尿等污物得到资源化处理，生物能源得到利用，毛皮动物养殖场污水被处理或处理水被重复利用；污浊空气被生长良好的农作物、草原和森林植被所过滤吸收；当地多样化的农业不断丰富，农业机械化程度逐步提高，土地得到合理而充分的利用，土壤肥力不断改善；系统内的产品可进一步深加工而使农副产品加工业得到发展；环境得到逐步优化，生物指数有所改善，使整个农业生产围绕毛皮动物养殖形成一个良性的生态循环系统。在毛皮动物养殖生态循环系统内，每个环节所产生的产品为人和社会所用并进入市场，而每一个环节所产生的废物又成为另一个生产环节的生产原料，形成一个可循环的食物链系统，达到废物零排放的要求，使污染问题得到解决。因地制宜的各种相关副业得到发展，毛皮动物养殖和生产的发展与市场紧密结合，产品得到市场认可，投资合理，生产效率高，因此毛皮动物养殖的经济效益得到稳定的提高，形成可持续发展的毛皮动物养殖生产。种植业、林业、毛皮动物的屠宰加工业及其他副业围绕毛皮动物养殖生产的发展而得到发展，农村毛皮动物养殖在毛皮动物养殖业发展的同时能充分利用农村饲料，获得高的生产率，既能充分发挥国外引进毛皮动物种的生长速度快、饲料利用率高的特点，又能发挥我国毛皮动物的繁殖率高、肉质好、适应性强的特点，毛皮动物疾病基本得到防控，不发生烈性传染病；有机肥料和化学肥料科学的搭配使用，以取得最佳肥效并促进农业产品的增产，对农村环境卫生不造成损害，毛皮动物的安全生产得到保证。毛皮动物养殖是增加农民收入的一个来源，毛皮动物养殖业在新农村建设中，得到科学的规划和安排；无论以毛皮动物场为主或是以农村毛皮动物养殖为主，都是以人为中心、农牧结合、合理的农业经济结构；半封闭的、高经济产出的、低能耗的生态循环系统得到确立，从而建设起一个现代化的、经济良性和可持续发展的、具有中国特色的新农村田园。只有毛皮动物生态养殖发展后，毛皮动物和毛皮安全生产才有可能保证。

第一章

毛皮动物生态养殖场的规划与设计

第一节　毛皮动物生态养殖场的设计原则

（一）为毛皮动物创造适宜的环境

一个适宜的环境可以充分发挥毛皮动物的生产潜力，提高饲料利用率。一般来说，毛皮动物的生产力 20% 取决于品种，40%～50% 取决于饲料，20%～30% 取决于环境。不适宜的环境温度可以使毛皮动物的生产力下降 10%～30%。此外，即使饲喂全价饲料，如果没有适宜的环境，饲料也不能最大限度地转化为畜产品，从而降低了饲料利用率。由此可见，修建毛皮动物舍时，必须符合毛皮动物对各种环境条件的要求，包括温度、湿度、通风、光照、空气中的二氧化碳、氨、硫化氢等，为毛皮动物创造适宜的环境。

（二）要符合生产工艺要求，保证生产的顺利进行和畜牧兽医技术措施的实施

毛皮动物生产工艺既包括毛皮动物群的组成和周转方式、运送动物饲料、饲喂、饮水、清粪等，也包括测量、称重、采精输

精、防治、生产护理等技术措施。修建毛皮动物舍必须与本场生产工艺相结合。否则，必将给生产造成不便，甚至使生产无法进行。

（三）严格进行卫生防疫，防止疫病传播

流行性疫病对毛皮动物场会形成威胁，造成经济损失。通过修建规范毛皮动物舍，为毛皮动物创造适宜环境，将会防止或减少疫病发生。此外，修建毛皮动物舍时还应特别注意卫生要求，以利于兽医防疫制度的执行。要根据防疫要求合理进行场地规划和建筑物布局，确定毛皮动物舍的朝向和间距，设置消毒设施，合理安置污物处理设施等。

（四）要做到经济合理，技术可行

在满足以上三项要求的前提下，毛皮动物舍的修建还应尽量降低工程造价和设备投资，以降低生产成本，加快资金周转。因此，毛皮动物舍的修建要尽量利用自然界的有利条件（如自然通风、自然光照等），尽量就地取材，采用当地建筑施工习惯，适当减少附属用房面积。毛皮动物舍设计方案必须是通过施工能够实现的，否则，方案再好而施工技术上不可行，也只能是空想的设计，同时能够提供生产安全可靠的产品所需的无害化处理设备和设施。

第二节 毛皮动物生态养殖场的规划与设计技术

生态养殖场规划实际就是在建场以前，通过对各方面进行充分考虑以后制订的饲养场建设的实施方案。一个详细的规划应该包括以下几方面的内容：

① 饲养场的形式及场区设计。主要指饲养场采取全封闭式还是半封闭式。半封闭式即指笼舍喂养、舍外活动与取食相结

合，与半散放饲养类似。全封闭式即指完全限制于笼内饲养，靠人工投喂。场区设计主要包括围墙修建的具体技术数据确定、场内各部分结构布局、结构比例、出入口设置等。

② 饲养区的建筑设计。主要包括饲养区与非饲养区的隔离方式、饲养区的大小、圈舍形式、尺寸及数量、圈舍布局等，还包括饲喂人员的临时休息场所及日常工作间的设计等。

③ 非饲养区的建筑设计。主要包括饲料加工厂、毛皮加工厂、饲料生产基地以及工作人员办公区和住宅区等的建筑设计。

④ 水、电等配套设施设计。主要包括照明、取暖、饮水等相关系统的设计，如电线架设、水管铺设、锅炉房和变电所的设计等。

⑤ 管理工作程序及卫生防疫制度设计。这属于设计的软件部分，是搞好管理的重要环节。

一、规划的前期工作

1. 预期养殖方向　这是确定饲养场发展战略的关键，直接关系到建场的许多具体问题。例如，要把饲养场建设成为一个良种繁育基地，那么建场时就必须把人工繁育技术设备（包括育种手段等）作为一个很重要的建设项目，而且还要把野生毛皮动物的驯养及驯化场所及必备手段放在突出位置予以考虑。如果是以出售商品毛皮动物为主要方向，那么饲养场建设时，就必须考虑建设一定规模的毛皮剥取及加工车间。

2. 养殖场等级规格　等级规格的确定，在很大程度上规定了饲养场的各种产前、产中、产后环节的配套程度。饲养规格很低，则往往只需要围绕饲喂做文章，对于前期的驯化、育种以及后期的毛皮加工等可不予考虑，只是从外面引种进行饲喂，然后出售商品毛皮动物或毛皮初加工产品。而如果期望把饲养场建成高等级场，则要十分注重配套设施的建设，除了要建饲喂圈舍以外，还要建种兽毛皮动物繁育场、饲料加工厂、毛皮加工厂、动物医院、管理人员办公区、住宅区，以及配套的饲料生产区（包括鱼塘、农田、虾池、毛皮动物隔离养殖区等），同时还有其他相关配套设施。

3. 养殖场的饲养规模　确定了以上几个方面以后，接下来就必须确定养殖规模，这是制订养殖场规划的重要环节。如果打算饲养 100 只种狐、貂、貉，平均每只母狐、貂、貉年产仔成活 5 只，按 1∶3 的公母配对形式，年最高种群个体数约为 500 只。在考虑养殖场建设时，就必须设计可供 500 只狐、貂、貉生活的中型养殖场。相反，一般家庭饲养规模较小，往往可依庭院形式、大小设计饲养圈舍，并种植一定面积的植物饲料。利用家庭日常生活废弃饭食，并投喂一些动物性食物，如抓获的青蛙、网捕小鱼等即可饲养。

南方狐、貂、貉与北方狐、貂、貉的各类不同毛皮动物种兽其每只所需的活动空间都有不同，这一点是由规模决定场地大小的关键，应该在设计前认真对待。

二、我国现有的毛皮动物养殖方式

珍贵毛皮动物狐、貂、貉在我国饲养已近半个世纪，经历了从无到有、从小到大、从国营到个体、从分散户饲养到集约饲养，从鲜饲料饲喂到干饲料饲喂等诸多变化。目前全国狐、貉、貂饲养总量已达历史最高，已跨入世界毛皮动物养殖大国行列。

毛皮动物养殖业，除大场以外，多数以个体养殖户为主，与居民区及其他动物养殖区较近，饲养环境不理想，棚舍及笼舍规模不一致，设施简陋，卫生条件差。2007 年颁布实施的《中华人民共和国畜牧法》中有"支持养殖小区股份制合理改造"的阐述，为养殖方式向集约化、规模化转变指出了一条新的思路。其主要内容就是鼓励生产和经营者本着自愿的原则，建立经济、养殖合作组织。通过这种形式，把分散独立、规模较小的养殖场（户）联合起来，把分散的资金集中起来，发展规模化养殖，把生产出来的毛皮动物产品集中起来参与市场竞争，谋求规模效益，实现养殖利益最大化。通过集资养殖、股份制合作、统一管理，实现出资人利益共享、风险共担。这种方式能够解决中小养殖场（户）资金不足的困难，加快养殖方式的转变，既可以快速推广先进设备和技术、提高生产水平，又便于毛皮动物防疫、减少污染、提高毛皮动物毛皮质量；既有利于毛皮动物排泄物的无害化处理和综合开发利用，又可以有效地保护自然环境，促进农村循环经济的健康发展。

三、毛皮动物生态养殖的基本模式

以沼气为纽带的生态系统模式，其基本模式如图1-1：

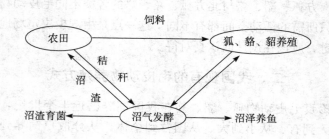

图1-1 以沼气为纽带的生态系统模式

模式一：沼气＋生态养殖农业模式

该生态农业模式是一项集能源、养殖、改厕、造肥为一体的生态农业模式。设计为地下沼气池、地上养殖场和厕所三位一体，毛皮动物粪便或作物秸秆作为发酵原料，发酵所产沼气用于做饭、照明和发电，沼液用于叶面施肥、浸种，沼渣用作底肥、饲料和种蘑菇等。沼气池采取沙石、水泥预制达到不漏水、不漏气标准，一般容积为 $8\sim10$ 米^3，进出料采取吊管，自进自排，并增加酸化池。由于加强了密封和保温措施，因此克服了跑、漏气现象，进出料自进自排，既卫生，又简便安全。该模式具有产气量高、性能好、便于操作、全年产气、适应性强等特点，冬季也能使用，在整个物料循环中，为我们提供了能源、农产品和毛皮动物产品，解决了卫生改厕、省工省料等问题，促进了农村两个文明的建设。

模式二：放养

生态放养遵循毛皮动物与自然界和谐相处的规律及毛皮动物的生活习性，在草地草山草坡、果园、竹园、林地、荒滩上放养。由于活动空间大、空气清新、机体健康、抗病力强、成活率高，降低了饲养成本。养出的毛皮动物毛光亮、皮质更佳。

模式三：农饲结合

充分利用农民种植的蔬菜、玉米、瓜果等供应当地的毛皮动物养殖，取得保护环境、资源综合利用的效果，使毛皮动物养殖成本大幅度下降。当地农民还可以利用茎叶作为兔的青饲料发展长毛兔生产。

模式四：农牧循环

在笼舍内铺上辅料，将狐、貉、貂的粪尿吸附混合，生物处理后进行二次发酵，并经工艺处理成生态有机肥，解决了环境污染的问题。笼舍干燥、无异味，养殖场无污染排放，完全消除臭气和病菌，创造花园式的"零污染"养殖环境，使毛皮动物生活在安全舒适的环境中，减少疾病发生，加快生长速度，缩短饲养期，从而使养殖场既解决环境污染问题，又提高经济效益，生产的精制有机肥可广泛施用于菜地、茶园和果园。

模式五：发酵床＋狐、貉、貂

发酵床养殖毛皮动物，利用有益微生物的有益菌群，主要由光合细菌、乳酸菌、酵母菌等5科10属80多种有益微生物复合培养而成。其中乳酸菌的多种杆菌，在厌氧状态发酵乳糖，产生乳酸而形成的酸性环境，可有效地抑制肠道腐败菌的繁殖，促进有益菌的生长，减少肠道疾病的发生。

发酵床圈底采用锯末或秸秆配合毛皮动物育生菌剂，就完全可以达到毛皮动物的排泄物自行分解的效果，无异味、无污染、无排放。各项指标均能达到环保标准，既改变了笼、圈舍的环境，又节省了人工、水电的投入，降低了成本。发酵床养殖方式，在粪便分解上达到了零污染、零排放的同时，节粮的程度也是前所未有的，由于育生菌中含有十几种酶，包括对动物内源酶进行补充的酶，如蛋白酶等，消除动物饲料中抗营养因子的纤维素酶等。

四、毛皮动物生态养殖场的规划要求

毛皮动物养殖场场址的选择是直接影响生产效果和发展的重要因素。因此，不论毛皮动物场地规模大小如何，场址选择一定要合理。具体应按以下三个方面的基本条件，综合考虑，权衡利弊，确定场址。

1. 饲料条件　饲料的来源是选定毛皮动物养殖场的首要条件，以每养 100 只种狐（公、母比例为 1∶3）计算，全年饲养量银黑狐可达 368 只（群均成活 4 只），北极狐可达 500 只（群均成活 7 只），一年需动物性饲料分别为 23 吨和 36 吨、谷物类饲料分别为 5.4 吨和 5.7 吨、蔬菜饲料分别为 5～6 吨。因此，建场地点最好应选在饲料来源广泛、又容易选购（获得）且运输方便的地方，如渔业区、牧业区或靠近肉、鱼类加工厂及孵化厂的地方。规模较小的毛皮动物养殖场必须就近能够解决或购买到各种饲料，特别是动物性饲料。

2. 自然条件

（1）毛皮动物养殖场要选在地势高、易于排水、向阳、通风良好的地方。

（2）场地的水源必须充足，水质洁净，决不可使用死水、臭水或被污染过的水及含矿物质过多的泉水。

3. 社会环境条件

（1）交通方便，靠近电源干线。毛皮动物养殖场要选在交通相对较方便又容易解决通电的地方。

（2）相对远离村庄和其他养殖场。为便于搞好卫生防疫，毛皮动物养殖场应与畜牧场、养禽场和居民区（村庄）保持一定的距离（500～1 000 米）。

（3）相对远离公路干线、铁路和矿山。毛皮动物养殖场的周边一定要安静。选址时要注意避开喧闹的公路、铁路、机器房及矿山等。

（4）选择的场地面积既要满足现实生产的需要，还应考虑到将来扩大生产规模，增加占地需求的余地。

五、场区内的规划要求

在场址确定后，就要根据其具体地形、风向，按计划生产的规模，先制订出场区布局规划：即按实际建筑及用途的需要确定生活区、生产区、后勤供应区以及粪便处理等区域的位置、面积，以便为具体建场奠定基础。具体布局规划的原则是：

（1）坚持从生产实际需要出发，本着权衡利弊、有利于防疫、有益生产、实际和实用的原则进行合理布局。

（2）根据场区的风向，生活和办公区应设计在上风头，依次为后勤保障区（饲料加工、料库、防疫室等）、生产区（养殖区及屠宰打皮、皮毛加工间）、粪便和污物处理场。

（3）根据场区地势，布局时，生活和办公区也要尽量安排在高地势带，以避免生产区的水流向办公、生活区。

（4）在场区的小环境中，生产区一定要注意安排在相对安静的位置。

（5）全场场区布局要符合生产流程的需要，重点着眼于合理布局、科学规划、便于管理并有利于生产。

（6）饲料加工间的布局要与办公生活区、毛皮动物养殖区及饲料调制间、皮毛加工厂相对隔离，保证有 150～200 米的距离。以便于防止其他动物和家畜带来疫病传播，同时也有利于避免噪声对兽群的干扰。

第三节　毛皮动物生态养殖场的建筑和设备

一、棚舍和笼箱的要求

1. 棚舍　棚舍的主要作用是遮挡雨雪和防止夏季烈日暴晒。棚顶一般呈人字形，也有一面坡型的。材料为角钢、钢筋、木材、砖石、石棉瓦等。用角钢、钢筋、木材、砖石等做成支架，上面加盖石棉瓦、油毡纸或其他遮蔽物进行覆盖。规模性棚舍建设一般棚檐高 1.5～2 米，宽 4～5 米，长短与饲养量和场院大小成正比，棚间距以 3～4 米为宜，这样有利于充分采光。人字形棚舍可以放置两排笼舍，两排笼舍之间过道的宽度应大于 2 米，以满足两辆喂食车可以并排通过，有利于日后的饲养管理。家庭养殖还可以采用简易棚舍，用砖石筑起距离地面 30～50 厘米的地基，在上面安放笼舍，在笼舍上面安放好石棉瓦等，这种棚舍建造比较简单，投入也较少，缺点是遮挡风雨和防晒效果不好，在炎热的夏季必须在石棉瓦上加盖棉被、草帘等防止太阳将石棉瓦晒得过热而使笼内温度过高，也可以加盖双层石棉瓦，并让两层石棉瓦中间有一定缝隙。

2. 笼箱　狐、貉、貂笼箱分为笼舍和窝箱两部分。笼舍是动物运动、采食、排泄的场所，窝箱供动物休息和产仔之用。貂不论公母常年配有窝箱，为了降低饲养成本，皮用狐、貉和种公兽都不加窝箱。但实践证明常年使用窝箱对狐、貉的生长十分有利。笼舍的规格、样式较多，原则上以能使动物正常活动，不影响生长发育、繁殖，不使动物逃脱，又节省空间为好，笼舍要尽量大一些，这样既有利于提高动物生产性能，又能满足动物福利的要求。

表 1-1　狐、貉、貂笼舍和窝箱的参考尺寸（厘米）

动物分类		狐	貉	貂
笼舍	长	120	100	60
	宽	80	70	50
	高	70	70	40
窝箱	长	75	60	50
	宽	60	50	32
	高	50	45	40

笼舍一般用角钢或钢筋做成骨架，然后用铁丝固定成铁丝网片。简易的笼舍可仅用铁丝网编好，现在多用镀锌电焊网制成。狐、貉笼舍的网眼不超过 3 厘米×5 厘米，水貂笼舍的网眼要小于 2.5 厘米。窝箱可用木材、竹、砖等材料制成，还有用稻草做成狐、貉的窝箱，实践证明也是可行的。因此制作窝箱的材料不拘一格，只要保证窝箱坚固、严实、保暖、开启方便、容易清扫即可。窝箱盖可自由开启，顶盖前高后低具有一定坡度，可避免饲养在无棚条件下，积聚雨水而漏入窝箱内。种兽窝箱在出入口必须备有插门，以备产仔检查、隔离母兽或捕捉时用。窝箱出入口下方要设置高出小室底 5 厘米的挡板，防止仔兽爬出。在狐、貉种兽窝箱内还应设有走廊，里面是产室，以利于产室保温并方便垫草。

二、饲料加工室和饲料贮存室的具体要求

1. 饲料加工室　饲料加工室是冲洗、蒸煮和调制饲料的场所，室内应备有洗涤、熟制、绞碎、搅拌设备等。还应有很好的上下水通道，室内地面水泥抹光或粘贴瓷砖，便于清洗和排出污水。饲料加工室不宜长时间存放饲料，进入加工室的饲料应尽量当天用完，剩余饲料要及时送回贮存室。每次加工完饲料后都要彻底打扫，不留下杂物。饲料加工室应有专人负责，除工作人员外，禁止其他人进入。工作人员进入饲料加工室要更换工作服，

尤其要更换干净的靴子，防止将污染源带入。

2. 饲料贮存室　饲料储存室包括干饲料仓库和冷库，干饲料仓库主要用来贮存谷物和其他干粉饲料，冷库主要用来保存新鲜动物性饲料和一些容易氧化变质的干粉动物性饲料，如鱼粉、肉骨粉等，冷库还可以用来保存皮张，二者可以根据饲养规模和当地的饲料来源情况选择建设。小型饲养场和个体饲养户可使用大容量冰柜代替冷库。仓库和冷库都要离饲料加工室近一些，以便于饲料搬运。

三、综合技术室和毛皮加工室的具体要求

1. 综合技术室　综合技术室可以分为兽医防疫室和分析化验室，主要承担全场的卫生防疫、疾病诊断和饲料检验工作。饲养场可以根据需要选择建设，但常用的器械消毒、药品保存和配制、常规检查等功能必不可少，还必须准备手术器械、注射器、常用药物等。其他设施可以根据需要相应增加。综合技术室应有专人负责，一般由技术员担任，药品的数量和使用情况必须详细登记。

2. 毛皮加工室　毛皮加工室是剥制毛皮动物皮张和进行初加工的场所。室内设有剥皮、刮油、洗皮、上楦、干燥、验质、储存等工作场所。

四、生态养殖场的其他建筑和用具

其他建筑主要有供水、供电、供暖设备、围墙和警卫室等。另外还要有捕兽笼、捕兽箱、捕兽网、喂食车、喂食桶、水盆、食碗等。

第二章 毛皮动物生态养殖的饲养和管理

第一节　毛皮动物生态养殖的饲养管理原则

狐、貉、貂是人工养殖野生动物的一部分，因为驯养时间短，具有一定的野生特性。为了最大限度地发挥狐、貉、貂的生产潜力，必须根据狐、貉、貂的生活习性、生理需要和遗传特性，创造有利于狐、貉、貂生长发育与繁殖的环境条件和饲养管理条件，如根据狐、貉、貂的食性特征常年供应以动物性为主的饲料；饮水要清洁、充足；提供适合狐、貉、貂生活和繁殖的场所；保证合理的日照，在此基础上选育优良的种兽进行繁殖，以获得良好的繁殖结果和满意的经济效益。具体的饲养与管理原则如下：

一、毛皮动物生态养殖的饲养原则

1. 根据狐、貉、貂的生理特点和养殖目的及时调整饲料品种和饲料供应量　不同生理时期狐、貉、貂的消化、换毛和繁殖等生理特点区别很大，对营养物质的需要情况明显不同。应根据狐、貉、貂在发情交配季节食欲下降、妊娠产仔期食欲正常、幼兽育成期食欲特别旺盛的规律，及时调整饲料品种和饲料供应量。具体是饲料要全价易消化、动植物饲料搭配比例适当、饲料组成力求多样化，以利于饲料营养物质的互补。

2. 饲喂要定时定量　毛皮兽养成良好的采食习惯，保持良好的消化机能，同时饲喂时间和数量也要随性别、季节、体形大小进行调节。

3. 饲料适口性好，更换饲料要循序渐进　狐、貉、貂在不同的生理时期营养需要不同，所以饲料配方必然发生变化，变化后的新饲料在替换时必须注意适口性好和循序渐进的原则，不然就会发生厌食甚至拒食现象。

4. 保证洁净充足的饮水　水是生命必需的物质，所以应注意毛皮兽的饮水，水不仅起到缓解口渴的作用，还能起到防暑降温的作用，充足洁净的饮水对毛皮兽的生长有极大的促进作用。

二、毛皮动物生态养殖的管理原则

（1）保持环境安静、免除不良刺激影响和正确地进行选种选配，按照狐、貉、貂的生理特点正确地进行通风、光照调整。

（2）通过增加营养、精心照料来提高仔兽的成活率。

（3）根据生产目的不同进行分群饲养，根据狐、貉、貂的生理特点进行科学的饲养时期划分，并依照不同时期的生理需要进行针对性的管理。

（4）保持笼舍卫生，及时消毒防疫，经常打扫笼舍，及时对环境进行消毒防疫，了解流行病和多发传染病的发病规律，做到早防、早治，防治不同时期特有疫病，降低死亡率。

‖ 第二节　毛皮动物生态养殖的分阶段管理

一、毛皮动物各生理时期的划分

狐、貉、貂每个时期的饲养管理既有各自的特点，又紧密相连、相互影响，因此饲养管理在各个时期同等重要，不能放松。

1. 狐的饲养时期划分　对当年出生的狐，从 6 月下旬至 7

月初分窝开始到 9 月下旬为生长期，从 9 月下旬到 11 月中下旬打皮为冬毛生长期，9 月下旬到翌年 1 月中旬是留种狐的准备配种期；每年的 1 月下旬到 4 月上旬是狐的配种期，母狐交配后理论上进入妊娠期，妊娠期为 52 天左右；从母狐产仔到仔狐分窝称为产仔哺乳期，这段时间大约 8 周；仔狐断乳分窝到取皮这段时间称为狐的育成期（育成期的后半段为幼狐的冬毛生长期）；种公狐配种结束，母狐断奶分窝到配种准备期的一段时间称为狐的恢复期。蓝狐繁殖期晚，发情期较长，配种季节一般比银黑狐迟 1 个月左右，其他时期划分基本一致。

2. 貉的饲养时期划分　成年公貉分准备配种期（12 月至翌年 1 月）、配种期（2～3 月）、静止期（4～8 月）、准备配种前期（9～11 月，实际也是冬毛生长期）；成年母貉分准备配种后期（12 月至翌年 1 月）、配种期（2～3 月）、妊娠期（2～4 月）、产仔泌乳期（4～6 月）、静止期（7～8 月）、准备配种前期（9～11月，实际也是冬毛生长期）；幼龄貉分哺乳期（4～6 月）、育成前期（7～8 月）、育成后期（9～11 月，实际也是冬毛生长期）等几个阶段。各生物学时期貉的营养需要和管理方法都有不同特点，只有进行针对性的细分管理，才能更准确地将管理进行到位，收到事半功倍的效果。

3. 水貂的饲养时期划分　从 9 月下旬到翌年 2 月为准备配种期；3 月初水貂进入配种期；约半个月配种结束，公貂进入恢复期，母貂进入妊娠期；4 月底至 5 月初母貂产仔，同时进入产仔泌乳期；40～50 天后，幼貂分窝进入育成期，同时母貂进月恢复期；9 月下旬也就是秋分以后，成年貂和幼貂夏毛脱落，冬毛长出，生殖器官开始发育，进入下一个繁殖周期。

二、种公兽的饲养管理技术

由以上分期可看出，种公兽的饲养管理可划分为四个大的时期，即准备配种后期、配种期、静止期和冬毛生长期（准备配种前期）。

1. 种公兽准备配种期的饲养管理　从9月到翌年的1月底，是种兽的准备配种期，狐、貉、貂在时间上差别不大。每年秋分（9月21～23日）以后，随着日照的逐渐缩短和气温下降，狐、貉、貂的生殖器官和与繁殖有关的内分泌活动逐渐增强，生殖腺从静止状态转入生长发育状态。一开始生殖器官发育较慢，冬至（12月21～23日）以后，日照时间逐渐增加，公兽内分泌活动增强，性器官发育速度加快，到翌年的1月底或2月初，公兽睾丸就可以产生成熟的精子。公兽的体重在准备配种期也有很大的变化。前期（10～11月）种公兽的体重不断增加，到12月达到最高，翌年1月体重开始下降，配种期体重下降特别明显。

（1）保证狐、貉、貂足够的营养　9～12月这段时间一定要保证毛皮兽的营养，保证脂肪和蛋白质的供应，还要补充饲喂蛋氨酸和半胱氨酸，这样的饲养安排有助于种兽性器官的生长发育，也利于冬毛的生长。本时期每天喂2次，早喂日粮总量的40%，晚喂日粮总量的60%，也可以日喂1次。另外1月中旬以后种兽饲料中应注意补充维生素A、维生素D、维生素E和矿物质，这样能明显促进种兽的发情。

（2）保证种兽中等体况　从12月至翌年1月初这段时间，种兽的食欲下降，此期间可以降低饲料供给量，并降低脂肪在饲料中的比例，使种兽体况在配种前达到中等水平。实践证明，种兽的体况与繁殖力有密切关系，过肥或过瘦都会影响繁殖，特别是过肥，危害性更大。就种兽的发情与配种情况看，在配种前以中等或中下等体况的种公兽性欲最强。从外观上观察种兽的体况，可以分为如下3种情况：

① 过肥体况。逗引兽直立时见腹部明显下垂，下腹部积聚大量脂肪，腿显得很短，行动迟缓。

② 中等体况。身躯匀称，肌肉丰满，腹部不下坠，行动灵活。

③ 过瘦体况。四肢显得较长，腹部凹陷成沟，用手摸其背

部可明显感觉到脊椎骨。

如果用肉眼观察则缺乏准确度，可用种兽体重指数来确定其体况。体重指数是指种兽的体重（克）除以体长（厘米）所得的数值。体重称量以饲喂前 1 小时为准，体长为鼻尖到尾跟的直线长度。在配种前银黑狐的体重指数在 100～115 克/厘米，貉的体重指数保持在 100～110 克/厘米，貂在 24～26 克/厘米较为理想。蓝狐略肥不影响繁殖，所以应单独评估其体况检查结果，并保证饲料中脂肪的正常饲喂量。

（3）做好保暖防寒工作　狐、貉、貂的准备配种期大部分时间在寒冬季节，虽然狐、貉、貂有很好的抗寒能力，但是为了保证种兽安全越冬和保持良好的繁殖性能，必须做好防寒保暖工作。具体是小室的检修，防止漏风和室内垫足量草。

（4）搞好卫生，保持笼舍环境的洁净干燥，及时清理小室内剩余食物和粪便。

（5）保证充足的饮水　可以通过增加饮水次数、添加温水及投给洁净的雪和冰屑，保证毛皮兽在寒冬里得到足够的饮水。

（6）保持环境的安静，增加种兽的运动　在 12 月至次年 1 月要保持兽舍的安静，尽量减少人为干扰。从 1 月中旬开始要适当增加种兽的运动量（增加人为驯化），经常引逗种兽在笼内运动是准备配种后期一项重要的管理工作，能提高精子活力和配种能力。

（7）做好发情检查，保持自然光照　从 1 月开始到配种前，应做好种兽的发情检查，并详细记录，通过检查掌握公兽睾丸发育情况，为配种做好准备；通过种兽的外生殖器官变化了解饲料和管理是否合适。特别应该注意的还有在本时期种公兽应该在背风向阳的一侧饲养，否则会影响公兽睾丸的发育。配种的一些准备工作也应该在本时期做好，如：制作兽号和笼号卡，制订合理的配种方案，准备好配种期将要用到的一切辅助工具。在整个准备配种期笼舍要保持自然的光照，不要人为增加光照时间（如夜间在笼舍内用电灯照明等），以避免影响种兽正常发情。

2. 种公兽配种期的饲养管理

（1）种公兽配种期的饲养 这一时期要保证饲料营养水平全价平衡，让种兽有充沛的精力与体力，又不使其过于肥胖而影响其性欲和交配能力。本时期饲料组成以动物性饲料和高蛋白饲料为主，还可以补加牛奶或豆浆，另外在其饲料中可适当添加能促进精细胞发育的饲料或特殊添加剂，如鸡蛋、大葱、大蒜、麦芽、酵母、鱼肝油、维生素 E 和维生素 C 等。

（2）种公兽配种期的管理 为了不断提高兽群的品质，在配种期充分发挥公兽的作用，使母兽全部得以配种，就需要制订合理的配种计划和正确掌握配种的进度以及实用的配种技术。

① 制订科学的配种计划。一般公母比例为 1：3 或 1：4，这样既可以完成配种任务，也相对减少了饲养公兽的费用；防止近亲交配，检查全群种兽的系谱和历年发情配种记录，合理搭配公母兽的配对方案。一只母兽应有两只以上没有血缘关系的公兽准备与之选配，以防止母兽因择偶而造成漏配；公兽的毛绒品质一定要优于母兽，公母毛色应尽量一致；在体形选配方面，应以大公配大母，大公配中母，中公配小母为原则；不能采用同一性状有相反缺陷的公母兽配对，因为这种做法不能纠正公母兽中的某种缺陷。

② 及时进行发情检查。从 1 月末开始，要检查其睾丸发育是否正常。可抓住公兽的尾部将其倒提起，用另一手触摸其腹后部（肛门与尿道口之间靠近肛门一侧），即可摸到两侧对称的睾丸。发育正常的睾丸体积和重量明显增大到平时的 4～6 倍，呈卵圆形，手感松软而富有弹性，阴囊的下垂显而易见，阴囊上的被毛稀疏。摸不到睾丸的公兽为隐睾，无配种能力；睾丸发育不好、很小、坚硬、无弹性，都会使公兽丧失性欲，不能参与配种。

③ 合理使用种公兽。1 只种公兽在整个配种期可配 3～4 只母兽，交配 5～15 次，多者高达 20 多次。在配种前期，发情的

母兽数量较少，可选发情早的公兽与之交配，每天每只公兽可进行 3～5 次试情放对和 1～2 次配种放对，每天只能达成 1 次交配，以保持公兽的配种能力。试情放对应注意防止未发情的母兽扑咬公兽，一旦发生咬斗，立即把母兽抓出。在配种中期，母兽发情的较多，公兽还有复配的任务，配种工作很紧张，公兽 1 天可交配 2 次，但每次交配间隔不能少于 4 小时，间隔期要给配种的公兽加些含蛋白质较高的饲料（如少量鲜奶或 1 个鸡蛋），公兽连续配种 4～5 天，要休息 1～2 天。

小公兽的使用原则是选择发情好、性情温顺的母兽与初次参加配种的小公兽交配，锻炼其配种能力；小公兽性欲良好时应适当让它多配几次，但也不能使用过频；在调教小公兽配种时，不能让烈性母兽将其咬伤。性欲一般的公兽可在复配时适当使用，配种能力强的公兽与难配和初配的母兽交配。多公复配法只能用于取皮兽的繁殖，后代留种的母兽不能复配，一定要一公一母完成复配，否则后代无法留种。放对前可观察公兽对母兽的反应，减少放对过程中的咬伤，在配种的后期，要挑选那些无恶习的公兽来完成最后的配种任务。狐和水貂交配时间较长，发生"连锁"时应等其自然打开，不可惊动。

④ 假配识别和种公兽的精液检查。公兽交配动作很明显，也有射精动作，但阴茎没有进入母兽阴道或误入肛门的称为假配。原因是公兽的性欲过强，急于达成交配，而母兽在交配过程中配合得不好。识别狐、貉、貂是否真配可观察配后母貉翻身与公貉腹面相对，而狐会"连锁"在一起，水貂交配时间也较长，交配完毕后母兽外阴部可见充血，充满黏液；假配、误配时公兽交配行为不激烈，公兽东张西望，稍有惊动或母兽挣扎即分开，配后母兽外阴部没有任何变化。还可在刚配完的母兽外阴部表面蘸取一些精液，用 400 倍显微镜观察，如有活动精子说明公兽已经射精，交配属实。

3. 种公兽静止期的饲养管理　进入静止期的种公兽，一方面因为配种期体能消耗大，需要补充能量加强饲养；另一方面因为其年度主要任务已完成，剩下时间只要低水平维持即可，待到下一轮繁殖准备时再进行特殊喂养。在配种期间发现的配种不理想公兽下年度不再做种用，可以直接打春皮进行淘汰。

三、繁殖母兽的饲养管理技术

母兽的饲养管理可划分为几个大的时期：准备配种期、配种期、妊娠期、产仔泌乳期、静止期、冬毛生长期。

1. 母兽准备配种期的饲养管理　母兽在准备配种期内需充分摄取营养，使身体处于最佳水平，才有利于下一步的发情、排卵和交配，所以本时期的饲养管理对毛皮兽生产很重要。

随着光照的变化，母兽的外生殖器官和内部激素水平都有很大变化。卵巢中开始产生成熟的卵泡，体重也不断增加，以次年1月为转折点，体重开始下降。母兽准备配种期内除应注意和公兽一样的几点外还应特别注重对母兽体况的调整，使其肥瘦合适。本时期饲料配合以高蛋白低脂肪为主，另外可以补加牛奶或豆浆、鲜骨泥，以及麦芽、酵母、鱼肝油、维生素 E 等。

2. 母兽配种期的饲养管理　母兽配种成功与否直接关系到一年的养殖是否成功。配种期母兽性情变得温顺，不讨厌异性，性器官的发育也随季节的变化而变化，配种期母兽要做好营养调整，使体况调节到最佳状态。

3. 母兽妊娠期的饲养管理

（1）加强营养，保证胎儿的正常生长发育　妊娠期的营养要求是全年最高的，因此要做到营养全价、易于消化、适口性强，特别要注意饲料品质要新鲜。日粮配合特点是：饲料种类尽可能多样化，日粮要含有足够量的蛋白质、各种微量元素和矿物质，但脂肪和谷物的含量不要太高，防止过肥造成难产。饲喂量要随着妊娠期的进程逐渐增加。在妊娠前期，母兽不需要大量增加营养物质，这段时期可保持配种期的饲养标准，不要马上增加饲料量，否则会造成母兽妊娠前期过肥，不利于胚泡着床而降低胎产仔数。在母兽妊娠后期饲料中的动物性饲料相应增加的同时，还应该注意将饲料中的动物肾上腺、脑垂体等含性激素的器官摘除，以免母兽食后发生死胎或流产。母兽妊娠15天以后，胚胎发育逐渐加快，这时母兽食欲旺盛，可逐渐增加饲料量。母兽在妊娠期，日粮中应该补加维生素 A、维生素 D、维生素 E、维生素 B 等。妊娠期要根据母兽体况的肥瘦，灵活掌握饲料喂给量。既保证母兽和胎儿发育的营养需要，又不使母兽过肥，母兽过肥会发生胚胎吸收或难产现象，而且产仔后多数泌乳不足。妊娠期母兽保持中上等体况为好。

（2）加强驯化，做好产仔前准备工作　妊娠期母兽性情变得温顺，不愿活动，时常在笼内晒太阳，这时，饲养人员要多同母兽接触。如经常打扫笼舍产箱，经常换水等，通过这样的驯化，母兽便不怕人了，这也便于产仔期的饲养管理。还应适当增加母兽在妊娠期的运动，可防止母兽产仔时发生难产。

妊娠后期母兽不愿出小室活动，临产前常蜷缩于小室箱内，并有做窝的现象。此时可用1%～2%浓度的氢氧化钠水溶液刷洗产箱，彻底清理消毒，等产箱晾干后，铺柔软清洁的垫草（如乱稻草、软杂草等），产箱的底部和四周一定要严实不透风。

（3）保证饮水，创造一个安静的生产环境　为了避免母兽妊娠后期过分充满的胃肠压迫子宫，影响胎儿营养的正常吸收，妊娠后期母兽最好日喂3次，少食多餐，妊娠后期母兽时常感觉口渴，必须保证充足和清洁的饮水。

在此期间管理重点是给母兽创造一个安静舒适的环境，使胎儿正常发育。这期间母兽受惊而激烈运动会导致流产，可能给生产造成重大损失，所以兽场应保持安静、谢绝参观。平时注意兽群的饮食、粪便排出及活动情况，发现有流产表现的，肌内注射黄体酮15～20毫克、维生素 E 15毫克，以利保胎。

4. 产仔泌乳期的饲养管理

(1) 常规饲养管理　在狐、貉、貂的产仔期要安排昼夜值班，重点观察预产期临近或将到的母兽。遇有难产的母兽和需要代养的仔兽，应及时采取措施。母兽在临产前多数减食或拒食1～2顿，并伴有痛苦的呻吟声。产仔多在夜间或清晨进行，产程为3～5小时。母兽产仔后，头一两天很少走出产箱，除在没有人时走出产箱吃食外，其余时间均在产箱中安静地哺育仔兽。这期间饲料中盐的含量不能超标，饮水的供应必须得到保证，不然会发生口渴的母兽食仔现象。母兽产后一般需要哺乳55～60天，在这期间母兽要消耗体内大量营养物质来保证仔兽哺乳，这就需要供给母兽优质饲料来补充体内消耗，所以泌乳期饲养管理的好坏直接关系到母兽健康和仔兽成活。本时期日粮配合基本与妊娠期相同，但为促进泌乳可在饲料中补充适量的鸡蛋和乳类（如牛奶、奶粉和羊奶等）。

仔兽出生后1～2小时，胎毛即被母兽舔干，继而可以寻找乳头吃奶。吃饱初乳的仔兽便进入沉睡，直至再次吃奶才醒来嘶叫。初生仔兽3～4小时吃奶1次。有些母兽不在产箱内产仔，而将仔兽产在笼网上，然后叼入产箱，发现这种情况要及时把产出的仔兽拿到温暖的地方，迅速将胎衣除去，用消过毒的剪刀剪断它的脐带，用棉纱擦干仔兽全身。等仔兽全部产出后，再把仔兽送给母兽，看它能否在产箱内很好哺乳。假如母兽不哺乳，或乳腺发育不好，要把所产仔兽全部代养。

产后1周仔兽死亡率较高，对于经产的母兽，由于它有抚育仔兽的经验，产仔后不必急于开箱检查仔兽情况，可以通过窃听来判断仔兽是否正常。产后仔兽很平静，只是在醒来未吃到奶时才叫，叫声短促有力，一旦找到母乳便不叫，仔细听可听到仔兽有力的吮乳呃呃声，这说明一切正常。如果总是听到仔兽嘶哑的叫声，母兽在产箱内不安宁，时而走出产箱，说明仔兽吃不饱或母兽泌乳有问题，这时必须开箱检查仔兽情况。对于初产母兽或认为有问题的母兽，最好在产仔结束后，马上检查仔兽。母兽一般在产后的头一两天内，护仔性不是很强，当给母兽喂食时，开箱查看仔兽情况，母兽不十分在意。等过几天后再开箱母兽就容易叼仔乱跑。假如母兽是在清晨或白天产仔，进行仔兽的检查不应晚于产仔结束后的3～4小时，假如分娩是在晚间进行，要在清晨喂食时检查。只有在天气恶劣的情况下（下大雪、严寒的时候）或母兽很恋窝，赶不出来的时候，检查仔兽才可延期，尽量早发现吃不上乳和软弱的仔兽，及时采取抢救措施以减少仔兽的损失。

第一次检查可以在喂食时进行，这时母兽多会自动走出产箱采食。如果在其他时间进行检查，最好把母兽从产箱中引出，并给以少许好吃的饲料，以便分散它的注意力。当母兽引不出来时，可以把食槽放在产箱口处，人站得稍远一点安静地等待，当母兽听不到动静时，便会走出产箱吃食，这时要赶紧关上产箱门，迅速开箱检查仔兽。首先看产箱的垫草是否充足，如果垫草少则做不成窝，有时仔兽会睡在无草的木板上，很容易冻死。健康的仔兽大小均一，毛色较深抱团睡在窝内，拿起后在手中挣扎有力，腹部饱满，叫声洪亮；体弱的仔兽大小不一，毛色较浅，绒毛潮湿、蓬乱，拿在手中挣扎无力，叫声嘶哑，腹部干瘪。发现弱仔要及时处理，否则仔兽很容易死亡。有些仔兽在产出后没有得到母兽的及时护理或被抛到产箱的一角，很容易冻僵，像死的一样。这时可将冻僵的仔兽拿到室内保温，擦干胎毛，喂给少量维生素C溶液，很快即可恢复正常。有的母兽产仔较多，产后没有及时咬断仔兽脐带，而使脐带绕到仔兽脖子上，仔兽会被脐带勒死。发现这种情况应马上剪断脐带，将仔兽救出。已经死亡的仔兽要拿出产箱。检查仔兽的时间不能过长，并尽量保持巢内原状，捉拿仔兽的手要干净，不能有异味。

（2）母兽乳腺的护理　如果发现仔兽吃不饱，要抓出母兽检查其乳腺发育情况。泌乳正常的乳头有弹性，乳房非常饱满，轻微压挤，有乳汁从乳头里排出来。如果母兽乳腺发育不良，乳头很小，又挤不出乳汁，说明该母兽泌乳不正常，应对其仔兽进行人工哺乳。有些初产母兽产前不会自己拔掉乳头周围的毛，会使仔兽因找不到乳头而不能哺乳，这时应帮助母兽拔掉乳头周围的毛，使其显露，这样仔兽就可以顺利吮乳了。

另外母兽产仔数少，而乳腺又过于发达，乳汁丰富，仔兽不能吸住过分充满的乳腺致使乳腺胀痛，母兽会急躁不安，不趴在产箱内或搬弄仔兽，在笼内乱跑。在乳汁过多时，可发现母兽乳腺触摸起来往往感觉很硬，时常发烫。在这种情况下，可以把过多的乳汁从乳腺里挤掉，使母兽侧面卧下，并将仔兽放在它的乳头附近，以帮助它们吮乳。当仔兽可以正常吮乳后，母兽也会安静下来，这时可以把它们放回产箱。最好再增加几只仔兽让其代养，这样就不会因泌乳过多而使母兽不安。如果没有代养的仔兽，要减少日粮的饲喂量，或从日粮中减去促进产乳的饲料（如蔬菜和乳类饲料）。

有的母兽产仔数较多，泌乳量又较少，可以从过多的仔兽中选健壮、大的拿出让其他母兽代养，或是全部分出代养，或在饲料中予以大量的乳类饲料和蔬菜，以增加泌乳量。缺乳的母兽多食欲不振，应当给它们多样性的饲料，增加适口性，促进它们进食。在检查母兽泌乳是否充足时还应注意，如果是仔兽刚好吮过乳，检查时只有少量的乳排出，乳腺也很萎缩，这并不意味着该母兽缺乳。这时乳头附近的毛很湿，粘在一起，仔兽也很安静地卧着，腹部很饱满，说明一切正常。

有些初产母兽乳头非常小，而且新生仔兽不能噙住它们，从而吸不到乳，遇到这类情况，可把日龄较大的仔兽置于该母兽的乳下，让这些仔兽把部分乳腺噙在口里，并用力吮吸后，就把乳头给拉长了，然后就可以使新生仔兽噙住哺乳。

（3）仔兽保活技术　检查仔兽时如果发现其行动很慢，毛没有光泽，颜色是灰的或是潮湿的，有时身体渐渐地变凉，没有生气，要及时对它们予以救治。弱仔应立即收集起来，送到暖房里，把潮湿的仔兽用棉纱擦干，并给冻僵的仔兽予以按摩或在温暖的炉子附近使其恢复体温。有时冻僵了的仔兽表面上看像死去一样，但按摩一会可以恢复其生命，对所有软弱的仔兽，要立刻用滴管或汤匙喂 1.5～2 毫升的维生素 C 溶液，维生素 C 溶液要现用现配制，不能长期保存，否则会分解变质。假如仔兽是单独放置的，在喂乳前需要人工按摩仔兽的腹部，从胸口到肛门轻轻按摩，这样仔兽才能排出粪便。

（4）仔兽的代养 遇有母兽产仔过多或母兽死亡时，可把仔兽分给其他产仔数较少、泌乳能力好、母性强、产仔期与代养仔兽相近的母兽代养。代养的方法很简单，在准备分出代养的窝内选健康的仔兽，做好记号，然后放入代养的母兽产箱口，母性好的母兽听到外边的仔兽叫声会马上出来，将准备代养的仔兽叼入自己的窝内代养；也可以趁代养母兽不在窝内时，迅速将仔兽放入其窝内，放入后最好先观察一会儿，看看母兽进窝后有无不良反应，如果母兽进入窝内仔兽很快就安静下来，则代养成功。很少有母兽不接受代养仔兽的情况，在代养过程中应注意手上不要有异味，一般母兽对气味并不十分敏感，只要手干净，没有特殊气味（如医疗药剂、煤油、肥皂、香脂等），不必在仔兽身上涂擦代养母兽的粪尿，用尿将仔兽全身弄湿对仔兽健康不利。

（5）补饲技术 随着仔兽日龄的不断增加，母兽的食欲越来越强，食量也增加。应该相应增加饲料数量，并提高饲料品质，特别是增加动物性蛋白质饲料和多种维生素的饲喂量，这样才能保证母兽有足够的营养来保证泌乳正常和维持体况。食欲较差的母兽多数很瘦，泌乳能力也差，仔兽成活率低，对这样的母兽要适当调整饲料，增加适口性，以促进其食欲。仔兽 20 日龄后，开始同母兽一起采食，要增加母兽的日粮量。补饲量的多少可根据母兽产仔数和仔兽日龄变化来确定，具体数量可根据母兽和仔兽的采食情况灵活掌握。母兽哺乳期间应密切注意仔兽生长发育情况及母兽本身体况肥瘦,以此来判断母兽泌乳是否充足。6月上旬母乳中干物质降低,而仔兽营养需求日益增加。如果母乳严重不足,仔兽总是因饥饿叫个不停,此时一定要及时将仔兽分出代养或单独给仔兽补饲易消化的粥状饲料。

(6)关于母兽叼仔问题 由于狐、貉、貂人工驯养的历史很短,使其还保持很大的野性。特别是在产仔期,当受到外界不良刺激时,很容易出现叼仔现象,轻者把仔兽咬伤,严重的可把全部仔兽吃掉,这给养殖户造成了很大的损失。

防止母兽叼仔最关键的措施是保持兽场环境安静。母兽配种后要安置在较安静的地方,不要经常移动。换一次地方,母兽对周围新环境即产生某种不安全感,尤其是在产仔期。产前要把产仔的准备工作都做好,要提前铺好垫草,产箱和笼舍要检修完善,不要等到产仔后出现问题时再修理。遮雨棚要安牢,保证不漏雨,刮大风时不要产生响动。产仔期要有固定的饲养人员负责喂养产仔的母兽,喂食时动作要轻,不要产生突然的声响。

叼仔现象多发生在母兽产后第3~10天,也有个别母兽经常叼仔。发现母兽叼仔可以分析原因。如果是因为由环境不安静引起叼仔的,人走开环境安静下来后,母兽便不叼仔了;如果环境安静下来还不能使母兽停止叼仔,可将母兽关在产箱20~30分钟,使其在黑暗环境中及时安静下来。如果母兽还不安静可将母仔分离1~2小时,这段时间母兽叼不到仔兽,慢慢也会平静下来。对这些措施均不见效的母兽,可以饲喂或肌内注射镇静剂,一般连续给药2~3天可见效。等母兽安静下来,再将仔兽送回产箱让母兽哺乳。

5. 母兽静止期的饲养管理 静止期又称恢复期,进入静止期的母兽,一方面因为产仔泌乳期体能消耗大,需要补充能量,加强饲养;另一方面因为其年度主要任务已完成,饲料营养可以相对降低,等到下一轮繁殖准备时再进行特殊喂养,在产仔泌乳期发现难产、乳汁过少、母性不强的母兽下年度不做种用,准备淘汰，按毛皮兽水平喂养即可。

四、仔兽育成期的饲养管理

1. 及时分窝，根据营养需要调整饲料　狐、貉分窝一般在仔兽出生 55～60 天进行，水貂则在 40～50 天进行，人工补饲早或母兽护理能力丧失的应提前分窝。从分窝到性成熟，这段时期为狐、貉、貂的育成期。这个阶段其食欲旺盛，生长发育很快，是决定以后体形大小的关键时期，在此期间一定要保证育成兽生长的营养需要，饲料中应注意钙、磷、维生素 D 和蛋白质的供给，本时期为防止黄脂肪病和肠炎，可在饲料中添加适量的维生素 E 和抗生素等。饲料调制和数量可以分成两期考虑，育成期要注意蛋白质的品质与有效供给，满足体重迅速增长的营养需要。冬毛期适当增加能量饲料，提高脂肪含量，同时增加含硫氨基酸的供给，提高毛皮的质量。分窝时为了减少分窝应激，仔兽可以在原窝内饲养，只将母兽分出，饲养一段时间后，再将仔兽单笼饲养。

2. 及时接种疫苗　准备选种选配分窝 2～3 周，要对仔兽进行犬瘟热、病毒性肠炎疫苗接种。9～10 月以后，幼兽体形已接近成兽，可进行选种工作，选种后，种用兽和皮用兽要分群饲养。

3. 保证兽舍卫生条件　育成期正值夏季，要保持兽舍的卫生，定期消毒，同时注意防暑降温，最好不让幼兽进入产箱，笼内比较干燥，粪便能及时漏下，可保持育成兽皮肤卫生，被毛干净，这是育成期的关键问题。

4. 保证饮水　不论是夏季还是冬季，都要保证水盒里有洁净和充足的饮水，冬季还可以用干净的冰雪碎屑补充。

5. 搞好防暑、防寒工作　毛皮动物都不耐热，在夏季应该搞好防暑工作，以免因中暑而发病甚至死亡。具体应保障饮水，搭建遮阳棚，避免阳光直射。毛皮动物虽然耐寒，但是在特别寒冷的地区气温甚至会降到零下 40℃，所以也必须做好防寒工作。

6. 及时准确地做好观察和记录　为选种做准备还要认真检修笼舍，防止划伤皮毛或发生跑兽。避免人工光照，让狐、貉、貂在自然光照条件下正常生产。

五、毛皮动物冬毛生长期的饲养管理

1. 狐、貉、貂冬毛生长期的生理特点　进入9月，仔兽由主要生长骨骼和内脏转为主要生长肌肉、沉积脂肪。同时随着秋分以后的日照周期的变化，将陆续脱掉夏毛，长出冬毛。此时，狐、貉、貂新陈代谢水平仍很高，蛋白质水平仍成正平衡状态，继续沉积。冬毛期动物对蛋白质、脂肪和某些维生素、微量元素的需要仍很迫切。此时狐、貉、貂最需要的是构成毛绒和形成色素的必需氨基酸，如含硫的胱氨酸、蛋氨酸、半胱氨酸和不含硫的苏氨酸、酪氨酸、色氨酸，还需要必需的不饱和脂肪酸，如亚麻油二烯酸、亚麻酸、二十四碳四烯酸和磷脂、胆固醇，以及铜、硫等元素，这些都必须在日粮中得到满足。

2. 取皮兽的饲养管理　在目前的狐、貉、貂饲养中，普遍存在忽视冬毛生长期饲养的弊病，不少养殖户为了降低成本，在此期间采用低劣、单一品种、品质不好的饲料。甚至大量降低动物性饲料的含量，结果因营养不良导致夏毛更换不全、毛峰钩曲、底绒空疏、毛绒缠结、零乱枯干产出明显缺陷的皮张，严重降低了毛皮品质。狐、貉、貂生长冬毛是短日照反应，因此在一般饲养中不可增加任何形式的人工光照，而应把皮兽养在较暗的棚舍里，避免阳光直射，以保护毛绒中的色素。

从秋分开始换毛以后，应在小室中添加少量垫草，以起到自然梳毛的作用。同时，要搞好笼舍卫生，及时维修笼舍，防止沾染毛绒或锐利物损伤毛绒。添喂饲料时勿将饲料沾在皮兽身上。10月份应检查换毛情况，遇有绒毛缠结时应及时活体梳毛。生产中皮兽可以通过埋植褪黑激素来促进毛皮提前成熟，以收到节约饲料和人力成本的双重效益。

第三章

毛皮动物的繁殖和育种

第一节 毛皮动物的繁殖特点

一、毛皮动物生态养殖的繁殖特点

繁殖是毛皮动物最基本的生命活动之一，由此而保证毛皮动物种群的世代繁衍。对某个毛皮动物个体来说，繁殖的过程是暂时的、相对的，并非维持自身生命所必需的；而对一个物种和种群来说，又是永久的、绝对的，是物种和种群延续所必不可少的。毛皮动物的生产是一个数量增加的过程，实际也是毛皮动物种群的繁殖过程。毛皮动物生长到一定年龄时达到性成熟，公兽能产生成熟的精子，母兽能排出成熟的卵子，并表现出性行为，通过两性的交配，精子和卵子结合形成受精卵，受精卵在母体内经过一定时间发育成胎儿，到胎儿出生，这是动物繁殖的全过程。并且每种毛皮动物都有自己固有的性行为：

1. 交配前的性反应 公兽在交配前表现为求爱的追逐、舔舐和嗅闻母兽的外阴部；而母兽则积极地靠近和寻找公兽并表现出亲密感，这也是母兽进入发情期的外部特征。

2. 交配行为 当母兽接受公兽的求爱时，公兽的阴茎勃起并爬跨到母兽背上，试图将阴茎插入到母兽的阴道内。多数都能准确顺利地完成插入过程，只有个别的动物需要进行几次的尝试才能成功。

3. 交配后的不应期　射精完毕后，公兽随即爬下，没有了性活动表现，对母兽失去了原有的兴趣。而一般的母兽仍有性兴奋的表现。毛皮动物配种后要及时地把公母兽分开，否则会出现公母兽的撕咬，严重时会出现咬死咬伤。毛皮动物的寿命为8～16年，繁殖年龄为7～10年，繁殖的最佳年龄是3～5年。毛皮动物是季节性繁殖动物，一般是春季发情配种，个别动物在1月和4月发情配种，怀孕期60天左右，每胎6～10头，哺乳期45～60天。

二、狐的繁殖特点

1. 性成熟　在笼养情况下，幼狐的性成熟期一般为9～11月龄，再经过一段时间的发育达体成熟即可配种。但依营养状况和遗传因素等不同，个体间也有差异。公狐比母狐稍早一些，野生狐和国外引进狐，无论是初情狐还是经产狐，引进当年多半发情较晚，繁殖力较低，这是由于还没有适应当地饲养及环境条件所致。出生晚的幼狐约有20%到次年繁殖季节不能发情。

2. 性周期　人工饲养的狐仍具有野生状态下季节性一次发情特征，即每年发情1次，产1胎。在性周期里，狐的生殖器官受光照周期影响而出现明显的季节性变化。公狐的睾丸在5～8月处于静止状态，在夏季睾丸很小，重量仅为1.2～2克，直径5～10毫米，外观不明显。8月末至9月初，睾丸开始逐渐发育，到11月睾丸明显增大，翌年1月时，重达3.7～4.3克，并可产生成熟的精子。但此时尚不能配种，因为前列腺的发育比睾丸迟。1月至2月初睾丸直径2.5厘米左右，质地松软，富有弹性，附睾中有成熟精子，此时阴囊被毛稀疏，松弛下垂，显而易见，有性欲要求，可进行交配。整个配种期延续60～70天，但后期性欲逐渐降低，性情暴躁。从3月底至4月上旬睾丸迅速萎缩，性欲也随之减退，至 5 月恢复到原来大小。母狐的生殖器官在夏季（6～8 月）也处于静止状态，卵巢、子宫、阴道均处于萎缩状态。8 月末至 10 月中旬，卵巢体积逐渐增大，卵泡开始发育，黄体开始退化，到 11 月黄体消失，卵泡迅速增大，翌年 1 月发情排卵，子宫、阴道也随卵巢的发育而变化，此期体积、重量也明显增大。

3. 性行为

（1）配种期　在不受灯光和激素等因素影响下，我国北方地区银黑狐配种期为 1 月中下旬至 3 月中下旬，蓝狐为 2 月中下旬至 4 月中下旬，赤狐配种期略有提前。

（2）排卵　狐属于自动排卵动物，一般银黑狐排卵发生在发情后的第一天下午或第二天早上，蓝狐在发情的第二天早上。最初和最后一次排卵的间隔时间：银黑狐为 3 天，蓝狐为 5～7 天。要想提高受胎率，最好是在母狐发情的第二至第三天交配。

（3）交配行为　狐的交配行为和犬相似。公母狐放在一起后，在交配前一般都有一个求偶过程，多数是公狐主动，先嗅闻母狐阴部，并频繁排尿，然后与母狐嬉戏玩要。当母狐表现温顺时，便主动抬尾等待公狐交配。这时公狐抬起前肢爬跨在母狐背上，并用前肢搂住母狐的后躯，臀部不断抖动，试图交配，有的可以一次交配成功，有的要经过几次爬跨才能交配成功。公狐是断续性多次射精，射精表现是后躯抖动加快，眯起眼睛，射精后立即从母狐身上滑下，背向母狐，出现"连锁"现象。"连锁"现象持续的时间长短不一，从几分钟到一两个小时不等，一般多为 20～30 分钟。

4. 妊娠　狐的平均妊娠期是 52 天，银黑狐的变动范围是 50～61 天，蓝狐为 50～58 天。胚胎在妊娠前半期发育较慢，后半期发育明显加快。妊娠 4～5 周后可以观察到母狐的腹部膨大并稍有下垂，此时可以触摸到胚胎，可作为妊娠诊断的主要依据。妊娠后期母狐乳房迅速发育，接近产仔期时在母狐侧卧时可以清楚见到乳头。

5. 产仔　根据发情早晚，狐的产仔期也有所不同。银黑狐多数在 3 月下旬至 4 月下旬产仔，蓝狐在 4 月中旬到 6 月中旬产仔。临产 1～2 天，母狐拔掉乳头周围的毛，并拒食 1～2 顿。产仔多数在夜间或清晨，产程一般为 1～2 小时，银黑狐每胎产仔 4～5 只，蓝狐 8～10 只，最多可达 16 只。仔狐娩出后，由母狐咬断脐带并舔干身上黏液，1～2 小时后仔狐便可以爬行并寻找乳头吮乳。

三、貉的繁殖特点

1. 性成熟　人工饲养条件下，貉的性成熟时间为 8～10 月龄，公貉略早于母貉，并与营养程度、遗传因素和饲养管理等条件密切相关。同样的饲养管理，个体间也有一定的差异。

2. 性周期

（1）公貉的性周期　公貉的睾丸在静止期（5～10 月）仅有黄豆粒大，直径 5～10 毫米，质地坚硬，附睾中没有成熟的精子，阴囊有被毛覆盖，贴于腹侧，外观不明显。睾丸一般从秋分（9 月下旬）开始发育，至小雪（11 月下旬）直径达 16～18 毫米，冬至（12 月下旬）后生长发育速度加快。翌年 1 月底至 2 月初直径可达 25～30 毫米，质地松软，富有弹性，附睾中有成熟精子，阴囊此时被毛稀疏，松弛下垂，显而易见，此时公貉也开始有性欲，并可以进行交配。貉的整个配种期可持续 60～90 天，此时期公貉始终具有性欲要求，随着配种期的延续，后一个月内公貉性欲逐渐降低，性情暴躁，有时扑咬母貉，但对发情好而温顺的母貉也可达成交配。配种期结束后，公貉睾丸很快萎缩，至 5 月又恢复到静止期大小，然后又进入下一个周期。幼龄公貉的性器官随生长而不断发育，至性成熟后与成年貉相同。

（2）母貉的性周期　母貉性器官的生长发育与公貉相似，卵巢的发育大致从秋分开始，至次年的 1 月底至 2 月初卵巢内有发育成熟的卵泡和卵子。整个发情期由2月初持续至4月上旬。受孕后的母貉即进入妊娠及产仔期，未受孕母貉又恢复到静止期。

发情周期：貉属于季节性一次发情。一般繁殖期仅发情一次，即一个发情周期。母貉的发情时间由2月上旬至4月上旬，持续2个月，发情旺期集中于2月下旬至3月上旬。

母貉的发情周期大体可分为四个阶段，即发情前期、发情期、发情后期和休情期。

① 发情前期。即从外生殖器官开始出现变化至母貉接受交配的时期。此时期最少4天，最多25天，一般7～12天，个体间差异很大。外生殖器官表现为阴门扩大露出毛外，逐渐红肿，外翻，皱褶减少，分泌物增多，放对试情时，母貉追逐公貉，玩耍嬉戏，但拒绝公兽爬跨与交配。

② 发情期。卵泡发育成熟，卵泡素分泌旺盛，引起生殖道高度充血并刺激神经中枢产生性欲。此期母貉性欲旺盛，可持续接受交配，一般经过1～4天，个别长达10余天，多数为2～3天。此期间母貉阴门变成椭圆形，并外翻，具有弹性，颜色变深，呈暗紫色，上部皱起，有黏的或凝乳样的阴道分泌物。试情时母貉非常兴奋，主动接近公貉，当公貉欲爬跨时，母貉将尾歪向一侧，静候公貉交配。

③ 发情后期和休情期。成熟的卵子已排出或萎缩，卵泡激素减少，生殖道充血减退，阴门缩小，直到恢复正常状态。此期母貉性欲急剧减退，扑咬公貉，不能达成交配。

3. 性行为

（1）配种期　貉的配种期东北地区一般为2月初至4月下旬，个别的在1月下旬开始。不同地区的配种时间稍有不同。一般经产貉配种早、进度快，初产貉次之。

（2）交配行为　交配时一般公貉比较主动，接近母貉时往往伸长颈部嗅闻母貉的外阴部，发情母貉则将尾巴歪向一侧，静候公貉交配。貉的交配时间较短，交配前求偶的时间为3～5分钟。

公貉交配后出现"连锁"现象，持续时间为5～8分钟，整个交配时间多在10分钟以内。

貉的交配能力主要取决于性欲的强度，1天内一般可交配2～3次，每次交配的最短间隔时间为3～4小时，整个配种期可交配母貉3～4只，配种次数为5～12次。

（3）性的和谐与抑制　貉到发情高潮阶段后，公母均有求偶欲，互相间非常和谐，从不发生咬斗现象，但个别公母貉对放给的配偶有挑选的行为。不和谐的配偶之间互不理睬，个别的甚至发生咬斗，虽已到性欲期，但并不发生交配行为，当更换配偶后，有时马上可达成交配，这就是择偶性强的表现。公母貉因惊吓或被对方咬伤后，会暂时或较长时间出现性抑制现象。配种时性不和谐或性抑制导致母貉失配。

4. 妊娠　貉的妊娠期为54～65天，平均为60天。母貉妊娠以后变得温顺平静，食欲逐渐增强，妊娠到25～30天时胚胎发育到鸽卵大，可从腹外摸到。妊娠40天后可见母貉腹部下垂，腹部毛绒竖立形成纵裂，行动小心迟缓，临产前母貉拔毛做窝，蜷缩于小室内，不愿外出。

5. 产仔

（1）产仔期　貉产仔最早在4月上旬，最迟在6月中旬，集中于4月下旬至5月上旬。一般经产貉最早，初产貉稍晚。貉的产仔时期与地理纬度有关，一般纬度高的地区较纬度低的地区早些。

（2）产仔行为　母貉临产前多数减食或拒食。母貉产仔多在夜间巢室中进行，个别的也有在笼网或运动场上产仔的。分娩持续时间为4～8小时，个别也有1～3天的。仔貉每隔10～15分钟娩出1只，娩出后母貉立即咬断脐带，吃掉胎衣和胎盘并舔舐仔貉身体，直至产完才安心哺乳仔貉；个别的也有2～3天内分批娩出的。

（3）产仔能力　貉是多胎动物，胎平均产仔8只，最多可达

19只。一般经产貂产仔能力优于初产貂。

四、水貂的繁殖特点

1. **性成熟** 水貂9～10月龄达到性成熟，几乎所有个体均能如期性成熟并能参加配种。

2. **性周期** 在自然光周期照射下，水貂的生殖器官随着季节变化呈现周期性的变化。每年的4～9月，公貂的睾丸缩小，坚硬无弹性，阴囊皮肤收缩，此时的公貂没有任何性欲，处于静止期；秋分至11月下旬，睾丸开始发育，至翌年2月下旬，公貂的睾丸迅速发育，重量达2～2.5克，附睾中有大量的精子形成，睾丸也大量分泌雄性激素；3月上中旬是公貂的性欲旺盛期，出现明显的发情表现，进入配种期；3月下旬水貂获得长日照信号刺激后，配种能力减退，睾丸逐渐退化缩小，4月水貂进入静止期。

母貂的生殖器官随季节变化而呈现周期性变化，与公貂的生殖器官随季节变化而呈现周期性变化基本同步，主要表现为卵巢的体积变化、阴门的形态变化、输卵管的变化和阴道上皮的变化。

3. **性行为**

(1) **配种期** 在自然条件下，水貂的发情配种具有严格的季节性。水貂的配种期主要集中在每年的3月上中旬，到3月下旬后，公貂则逐渐降低性欲和配种能力，进入静止状态。受配的母貂逐渐进入妊娠期，未受配的母貂由于错过了配种期，当年只能空怀。

(2) **发情和排卵** 水貂在一个配种期有多个发情周期，受孕母貂仍能发情、接受交配并再次受孕，即水貂具有异期复孕的特点。每个发情周期为7～9天，其中持续期为1～3天。

水貂是刺激性排卵动物，母貂排卵必须经过交配刺激或类似交配的刺激。通过类似交配刺激的方法促使水貂排卵比较困难，目前人工饲养的水貂配种主要以自然交配为主，人工输精技术由于采精难度较大，对母貂刺激排卵有障碍，所以在水貂人工繁殖中的意义不是很大。80%的母貂是在交配后的 36～37 小时排卵，受配的母貂排卵后出现 5～6 天的排卵不应期。在排卵不应期，无论对母貂应用交配刺激还是类似交配的激素等刺激，都不能使发情的母貂排卵。因此水貂的交配如果发生在排卵不应期，即使成功达成交配，母貂仍然会空怀。

（3）交配行为　交配时公貂以前肢紧抱母貂，腹部紧贴母貂臀部。公貂断续性射精，射精时两眼迷离，用力抱紧母貂，后肢强烈颤抖，母貂伴有呻吟声。交配时间为 30～50 分钟，有的长达 2～4 小时。交配即将结束时，母貂挣扎、尖叫，分开后与公貂有短暂性撕咬。

（4）交配能力　在一个配种期，公貂一般能配 10～15 次，最多 25 次，不宜过多。原则上初配阶段每只公貂每天只配 1 次，连续配 3～4 次休息 1 天。复配阶段每天可以配 2 次，2 次间隔 4～5 小时，连续 2 天交配 4 次的，休息 1 天。

4. 妊娠　水貂妊娠期的变动范围很大，44～63 天不等。

5. 产仔　水貂的产仔期多在 4 月中旬到 5 月中旬，"五·一"前后是产仔高峰期。临产母貂拔掉乳房周围的毛，露出乳头，产前活动减少，拒食 1～2 顿。产仔时间多在夜间或清晨，顺产持续时间为 0.5～4 小时，每 5～20 分钟娩出 1 只仔貂。判断母貂产仔的主要依据是听产箱内仔貂的叫声和查看母貂食胎盘后排出的黑色粪便。

第二节　毛皮动物的配种技术

一、毛皮动物生态养殖场开展配种工作的技术要点

① 一般初产种兽的繁殖力较低，其胎平均产仔数和仔兽成活率都比经产种兽低。受配率和胎平均产仔数随年龄的增加而逐

渐提高，但产仔率与年龄关系不大。狐、貉、貂在2～4岁时繁殖力均较高，是繁殖的适龄期。

② 一般要求母兽在配种前达到中下等体况，公兽达到中上等体况。体重5千克以上的种兽，其产仔率、胎平均产仔数及仔兽成活率均比体重5千克以下的种兽高，因此，貉在繁殖期的适宜体重应以5千克以上为好。

③ 以交配次数多些为好。产仔率和胎平均产仔数都随配种次数的增加而提高，可见在生产实践中增加复配次数是完全必要的。瘦（5千克以下）对繁殖不利。

④ 毛皮动物的适宜配种时间是2月下旬至3月上旬。

⑤ 以交配次数多些为好。产仔率和胎平均产仔数都随配种次数的增加而提高，在生产实践中增加复配次数是完全必要的。

⑥ 交配持续天数。貉交配持续天数一般为1～4天，在此期间可进行多次复配，对繁殖力有一定的影响。交配持续天数较少的（1～2天）和过多的（10天以上）繁殖力都低，一般持续交配3～6天的效果最好。

⑦ 选留优良种兽，控制兽群年龄结构。实践证明，2～4岁母兽繁殖力最高。因此，种群年龄组成应以经产适龄母兽为主，每年补充的繁殖幼兽在25％为宜，最多不得超过50％。

⑧ 准确掌握母兽发情期，正确鉴定发情，适时配种。在发情期适时配种，这时母兽能排出较多的成熟卵子，精子与卵子相遇而受精的机会也多，从而提高受胎率及产仔率。

⑨ 适时复配，配后检查精液。复配可以降低空怀率提高产仔数，因为卵泡成熟不是同期的，适时增加复配可诱导多次排卵，增加排卵数，提高胎产仔数。提倡多公交配可避免因单公交配精液品质不良而造成空怀或胎产仔数少的现象，从而提高繁殖力。每次交配结束后都应该从母兽阴道内取出一点精液，检查其质量。

⑩ 平衡营养，使种兽具有良好的体况。种兽从越冬期调整

体况，直到 1 月末 2 月初，母兽以中等体况为好，公兽以上等体况为好。鉴定体况可利用体重指数观察比较法。

⑪ 合理、正确使用种公兽。掌握公兽适当的交配频度，保证其营养需要、正常的运动和休息，使其在短期内恢复精力，保持旺盛的性欲和配种能力。

⑫ 加强种兽驯化，提高驯化程度。实践证明驯化程度高的种兽容易发情配种，其胎产仔数和仔兽成活率都比较高。

二、毛皮动物的配种技术

1. 发情鉴定　发情鉴定是通过人为手段判断动物是否发情并能接受交配的方法。发情鉴定工作在整个配种过程中意义重大。通过发情鉴定，可以准确掌握放对配种的最佳时期，避免错配或漏配。狐、貉、貂的发情鉴定方法基本一致，主要有行为观察、外生殖器变化、放对试情、阴道分泌物涂片和发情鉴定仪。

(1) 行为观察　狐、貉、貂开始发情后，其行为都会有所变化，可以根据其行为表现大致判断发情程度。公兽主要表现为活泼好动，经常在笼中来回走动，有时翘起一后肢斜着往笼网上或食架上排尿，经常发出求偶声。母兽表现为行动不安、来回走动增多，食欲减退，排尿频繁，经常用笼网摩擦或用舌舔舐外生殖器。发情期时，精神极度不安，食欲减退或废绝，不断发出急促的求偶叫声。

(2) 外生殖器变化　公兽进入发情期后，睾丸膨大、下垂，具有弹性，阴茎时常勃起，并频繁排尿。母兽的外生殖器变化主要有形态、颜色和分泌物的变化，发情前期阴毛开始分开，阴门逐渐肿胀，外翻，到发情前期的末期肿胀程度达最大，形近椭圆形，颜色开始变暗。挤压阴门，有少量稀薄的、浅黄色分泌物流出。发情期阴门的肿胀程度不断增加，颜色变暗，阴门开口呈 T 形，出现较多黏稠乳黄分泌物。发情后期阴门肿胀减退、收缩、阴毛合拢，黏膜干涩出现细小皱褶，分泌物较少但浓黄。

（3）放对试情　根据行为变化和外生殖器变化初步判断母兽发情后，可以利用放对试情来确定母兽是否真的发情并能够接受交配。用于试情的公兽必须是发情好，性欲强的，试情时将母兽放入，经过一段调情之后，如果母兽接受公兽爬跨证明母兽已进入发情旺期，能够达成交配，此时可以使用试情公兽完成交配，也可以将它们分开，使用其他公兽完成交配。如果母兽拒绝爬跨，躲避甚至扑咬公兽，说明母兽还没有完全发情，应将母兽取出，继续进行观察，1～2天再进行试情。一般放对试情在10分钟能得出结论，时间不要过长，同时注意不要让母兽咬伤公兽。动物之间也有择偶现象，对于拿不准的，应该多换几个公兽试情。

（4）阴道分泌物涂片　母兽发情的不同时期，其阴道分泌物中的细胞种类和形态各不相同，可以根据这一特点准确判断母兽的发情阶段。根据行为观察和外阴变化大致判断母兽接近发情时，用吸管吸取或用棉签蘸取阴道分泌物涂在载玻片上，在显微镜下观察其细胞种类和形状，阴道分泌物中主要有三种细胞，即角化鳞状上皮细胞、角化（圆）形上皮细胞和白细胞。角化鳞状上皮细胞呈多角形，有核或无核，边缘卷曲不规则；角化圆形上皮细胞为圆形或近圆形，绝大多数有核，胞质染色均匀透明，边缘规则，阴道分泌物中出现大量的角化鳞状上皮细胞，是母兽进入发情期的重要标志。

（5）发情鉴定仪　发情鉴定仪是根据母兽阴道内电阻的变化规律来判断发情状态的一种仪器，具体使用方法在仪器的说明书中都有介绍。该方法因为仪器价格较贵，使用比较复杂而没有被广泛应用。

在实际生产中，多采用上述方法综合判断，一般以行为观察和外阴变化为辅，以放对试情和阴道分泌物涂片为主。

2. 放对配种

（1）放对方法　一般公兽在交配过程中处于主动，因此通常将母兽放入公兽笼内进行配种。公兽在自己熟悉的环境中性欲不受抑制，可以缩短配种时间，提高放对效率。但遇性情暴烈、不易捕抓的母兽，也可将公兽放入母兽笼内配种。

（2）配种方式　狐多采用连续复配或隔日复配的方法，一般复配1～2次。貉采取连日复配的方式，即初配1次以后，还要连续每天复配1次，直至母貉拒绝交配为止，生产上多采用1个发情期3～4次配种。有时貉在上一次交配后，间隔1～2天接受再次复配。周期性复配是指初配后间隔8～10天复配，两个发情期里交配2次，1＋8的方式效果比较好。连续复配是指初配后第二天或第三天再配1次，称为1＋1或1＋2的方式。实际生产中为了保险起见，常把两种方式一起使用，即周期复配后再连续复配（1＋8＋1的方式），或者连续复配后再周期复配（1＋1＋8的方式）。

第三节　　毛皮动物的人工授精技术

人工授精是人为地将优秀的公兽精液采出，并利用器械将精液输入到母兽子宫体内，以达到代替公母兽正常交配而使母兽受孕的一种方法。人工授精必须在繁殖期内进行，公母兽都应是正常发情的，药物催情和同期发情技术尚在探索阶段，还没有在实际生产中应用。人工授精的操作过程主要包括精液的采集、精液的品质检测、精液稀释、母兽的发情鉴定和输精。

一、采　　精

常用采精方法主要有徒手法采精、电刺激法采精和假阴道法采精等。

1. 采精前的准备　采精用的公兽保定架、集精杯、稀释液、显微镜、电刺激采精器（采用电刺激采精法时用）等器械、用品要事先准备好。采精室要清洁卫生，用紫外线灯照射2～3小时进行灭菌，室温要保持在28～35℃。根据精液保存方式的需要，可置备冰箱、水浴罐和液氮罐等。操作人员要剪短指甲，将手洗净消毒。所用的集精器皿都要灭菌处理，采精室环境要安静。

2. **徒手法采精**　又称为按摩法采精，是目前常用的采精方法。采精时将公兽放进保定架内或由其他人配合辅助保定，使公兽呈站立姿势。操作人员用手快速而有规律地按摩公兽的包皮，促使阴茎勃起。不同公兽的采精方法有明显差异。该方法操作简单，不需要过多的器械，但是要求操作人员技术熟练，被采精的公兽要经过训练。

3. **电刺激法采精**　电刺激采精是利用电刺激采精器，对公兽实施采精，采精的成功率较高。由于此法对公兽有明显的不良刺激，所以目前较少使用。

二、精液的品质鉴定

采精后对精液的精子密度、活力和畸形率进行检查，然后决定精液的利用价值和稀释倍数。

三、精液的稀释

根据精液的品质确定其稀释倍数，一般应保证每只母兽每次输入的精子数不少于5 000万个。研究表明：稀释液的成分对母兽的受胎率、产仔数有明显的影响，不同母兽的精液稀释配方也有一定的区别。

四、发情鉴定

母兽的发情鉴定常用方法有外部观察法、试情法、阴道涂片法和测情器法，生产中常常是几种方法交替并用。

五、人工输精

利用一定的工具把精液输送到发情母兽的生殖道内称为人工输精，其方法较多，但应以方便操作、简单快捷、准确可靠为原则。目前常用的是针式输精法。输精针是根据母兽子宫颈的生理构造设计制作的，结构简单，方便实用。每次的输精量一般在1～1.5毫升，有效精子数应在0.4亿～0.6亿个为宜。

输精前要准备好输精用具和保定器等。输精工具（扩张器、输精针等）要经过严格灭菌，保存在消毒容器内备用。输精针应每只母兽1只，禁止交叉使用。输精操作人员要把手充分洗净消毒，并用消毒毛巾擦干。

输精时，把扩张管缓慢插入母兽阴道内，将阴道扩开，然后一只手握住输精针，一只手体外固定子宫颈位置，将输精针轻轻送入子宫内，再用注射器将精液注入子宫内。

六、实施人工授精应注意的事项

① 选择优良种兽。由于采用人工授精技术，每只公兽1年内能繁殖大量的后代。

② 采精、输精用具要严格灭菌。人工授精用具要严格按操作程序消毒灭菌，否则会导致疾病在饲养场迅速蔓延。

③ 准确把握输精时间。毛皮动物是季节性单次发情，自发性排卵动物，1年只有一个发情期。虽然精子、卵子都能在母兽生殖道内存活一段时间，但输精时间不当会导致授精的失败。

④ 采精、输精的方法要熟练、快捷。操作人员要经过技术培训，避免生硬、长时间的操作对公、母兽生殖系统造成损伤。

⑤ 精液稀释液的质量要保证。配制精液稀释液要严格按配方操作，保存在密闭灭菌的容器内并在有效期内使用。禁止使用污染、过期的稀释液。

⑥ 精液要输入到子宫。毛皮动物是子宫内射精动物，如果

精液输送到阴道内将影响其受胎率。

第四节　提高毛皮动物繁殖力的综合技术措施

一、影响繁殖力的因素

影响繁殖力的因素很多，主要包括种兽的品质、种群的年龄、繁殖技术、饲养管理和疾病等。

1. 种兽品质与繁殖力的关系　种兽品质是影响繁殖力的关键因素，只有优良的种兽才能产出优良的后代。因此繁殖力高的优良种群是提高其繁殖力的最关键因素。

2. 年龄与繁殖力的关系　一般初产种兽的繁殖力较低，其胎平均产仔数和仔兽成活率都比经产种兽低。受配率和胎平均产仔数随年龄的增加而逐渐提高，但产仔率与年龄关系不大。狐、貉、貂在2～4岁时繁殖力均较高，是繁殖的适龄期。

3. 体况与繁殖力的关系　种兽繁殖期的体况对繁殖力有直接影响，过肥或过瘦均对繁殖不利。一般要求母兽在配种前达到中下等体况，公兽中上等体况。如体重5千克以上的种貉，其产仔率、胎平均产仔数及仔貉成活率均比体重5千克以下的种貉高。因此，貉在繁殖期的适宜体重应以5千克以上为好，体况过瘦（5千克以下）对繁殖不利。

4. 发情早晚与繁殖力的关系　2月中旬以前及3月中旬以后交配的母貉，无论是产仔率还是胎平均产仔数都低于2月下旬至3月上旬交配的；3月中旬所交配的母貉产仔率虽不低，但胎平均产仔数却明显下降。可见貉的适宜配种时间是2月下旬至3月上旬。

5. 交配次数与繁殖力的关系　以交配次数多些为好。产仔率和胎平均产仔数都随配种次数的增加而提高，可见生产实践中增加复配次数是完全必要的。

6. 交配持续天数与繁殖力的关系　貉交配持续天数一般为1～4天，在此期间可进行多次复配，对繁殖力有一定的影响。

交配持续天数较少的（1～2 天）和过多的（10 天以上）繁殖力都低，一般持续交配 3～6 天的效果最好。

二、提高繁殖力的措施

1. 选留优良种兽，控制兽群年龄结构 实践证明 2～4 岁的母兽繁殖力最高，因此种群年龄组成应以经产适龄母兽为主，每年补充的繁殖幼兽在 25% 为宜，最多不得超过 50%。

2. 准确掌握母兽发情期，正确鉴定发情，适时配种 在发情期适时配种，这时母兽能排出较多的成熟卵子，精子与卵子相遇而受精的机会也多，从而提高受胎率及产仔率。

3. 适时复配，配后检查精液 复配可以降低空怀率从而提高产仔数，因为卵泡成熟不是同期的，适时增加复配可诱导多次排卵，增加排卵数，提高胎产仔数。提倡多公交配可避免因单公交配的精液品质不良而造成空怀或胎产仔数少的现象，从而提高繁殖力。每次交配结束后都应该从母兽阴道内取出一点精液，检查其质量。

4. 平衡营养，使种兽具有良好的体况 种兽从越冬期调整体况，直到 1 月末 2 月初。母兽以中等体况为好，公兽以上等体况为好，鉴定体况可利用体重指数观察比较法。

5. 合理、正确使用种公兽 掌握公兽适当的交配频度，保证其营养需要、正常的运动和休息，使其在短期内恢复精力，保持旺盛的性欲和配种能力。

6. 加强种兽驯化，提高驯化程度 实践证明驯化程度高的种兽容易发情配种，其胎产仔数和仔兽成活率都比较高。

▌第五节 提高毛皮动物的幼仔成活率的措施

产仔保活技术就是通过人为的帮助来弥补母性不足或者由于某些意外因素而给仔兽带来的损伤，采取行之有效的产仔保活措施能够大大提高仔兽成活率。

一、临产前做好窝箱保暖工作

大部分养殖地区在产仔季节气温还很低，特别是在晚上温度更低。而狐、貉、貂产仔又多在夜间，新生仔兽在温度大于20℃时活力最强，如果温度低于10℃将会失去活力，新生仔兽在头3天死亡率最高，这其中有相当一部分是因为冻僵而死，所以做好产箱的保温工作尤其重要。

主要的窝箱保温措施有加厚窝箱四壁，并保证窝箱不透风，窝箱内垫草或窝箱内铺电褥子等。实践证明垫草最为经济实用，电褥子保温效果最好，但一次性投入比较大。

二、给母兽创造安静的产仔环境

充分发挥母兽的护仔能力才能提高仔兽的成活率，除了前面提到的提高繁殖力的措施外，保证母兽产仔期间的环境安静也十分重要。因为突然的惊吓和持续的干扰会造成母兽难产，出现产后叼仔、吃仔等严重后果。

三、产后及时检查

正确及时的检查能够发现很多亟待救治的仔兽，如果采取有效的措施，能够挽救很多濒临死亡的仔兽，这样可以大大提高仔兽成活率，显著提高生产效益。具体方法可见母兽产仔期的饲养管理。

四、正确救治危弱仔兽

常见的几种异常情况和救治措施：

（1）脐带绕脖 将绕脖的脐带解开，并用消毒剪刀在距肚脐2厘米处将脐带剪断，断端用碘酊消毒。

（2）身体发僵 多由窝箱内温度过低所致，也有因为身上黏液不干或者落单所致。发现后立即将其取出，放在专用的小箱内，拿到温暖的室内，保证室温在25℃左右。对于黏液未干的马上擦干，如果活力明显减弱，应立即灌服少量葡萄糖和维生素C，待仔兽温暖过来，恢复活力以后，将其送回原来的窝箱，与其他仔兽放在一起。

（3）仔兽没吃到奶　判断仔兽是否吃到初乳，可以根据仔兽腹部的饱满程度来判断。一是母兽没有奶，二是母兽拒绝哺乳，三是仔兽活力差，吃不到奶。第一种情况要考虑代养，就是把仔兽分给其他产仔较少，乳汁又比较充足的母兽。后两种情况可以采取人工助乳的方法，就是将母兽保定，人工帮助仔兽吮乳。

第六节　毛皮动物的育种措施

狐、貉、貂的育种常采取杂交育种或纯种选育的方法，同时还要将育种工作同加强饲养管理结合起来，将大型饲养场专业性育种和小型饲养场的选育工作结合起来，将普及扩繁与提高质量结合起来，培育出我国新型优良的毛皮种兽。

一、杂交育种

杂交育种是选用具有两个或两个以上不同遗传类型和不同优良性状的公母兽相互交配，以繁育出具有一定杂交优势的新型种兽。杂交育种按参加品种的数量，可分为简单杂交育种和复杂杂交育种。

简单杂交育种是通过两个品种杂交，培养新品种的方法。由于它用的品种少，杂种的遗传基础相对比较简单，获得理想型和稳定其遗传性比较容易，所以所需的时间比较短。此方法对于中小型饲养场比较适用。

复杂杂交育种是多品种杂交培育新品种的方式，选用参加品种的数量可以根据育种目标的要求确定。选用品种多时丰富了杂交后代的遗传基础，但是由于遗传基础较为复杂，杂种后代的变异范围也常常较大，需要的培育时间也相对较长。此方法适用于长期以种兽生产为主的饲养场及大型饲养场。

二、纯种繁殖

将具有同样优良性状的毛皮兽留种，逐年选优去劣进行繁育，使种兽的毛绒品质、体形、繁殖力及适应能力等优良性状得到不断提高的育种方法称为纯种选育。纯种选育能逐渐改进兽群质量。

采用纯种选育的基本方法是进行品系或品族繁殖。例如，在纯种选育中发现具有某种或多种优良性状（如毛皮品质好、体形大等）的个体时，即以它为核心，采用近交的方法进行繁殖，这样可获得和它有同样遗传性能和血缘关系的一群后代。如果以公兽为核心，就形成一个品系（家系），称为品系繁育。如果以母兽为核心，就形成品族（家族），称为品族繁育。然后再进行品系和品族间繁殖，通过纯种选育可提高兽群质量，防止品质退化。

三、建立育种核心群

建立育种核心群是定向培育优良种兽的有效方法。育种核心群必须在人工选择（选种）的基础上，由综合鉴定最理想的个体组成。育种核心群建立后，还要不断地加强纯种选育工作，对不理想的后代应严格淘汰，这样才能使核心群的质量得到不断提高，最终成为全场质量最高的种群。核心群中被淘汰的种兽，一般都比生产群种兽质量稍高，所以也可以作为生产群种兽使用，以便改良或更换血缘。随着核心群种兽不断增多，将逐渐取代生产群，近而充分发挥优良种兽的改良作用，使整个兽群的生产性能及质量得到不断的提高。

第七节　毛皮动物的选种选配

一、选种时间

毛皮兽的选种工作，应坚持常年有计划、有重点地进行。大体可分为初选、复选和精选三个阶段。

1. 初选阶段　狐、貉、貂的初选工作在断乳分窝时进行。对初选仔兽要求系谱清楚，双亲生产性能优良，仔兽出生早，同窝仔数多、发育正常、成活率高。初选的时间一般在每年的5月至6月，选留的数量比留种计划要多出30％～50％。成年公兽配种结束后，根据其配种能力、精液品质及体况恢复情况，进行一次初选，选择性情温顺、配种能力强、精液品质好、所配母兽产仔率高、产仔数多的继续留种。成年母兽在断乳后根据其繁殖、泌乳、母性情况进行一次初选，选择发情正常、交配顺利、妊娠期短、产仔早、产仔数多、乳量足、母性强、后代成活率高的继续留种。

2. 复选阶段　狐、貉、貂均在每年9月至10月进行。对育种群中初选入选的再次选择。选留那些生长发育快、体形大、换毛早、换毛快的个体。选留的数量应比计划留种多20％～30％。

3. 精选阶段　狐、貉、貂的精选工作在11月至12月进行，精选就是在复选基础上淘汰那些不理想的个体，最后落实留种。

（1）种狐选定。根据毛皮品质和半年来的实际观察记录进行严格选种。重点考察毛绒的品质和色泽，按选择的标准严格要求，不合格者一律淘汰打皮，按计划选留幼种狐数量。

（2）种貉选定。一般公母比例为1∶3～4，但貉群小时，要适当多留一些公貉。种貉群的组成应以成貉为主，部分由幼貉补充，成幼貉比例7∶3～1∶1为宜，这样有利于貉场的稳产高产。

（3）种貂选定。根据选种条件、育种计划对所有复选后的种貂逐只进行综合鉴定，最后按计划定群。精选时应将毛色和毛绒品质列为重点。

二、种兽的选择

1. 种兽的鉴定 在选种之前，首先要对每只预留种兽个体进行品质鉴定，主要考虑毛绒品质。此外，母兽的繁殖力（窝产仔数）作为一项繁殖性状在种兽鉴定时也应予以考虑。将每只预选兽相同性状的度量值，按由高到低的顺序排列，最后选择综合性能最好的一部分留作种用。

2. 单性状选择

（1）个体选择 根据个体的表型成绩进行选择称为个体选择。从大群中选出一定数量的优秀个体，组成种兽群来提高群体的性能，使下一代的毛绒品质、体形和繁殖性能有所提高。个体选择只是考虑个体本身选育性状表型值的高低，而不考虑该个体与其他个体的亲缘关系。这是在缺乏生产记录及其他资料时进行选择的方法，也是生产中应用最广泛、选择方法最简单的一种方法。

（2）家系选择 根据家系的平均表型值进行选择称为家系选择，又称为同胞选择。家系选择适用于遗传力低的性状，因为家系平均表型值接近于家系的平均育种值，而各家系内个体间差异主要是由环境造成的，对于选种没有多大意义。

3. 多性状选择 在一个兽群中，我们需要提高的性状往往很多。在一定时期内，同时要选择两个以上性状的选种方法，称为多性状选择。有以下三种选择方法。

（1）顺序选择法 在一段时间内选择一个性状，当这个性状达到要求后再选另一个性状，然后再进行第三个性状的选择。这种逐一选择也可看成是一定阶段内的单性状选择。这种选择方法对某一性状来说，遗传进展较快，但就几个性状来看，所需时间较长。几个性状之间如存在着负相关关系，就会出现顾此失彼的现象。所以，在采用此种选择方法时要全面了解每个性状间的关系，并利用这种关系来提高选择效果。

（2）独立淘汰法　同时对几个性状进行选择，对所选的几个性状都分别规定标准，凡不符合标准要求的都要淘汰。由于几种性状都全面优良的个体不多，这就增加了选种的难度，有时不得不放宽选种标准。

（3）综合选择法　即同时选择几个性状，将几个性状的表型值根据其遗传力、经济重要性以及性状间的表型相关和遗传相关进行综合，制订出一个综合指数，以这种指数作为淘汰标准。此种方法弥补了上述几种选择方法的不足，提高了总体选择效果。

三、选种的方法

种兽的选种应以个体品质鉴定、系谱鉴定及后裔鉴定的综合指标为依据。

1. 个体品质鉴定

（1）种狐的选择。

① 毛绒品质鉴定。

银黑狐：躯干和尾部的毛色为黑色，背部有良好的黑带，尾端白色在 8 厘米以上。银毛率在 75%～100%，银环为珍珠白色，银环宽度为 12～15 厘米。全身的雾状正常，绒毛为石板色或浅蓝色。

蓝狐：全身毛色为浅蓝色，浅化程度大，无褐色或白色斑纹。针毛平齐，丰满而有光泽，无弯曲，取皮时长度在 40 毫米左右，数量占 2.9% 以上。绒毛色正，长度在 25 毫米左右，密度适中，毛绒灵活。

② 体形鉴定。种狐的体形鉴定一般采用目测和称重相结合的方式进行。小型养殖户由于动物饲养数量有限，可以尽可能选留个体大、身体发育正常的个体。

银黑狐体重 5～6 千克，公狐体长 68 厘米以上，母狐 65 厘米以上。蓝狐 6 月龄公狐体重 5.1 千克以上，体长 65 厘米以上；

母狐体重 4.5 千克以上，体长 65 厘米以上。全身发育正常，无缺陷。

③ 繁殖力鉴定。成年种公狐睾丸发育良好，交配早，性欲旺盛，配种能力强，性情温顺，无恶癖，择偶性不强。配种次数 8～10 次，精液品质良好，受配母狐产仔率高，胎产多。成年种母狐发情早，不迟于 3 月中旬，性情温顺，产仔多，其中银黑狐 4 只以上，蓝狐 7 只以上，母性强，泌乳能力良好。

（2）种貉的选择

① 毛绒品质鉴定。貉的毛绒品质鉴定可以通过针毛、绒毛、背腹毛色及毛的光泽度来衡量。优秀的毛绒针毛黑、稠密、平齐、白针少，针毛长度为 80～89 毫米，过长过短都不好。绒毛要青灰色、稠密、平齐，长度为 50～60 毫米，背腹毛色差异不大，毛光泽油亮。

② 体形鉴定。采取目测和称量相结合的方法进行鉴定，见表 3-1。

表 3-1　种貉体重体长标准

测量时间	体重（克）		体长（厘米）	
	公	母	公	母
初选（幼貉断乳时）	1 400 以上	1 400 以上	40 以上	40 以上
复选（幼貉 5～6 月龄）	5 000 以上	4 500 以上	62 以上	55 以上
精选（11～12 月）	6 500～7 000	5 500～6 500	65 以上	60 以上

③ 繁殖力鉴定。成年种公貉睾丸发育良好，配种早，性欲旺盛，配种能力强，性情温顺，无恶癖，择偶性不强，每年配种母貉 5 只以上，配种次数 10 次以上，精液品质好，所配母貉受孕率高，产仔率高，每胎产仔数多，生命力强，年龄 2～5 岁。成年母貉则要求选择发情早（不能迟于 3 月中旬），性情温顺，性行为好，胎平均产仔数多，初产不少于 6 只，经产不少于 7 只，泌乳能力强，母性好，仔貉成活率高，且生长发育均匀、正

常的留作种貉。

当年幼貉应选择其母亲、父亲的繁殖力强，母亲性情温顺，母乳足，同窝仔数 6 只以上，生长发育正常，外生殖器官正常，且出生早（5 月 10 日前出生的）。一般乳头多的母貉产仔数也多，所以选择当年母貉应注意其乳头的情况。

（3）种貂的选择

① 毛绒品质。毛色要求必须具有本品种的毛色特征，全身一致，无杂色毛。彩貂应具备各自的毛色特征，个体之间色调均匀。褐色系应为鲜明的青褐色，带黄或红色调的应淘汰。灰蓝色系应为鲜明的纯青色，带红色调的应淘汰。白色系应为纯白色，带黄或褐色调的应淘汰。

各种水貂均要求毛绒光泽强，沿背正中线 1/2 处两侧，针毛长 25 毫米以下，绒毛长 15 毫米以上，针绒毛长度比为 1：0.65以上，而且毛峰平齐，具有弹性，分布均匀，绒毛柔软、灵活。活体每平方厘米有毛纤维 12 000 根以上，干皮需在 30 000 根以上，且分布均匀。

② 体形鉴定。成年种公貂体重 2 000 克以上，种母貂 900 克以上。成年种公貂体长 45 厘米以上，种母貂 38 厘米以上。

③ 繁殖力鉴定。种公貂在一个配种季节能交配 10 次以上，所交配母貂受孕率在 85％ 以上；种母貂胎产仔 6 只以上，年末成活 4.5 只以上。

2. 系谱鉴定　首先了解种兽个体间的血缘关系。将三代祖先范围内有血缘关系的个体归为同一亲属群内，然后分清亲属个体的主要特征，如毛绒品质、体形、繁殖力等，对几项指标进行审查和比较，查出优良个体，并在后代中留种。

3. 后裔鉴定　根据后裔的生产性能考察种兽的品质、遗传性能和种用价值。后裔生产性能的比较有三种：后裔与亲代之间、不同后裔之间、后裔与全群平均生产指标比较等。各项鉴定材料，必须及时填入种兽登记卡，作为选种和选配的重要依据。

四、公母兽的选配

选配是有目的、有计划地确定公母兽的配对，使后代有最佳遗传组合，以达到培育或利用良种的目的。

1. **选配原则** 选配是选种工作的延续，狐、貉的选配应注意如下的原则。

（1）公兽的毛绒品质，特别是毛色一定要优于或接近于母兽，决不可用品质差的公兽去配毛绒品质好的母兽。

（2）大体形的公兽与大体形的母兽或中型母兽交配才可能取得大型的后代个体；大型公兽与小型母兽或小型公兽与大型母兽一般不宜交配。

（3）要选择繁殖力均高的公、母兽配种 公兽的繁殖力是以其配种能力以及所配母兽的产仔数多少来判定的。

（4）选配的公母兽三代内不能有共同祖先 以生产为目的的选配不能有近交发生；为巩固有益性状的遗传力，以育种为目的的选配，可有计划进行适当的近交。

（5）在年龄上，允许成年兽与成年兽配，或成年兽与幼年兽配，但不宜用幼年公兽配成年母兽。

狐、貉的选配原则：

（1）在毛绒品质上公兽的品质优于母兽或接近母兽。

（2）在年龄上，以2～3岁公、母兽交配效果较好，也可采用育成公兽配成年母兽或成年公兽配育成母兽。

（3）在体形上，不应采用以大公配小母，小公配大母以及小公配小母等做法。

（4）三代以内无血缘关系。

2. **选配中应注意的问题**

（1）要根据育种目标综合考虑 育种应有明确的目标，在选配时不仅要考虑相配个体的品质，还必须考虑相配个体所隶属的种群对其后代的作用和影响。此外，要根据育种目标，抓住主要的性状进行选配。

（2）公兽的等级要高于母兽　公兽具有带动和改进整个兽群的作用，而且留种数少，所以其等级和质量都应高于母兽。对优秀的公兽应充分利用，一般公兽要控制使用。

（3）相同缺点者不配　选配中，绝不能使具有相同缺点（如毛色浅和毛色浅、体型小和体型小等）的公母兽相配，以免使缺点进一步发展。

（4）避免任意近交　近交只宜控制在育种群必要时使用，它是一种局部且仅在短期内采用的育种方法。在一般繁殖群和生产群应防止近交，以免造成后代衰退和生产力下降。

（5）考虑公母兽的年龄　母兽的发情时间因年龄而有差异。老龄母兽发情早，当年母兽发情较晚，公兽也有相似的规律。因此，在制订选配计划时，应考虑选配公母兽的年龄，以免发情不同步而使母兽失配。

第四章

毛皮动物常用饲料

第一节　毛皮动物常用饲料的种类及利用

用于饲养狐、貉、貂所用的饲料种类很多，可分为动物性饲料、植物性饲料和添加饲料三大类。目前随着我国狐、貉、貂主要饲料原料鲜海杂鱼等产品的减少，动物性饲料的贮存成本增加，以鱼粉、肉骨粉、谷物性饲料等为主要原料的干粉或颗粒全价饲料、配合饲料及浓缩饲料逐渐为广大养殖户所应用。

一、动物性饲料

包括鱼类，肉类，鱼、肉副产品，干动物性饲料，乳、蛋类及饲料酵母等，这类饲料蛋白质含量丰富，氨基酸组成比植物性饲料更接近于狐、貉、貂营养的需求，是狐、貉、貂生长发育过程中所需蛋白质的主要来源。

1. 鱼类饲料　鱼类饲料是狐、貉、貂动物性蛋白质的主要来源之一，其消化率高，适口性好。在我国，大部分大型毛皮动物饲养场仍然以鲜鱼及冻鱼类产品作为狐、貉、貂的主要食物。我国水域辽阔，可作饲料的鱼种类繁多，除河豚、马面豚等有毒鱼类外，大部分淡水鱼和海鱼均可作为狐、貉、貂的饲料。

鱼类饲料生喂比熟喂营养价值高，因为过度加热处理会破坏赖氨酸，同时使精氨酸转化为难消化形式。色氨酸、胱氨酸和蛋氨酸对蛋白质饲料脱水破坏性很敏感，但部分海鱼和淡水鱼中因含有硫胺素酶，其可破坏维生素 B_1，所以饲喂时最好能熟制，以破坏硫胺素酶，减少生喂造成的维生素 B_1 缺乏。同时对有些来源不明的鱼类产品，加热可以起到消毒杀菌的作用。

　　由于不同种类鱼体组成中氨基酸比例的不同，饲喂单一种类的鱼不如饲喂杂鱼好，混合饲喂有利于氨基酸的互补。同时，鱼类饲料应尽量与肉类饲料（畜禽下脚料等）混合喂给为宜。使用鱼类饲料时，一定要求不变质，因为脂肪酸败的鱼类喂后易引起食物中毒。喂脂肪酸败的鱼类还会引起脂肪组织炎、出血性肠炎、脓肿病和维生素缺乏症等。

　　随着水产资源的不断减少，加上休渔和地理条件的限制，许多毛皮动物养殖户不能把鱼类作为常年性饲料，养殖户应该结合当地特点，尽量开发利用品质好而且价格适中的其他动物性饲料。

　　2. 肉类饲料　肉类饲料蛋白质含量丰富，是狐、貉、貂重要的动物性饲料。狐、貉、貂几乎对所有动物的肉类均可采食。瘦肉中各种营养物质含量丰富，适口性好，消化率也高，是理想的饲料原料。新鲜的肉类适宜生喂，消化率及适口性都很好，对来源不清或不太新鲜的肉类应该进行熟化处理后饲喂，以消除微生物污染及其他有害物质，减少不必要的损失。

　　在实践中，可以充分利用人们不食或少食的牲畜肉，特别是牧区的废牛、废马、老羊、羔羊、犊牛及老年骆驼和患非传染性疾病经无害化处理的病肉，最大限度地利用价格低廉的肉类饲料资源。

　　犬肉喂狐、貉、貂一般应高温熟喂，以免发生疾病（尤其是犬瘟热病和旋毛虫病）传染。兔肉是一种高蛋白、低脂肪的优质饲料，利用兔肉及其下杂喂貉效果较理想。

公鸡雏营养价值全面，是很好的狐、貉、貂饲料，可占日粮的 25%～30%，配合鱼类饲喂效果更佳，用时要蒸煮熟制。

死因不明或死亡时间过长，未经冷冻处理的动物尸体禁止饲喂，否则容易使动物感染疾病或发生中毒。

3. 鱼和肉副产品　动物的头部、骨架、四肢的下端和内脏称为副产品，也称为下杂。这类饲料除了肝脏、肾脏、心脏外，大部分蛋白质消化率较低，生物学值不高，但作为狐、貉、貂的饲料，可以很好地提供部分能量及蛋白质，比谷物性饲料在部分蛋白质和维生素等方面优越，而且价格便宜，来源广泛，适量的利用好鱼、肉的副产品可有效地促进狐、貉、貂的养殖，是很好的饲料来源。

（1）鱼副产品　沿海地区的水产制品厂，有大量的鱼头、鱼骨架、内脏及其他下脚料，这些废弃品都可以用来饲养狐、貉、貂。新鲜的鱼头、鱼骨架可以生喂，繁殖期不超过日粮中动物饲料的 20%，幼兽生长期和冬毛生长期可增加到 40%。动物性饲料的其余部分应采用优质的杂鱼或肉类，否则容易造成狐、貉、貂的营养不良。新鲜程度较差的鱼副产品应熟喂，特别是鱼内脏保鲜困难，熟喂比较安全。

（2）畜禽副产品　肝脏是狐、貉、貂理想的全价肉类饲料，含 19.4% 的蛋白质、5% 的脂肪，还含有多种维生素和微量元素（铁、铜等），特别是维生素 A 和维生素 B 含量丰富，是动物繁殖期及幼兽育成期的较好的添加饲料。肝（摘除胆囊）宜生喂，可占动物性饲料的 10%～15%。由于肝有轻泻性，饲喂时应逐渐增量，以免引起稀便。

肾脏和心脏也是狐、貉、貂全价蛋白质饲料，同时还含有多种维生素，但较肝脏差些。健康的肾脏和心脏，生喂时营养价值和消化率均较高，病畜的肾脏和心脏必须熟喂。肾上腺不宜在繁殖期使用，因为其中激素含量较多，可能造成狐、貉、貂生殖机能紊乱。

肺脏是营养价值不大的饲料，蛋白质不全价，矿物质少，结缔组织多，消化率较低，对胃肠还有刺激性作用，易发生呕吐现象。肺脏一般应熟喂，喂量可占动物性饲料的 5%～10%。

胃、肠、脾均可用来饲喂狐、貉、貂，但营养价值不高，不能单独作为动物性饲料饲喂。新鲜的胃、肠虽适口性强，但常有病原性细菌，所以应熟喂。胃、肠可代替部分肉类饲料，但其喂量不能超过动物性饲料的 30%。

子宫、胎盘和胎儿也可以作为狐、貉、貂的饲料，但主要应该在幼兽生长期使用。配种期和妊娠期不能使用，以防外源激素造成生殖机能紊乱。

食管是全价的蛋白质饲料，其营养价值与肌肉无明显区别。喉头和气管也可以作为狐、貉、貂的蛋白质和鲜碎骨饲料，在幼兽生长期与鱼类和肉类配合使用能保证幼兽正常的生长发育。

血的营养价值较高，含蛋白质 17%～20% 和大量易于吸收的无机盐，还有少量的维生素等。血最好是鲜喂，陈血要熟喂，健康动物的血粉和血豆腐可直接混于饲料内投给，日粮中血可占动物性饲料的 10%～15%。因血中含有无机盐，对狐、貉、貂有轻泻作用，所以不宜超量饲喂。熟制血比鲜血消化率低，繁殖期要少喂。

禽类的副产品，如头、内脏、翅膀、腿、爪等均可喂狐、貉、貂，但一定要新鲜、清洗干净。这类饲料可按动物性饲料量的 20% 左右给予。在狐、貉、貂繁殖期，最好不使用鸡头、鸡肠等可能含有激素的副产品，在生长期对貂也要限量使用，以免影响健康。水貂生长期使用含雌激素过高的动物副产品，会引起生长期发情及尿湿症，甚至是死亡，所以饲喂前必须高温处理，同时要进行限量使用。

4. 乳、蛋类饲料　乳品和蛋类是狐、貉、貂的全价蛋白质饲料，含有全部的必需氨基酸，而且各种氨基酸的比例与狐、貉、貂的需要相似，同时非常容易消化和吸收，有条件的地方应多加利用。

乳品类饲料包括牛、羊鲜乳和酸凝乳、脱脂乳、乳粉等乳制品，能提高其他饲料的消化率和适口性，促进母兽的泌乳和仔兽的生长发育。日粮中乳品类饲料不应超过总量的 30%，过量易引起下痢。

在夏季，乳品类易酸败，要注意保存，禁用酸败变质的乳品喂兽。鲜乳要加热（70～100℃，10～16 分钟）灭菌，待冷却后搅拌倒入混合饲料中。

蛋类饲料也是营养极为丰富的全价饲料，容易消化和吸收，可以提高含氮物质的消化率。短期喂给蛋类可以生喂，但因蛋清里面含有卵白素，有破坏维生素的作用，故不宜长期生喂，一般鸡蛋热处理对饲喂狐、貉、貂非常必要，因为鸡蛋中含有抗生物素蛋白，把鸡蛋至于 91℃ 处理至少 5 分钟可以使抗生物素蛋白变性，热处理还可以变性阻碍狐、貉、貂吸收铁的鸡蛋蛋白。

蛋类饲料应在繁殖期作为精补饲料有效的利用，饲喂量每只每天 10～20 克。

孵化过的石蛋和毛蛋也可以喂狐、貉、貂，但必须保证新鲜，并经煮沸消毒。饲喂量与鲜蛋大致一样。

对未成熟卵黄（俗称蛋茬子或蛋包），在生长期可以限量使用，繁殖期最好不要使用，特别是水貂，容易引起流产及死胎。因为一般在淘汰蛋鸡屠宰分离时，未成熟卵黄很难与卵巢分离，易造成水貂雌激素中毒。

5. 干动物性饲料　新鲜的动物性饲料不便于贮存和运输，而且使用还受季节和地域的限制。一般饲养场都应适当准备干动物性饲料，作为平时饲料的一部分，以备不时之需。目前毛皮动物饲料加工企业多以干动物性饲料为主要原料，对促进我国毛皮动物更大范围的养殖有非常积极的意义。

（1）鱼粉　是鲜鱼经过干燥粉碎加工而成的，是狐、貉、貂饲养场常用的干动物性饲料。其蛋白质含量一般在 60% 左右，钙、磷的含量高，钙达 5.44%，磷为 3.44%，且钙、磷比例好，且 B 族维生素含量高，特别是核黄素、维生素 B_{12} 等含量高。其适口性好，营养丰富全价，是狐、貉、貂很好的干粉饲料原料。鱼粉通常含有食盐，一般鱼粉含盐量为 2.5%～4%，若食盐含量过高，则会引起毛皮动物的食盐中毒，所以含盐量过高的鱼粉不宜用来饲喂或在饲料中的比例要适当减少。鱼粉的脂肪含量较高，贮藏时间过长容易发生脂肪氧化变质和霉变，严重影响适口性，降低鱼粉的品质。因为市场鱼粉价格较高，掺假现象比较多，用户在购买时要进行品质鉴定，以减少生产损失。

水貂对适宜加工过的鱼粉消化很好，因其氨基酸模式较为适宜，但对过热加工鱼粉消化差。因为过热加工鱼粉水解会破坏赖氨酸，同时使精氨酸转化为难消化形式。色氨酸、胱氨酸和蛋氨酸对蛋白质饲料脱水破坏性很敏感。

干鱼体积小，发热量较高，容易保存，但消化率低，因此不宜多喂。干鱼的质量非常重要，腐败变质的鱼晒制的干鱼不能作为狐、貉、貂的饲料，以免产生毒素中毒。

目前市场上还有许多鱼类加工副产品，如鱼排粉、鱼浆粉等，都可以作为狐、貉、貂的动物性饲料原料，只是需要根据其营养组成及适口性等进行搭配，以满足狐、貉、貂全面的营养需要。

（2）肉骨粉　用不适宜食用的家畜躯体、骨和内脏等作为原料，经熬油后的干燥产品。一般不得混有毛、角、蹄、皮及粪便等物，在鲜鱼肉类产品缺乏时，是很好的狐、貉、貂饲料原料。肉骨粉蛋白质含量为 50%～60%，赖氨酸含量高，蛋氨酸和色氨酸含量低，氨基酸利用率变化大，易因加热过度而不易被动物吸收，同时 B 族维生素较多，维生素 A、维生素 D 较少，脂肪含量高，易变质，贮藏时间不宜过长。建议饲喂量控制在日粮干物质含量的 20% 以下。

（3）血粉　以动物血液为原料，经脱水干燥而成。一般蛋白质含量为 80%～85%，赖氨酸含量为 7%～9%，适口性差，消化率低，异亮氨酸缺乏，氨基酸组成不合理。大型肉联厂每年加工大量的血粉，如果质量没问题，可以作为狐、貉、貂的蛋白质饲料，建议添加量在 5% 以下。目前市场上有血粉的深加工产品，如血球蛋白粉、血浆蛋白粉等，均可以在狐、貉、貂饲料中部分添加，对平衡氨基酸有很好的作用。

（4）肝渣粉　生物制药厂利用牛、羊、猪的肝脏提取维生素 B 和肝浸膏的副产品，经过干燥粉碎后就是肝渣粉。这样的肝渣粉经过浸泡后，与其他动物性饲料搭配，可以饲喂狐、貉、貂。但肝粉渣不易消化，喂量过大容易引起腹泻。

（5）蚕蛹或蚕蛹粉　蚕蛹和蚕蛹粉是鱼、肉饲料的良好代用品，蚕蛹可分为去脂蚕蛹和全脂蚕蛹 2 种。蚕蛹营养价值很高，狐、貉、貂对其消化和吸收也很好，但蚕蛹含有狐、貉、貂不能消化的甲壳质，故用量不宜过多，一般可占日粮的 20%。

（6）羽毛粉　禽类的羽毛经过高温、高压和焦化处理后粉碎即成羽毛粉。蛋白质含量 80%～85%，氨基酸组成不平衡，胱氨酸、丝氨酸、甘氨酸含量高，而蛋氨酸和赖氨酸含量低。羽毛粉蛋白质中含有丰富的胱氨酸、谷氨酸和丝氨酸，这些氨基酸是毛皮兽毛绒生长的必需物质。在每年的春秋换毛季节饲喂，有利于狐、貉、貂的毛绒生长，并可以预防狐、貉的自咬症和食毛症。羽毛粉中含有大量的角质蛋白，狐、貉、貂对其消化吸收比较困难，但熟制、膨化、水解或酸化处理后，可提高其消化率。不经加热、加压处理的生羽毛粉对毛皮动物食用价值很低。

羽毛粉适口性较差，营养价值也不平衡，一般需与其他动物性饲料搭配使用，建议狐、貉、貂冬毛生长期添加量在 50% 以下。

二、植物性饲料

植物性饲料包括植物性能量饲料、蛋白质饲料及果蔬类饲料，狐、貉、貂均能利用植物性饲料作为其热能的重要来源，但其适口性及利用率有一定的局限性。经过适宜加工的植物性饲料可以有效提高其适口性及消化吸收率，从而增加其在狐、貉、貂饲料中的添加比例。

1. 能量饲料 狐、貉、貂能量饲料一般是指干物质中粗纤维含量低于18%，蛋白质含量低于20%，并且干物质含消化能在10.5兆焦/千克以上的饲料。它们的碳水化合物（主要是淀粉）含量为70%～80%，是热能的主要来源，如玉米、麦麸等。单独饲喂能量饲料，不能满足狐、貉、貂的生长及生产需要，因此该类饲料应与优质蛋白质补充饲料一同使用。钙在谷物中含量不高，一般低于0.1%，而磷的含量却为0.31%～0.45%，这种钙、磷比明显不适于狐、貉、貂的生长发育。由于磷含量偏高影响钙的吸收，将导致狐、貉、貂发生钙代谢病，所以在大量饲喂熟化玉米而高蛋白质饲料缺乏时，狐、貉、貂难以健康生长繁殖。谷物籽实类饲料一般也缺乏维生素A、维生素D，但B族维生素含量却十分丰富。特别是加工谷物后的米糠、麦麸及谷皮中含B族维生素最高。狐、貉、貂饲料中谷物性能量饲料一般需要熟化或膨化。目前，规模较大的饲养场多采用膨化方法加工谷物，操作简便，吸收利用效果较好。

（1）玉米 玉米是狐、貉、貂最主要的植物性能量饲料，其能量一般高于16.3兆焦/千克，位于各种谷物籽实的首位。玉米的粗蛋白含量偏低，为7%～9%，而且蛋白质品质较低，赖氨酸、蛋氨酸、色氨酸缺乏。但玉米的适口性好，且种植面积广，产量高，所以是比较普遍应用的狐、貉、貂饲料之一。玉米作为狐、貉、貂饲料一般要经过蒸煮或膨化加工，狐、貉、貂采食未经熟化的玉米后会导致腹泻，吸收利用率低下，熟化后的玉米淀粉消化率增加，但高于100℃处理不再增加淀粉的消化率。

（2）小麦 在狐、貉、貂饲料中，一般添加的是小麦的加工副产品次粉或麦麸。麦麸的蛋白质含量为12.5%～17%，含B族维生素丰富，核黄素与硫胺素含量较高。麦麸中钙、磷的含量极不平衡是其最大的缺点，干物质中钙含量为0.16%，而磷含量为1.31%，二者的比例为1∶8，钙、磷的吸收受到影响，所以麦麸在用作狐、貉、貂饲料时应特别注意补充钙，调整钙、磷平衡。

2. **植物性蛋白质饲料**　植物性蛋白质饲料是指干物质中粗纤维含量低于18%，同时粗蛋白质含量为20%以上的豆类、饼粕类饲料。蛋白质饲料不仅富含蛋白质，而且各种必需营养元素含量均较谷实类多，有些豆类籽实中脂肪含量高。该类饲料营养丰富，特别是蛋白质丰富，易消化，能值高。

（1）大豆　大豆是狐、貉、貂较好的蛋白质饲料原料，富含蛋白质和脂肪，干物质中粗蛋白质含量为40.6%～46%，脂肪含量为11.9%～19.7%，营养物质易消化，蛋白质的生物学价值优于其他植物蛋白质饲料，赖氨酸含量为2.09%～2.56%，蛋氨酸含量少，为0.29%～0.73%。大豆含粗纤维少，脂肪含量高，因此能值较高，钙、磷含量少，胡萝卜素和维生素D、硫胺素、核黄素含量也不高，但优于谷物籽实。大豆作为狐、貉、貂饲料必须进行蒸煮或膨化，否则会导致动物消化不良，经膨化的大豆可以占到狐、貉、貂饲粮的20%左右。

（2）饼粕类饲料　饼粕类饲料是油料籽实提取油后的产品。用压榨法榨油后的产品通称"饼"，用溶剂提取油后的产品通称"粕"，该类饲料在毛皮动物上应用较多的有大豆饼和豆粕、棉籽饼、菜籽饼和花生饼等。其共同特点是油脂与蛋白质高，一般营养价值较高。

①豆饼和豆粕。大豆饼和豆粕是我国最常用的一种主要植物性蛋白质饲料。豆饼和豆粕作为狐、貉、貂饲料要看其加热处理是否有效地降低了有害物质含量，不然会引起毛皮动物消化不良。正常加热的饼、粕颜色应为黄褐色，有烤黄豆的香味；加热不足或未加热的饼、粕颜色较浅或呈灰白色，有豆腥味；加热过度为暗褐色。加热适宜温度应控制在110℃左右。

② 花生饼。可以作为狐、貉、貂饲料使用。带壳花生饼含粗纤维 15％以上，饲用价值低。国内一般都去壳榨油，去壳花生饼所含蛋白质、能量较高，花生饼饲用价值仅次于豆饼。花生饼本身无毒，但因贮存不善可染黄曲霉，故贮存时切忌发霉。

另外还有棉籽饼和菜籽饼等，由于适口性及吸收率较低，在狐、貉、貂饲料中很少使用。

3. 果蔬类饲料　包括各种蔬菜、野菜和水果等，它们可以改善狐、貉、貂的饲料结构和适口性，提供丰富的维生素。果蔬类饲料对母兽的怀孕、产仔及泌乳都有良好的作用。

喂狐、貉、貂常采用的蔬菜有白菜、甘蓝、油菜、菠菜、甜菜、莴苣菜、茄子、西葫芦、番茄、苦菜叶、蒲公英、胡萝卜、大葱、蒜等，也有用豆科植物的牧草和绿叶的。

果蔬类饲料的发热量不大，在合理的日粮配合中仅占 3％～5％。

三、添加饲料

饲料添加剂可以补充狐、貉、貂必需的而在一般饲料中不足或缺乏的营养物质，如氨基酸、维生素、矿物元素、酶制剂和抗生素等。

1. 维生素添加饲料　随着维生素市场价格的逐渐降低，目前，越来越多的养殖户倾向于使用单体维生素原料来补充狐、貉、貂饲料维生素的不足。但由于在狐、貉、貂维生素营养需要方面的研究较少，饲养标准不完善，大多养殖户还是使用传统的维生素饲料，如鱼肝油、酵母、麦芽、棉籽油及其他含有维生素的饲料。精制维生素的浓度一般非常高，而且在配制饲料时不易混合均匀，加入过多将造成不必要的浪费，所以建议使用专业添加剂厂家生产的饲料添加剂比较理想。

下面对常用含维生素比较高的狐、貉、貂饲料特性作简要介绍：

（1）鱼肝油是维生素 A 和维生素 D 的主要来源　供饲鱼肝

油可每只每天按 800～1 000 国际单位（维生素 A 量）投给，饲喂时最好是在分食后滴入盆内。如果喂饲浓缩或胶丸状精制的鱼肝油时，需用植物油低温稀释。常年有肝脏和鲜海鱼饲喂狐、貉、貂的饲养场，可不必补给鱼肝油，因为肝脏及鲜鱼中含有足量的维生素 A 和维生素 D。变质的鱼肝油禁止喂食狐、貉、貂。

鱼肝油中的维生素 A 易被氧化破坏，保管时要注意密封，置于阴凉干燥和避光处，不宜使用金属容器保存。使用鱼肝油要注意出厂日期，以防久存失效，带来有害影响。

（2）小麦芽是维生素 E 的重要来源，并含有磷、钙、锰及少量的铁等矿物质，是狐、貉、貂繁殖期较理想的饲料。棉籽油也是维生素 E 的重要来源，每 100 克棉籽油含维生素 E 300 毫克。喂狐、貉、貂时应采用精制棉籽油，因为粗制棉籽油中含有棉酚等毒素。

（3）酵母不但是 B 族维生素的主要来源，而且还是浓缩的蛋白质饲料，作为狐、貉、貂饲料能很好地补充蛋白质及部分维生素。在使用酵母时，除药用酵母外，均需加温处理以杀死酵母中所含有的大量活酵母菌，否则狐、貉、貂采食酵母菌后，会发生胃肠膨胀或死亡。使用酵母时，注意要与碱性的骨粉分开喂饲。

2. 矿物质饲料　前面已介绍狐、貉、貂需要的矿物质，常规狐、貉、貂饲料中有些矿物质可以满足，有些则需适当补给。除常规的矿物质饲料如骨粉、食盐等外，目前针对不同地方矿物质供给特点，一般采用无机矿物盐进行补充，如硫酸亚铁用来补充铁的缺乏，硫酸铜用来补充铜的缺乏等。由于无机矿物盐价格便宜，应用比较广泛，但吸收率有限。用有机矿物元素化合物来补充矿物元素比较理想，吸收率较高，但价格也比较昂贵。

（1）骨粉是骨骼经蒸煮、干燥后磨成的粉末，是钙和磷的主要来源　骨粉含钙量为 40%、磷 20%。骨粉适宜常年供给，尤其是繁殖季节，对母兽或育成兽更为重要，要提高供给量，每只每天 10～15 克。日粮中若能供给鲜碎骨或以鱼、肉骨粉为主的饲料，可不加骨粉。

（2）食盐 一般每只每天供给量为 2～3 克，如果以海杂鱼为主要饲料喂狐、貉、貂时，食盐可少给或不给。

3. 特种饲料 既不是狐、貉、貂生命活动中所必需的营养物质，也不是饲料中的营养成分，但是它对狐、貉、貂机体和饲料有良好作用，如抗生素、酶制剂、益生素和抗氧化剂等。

（1）抗生素可抑制多种微生物生长 在狐、貉、貂日粮中供给少量的抗生素，可以促进生长，提高幼兽的成活率，防止疾病的发生，同时能延缓饲料的腐败。目前，采用的抗生素有兽用青霉素、杆菌肽锌、黏菌素等。

（2）益生素主要是由乳酸杆菌，双歧杆菌，芽孢杆菌，酵母菌及其他生长促进菌种组成，它能有效地抑制病原菌群的无序繁殖，使动物机体保持健康状态。

（3）抗氧化剂（抗酸化剂）可抑制饲料脂肪酸败 在狐、貉、貂的日粮中供给少量抗氧化剂，可以提高兽群的成活率，防止发生脂肪组织炎。

四、狐、貉、貂商用全价、浓缩及预混饲料

狐、貉、貂从野生状态到大密度的人工饲养，给狐、貉、貂的科学饲养提出了一系列问题。其中由于采食范围的缩小及食物种类的单一化而造成的矿物元素缺乏，致使狐、貉、貂发育不良、繁殖率下降、生产性能降低、死亡等都给生产造成了很大损失，制约了毛皮动物产业的发展。作为养殖户很难全面考虑狐、貉、貂各方面的营养需求，只有根据狐、貉、貂的营养需要和各种饲料营养成分特点合理地调配日粮，才能以最少的饲料消耗，获得最多的产品和最好的经济效益。商用全价、浓缩及预混合饲料的应用就可以有效地解决这一问题。

① 全价饲料是指由蛋白质饲料、能量饲料、矿物质饲料和

添加剂预混料按不同时期狐、貉、貂营养需求配合成的一种饲料混合物。

② 浓缩饲料是指由两种或两种以上蛋白质饲料、能量饲料、矿物质饲料或添加剂预混料按一定比例组成的饲料，通过与其他能量或蛋白质饲料等混合后能满足狐、貉、貂主要营养需求的一种蛋白含量较高的混合物。

③ 预混合饲料是指两类或两类以上的微量元素、维生素、氨基酸或非营养性添加剂等微量成分加有载体或稀释剂的均匀混合物。

第二节　毛皮动物常用饲料的贮存、加工与调制

目前，在狐、貉、貂的养殖上虽然商用饲料的应用越来越多，但由于受传统饲养习惯的影响，广大狐、貉、貂养殖户习惯于自己配制饲料，那么科学成功地贮存及调制饲料就显得非常重要，这是狐、貉、貂养殖取得效益的关键。

一、饲料的贮存

1. 动物性饲料的贮存　动物性饲料极易变质腐败，所以狐、貉、貂饲养场要保证饲料的新鲜，必须首先做好动物性饲料的贮存工作。常用的贮存方法有低温、高温、干燥和盐渍等方法。

（1）低温贮存　低温可以抑制微生物对饲料的分解作用，防止饲料变质或产生有害物质。大、中型狐、貉、貂饲养场往往使用机动冷库贮存饲料。有条件的个体户因饲料用量少，可用冰箱、冰柜保存饲料。

（2）高温贮存　高温可杀灭各种微生物、细菌。新购回的新鱼、肉，一时喂不了的，可放锅中蒸（或煮）熟，取出存放于荫凉处，或者将鱼、肉煮熟后，始终放在锅内，鱼或肉温度保持在

70～80℃。用高温处理饲料后只能短时间保存，是临时性的，不能放置过久。

（3）干燥贮存　饲料干燥，附于饲料上的微生物死亡或失去生存和繁殖条件，饲料本身也因干燥不能发生氧化分解作用。因此，饲料干燥后可长时间保存，不发生变质。

干制饲料的方法如下：

① 晾晒。将饲料切割成小块，置于通风处晾晒，如果是较大的鱼，则应剖开并除去内脏再晾晒，如果是小鱼可直接晾晒。晾晒饲料方法简单，但太阳照射往往发生氧化酸败，降低饲料营养价值。

② 烘烤。将鱼、肉、内脏下杂煮熟，切成小块置于干燥室烘干。干燥室须有通风孔，以利于排出水分，加快干燥速度。

（4）盐渍贮存　盐渍可以抑制细菌的繁殖或生长，杀死病原微生物，起到饲料保存作用。具体做法可以将鲜饲料置于水泥池或大缸中，用高浓度盐水溶液浸泡，以液面没过饲料为度，用石头或木板压实，这种方法可以保存饲料 1 个月以上。但盐渍时间越长，饲料盐分含量越高，使用前必须用清水浸泡，脱盐至少要24 小时，中间要换水数次并不断搅动，脱尽盐分，否则易使狐、貉、貂发生食盐中毒。

2. 谷物饲料的贮存　植物性饲料只有其含水量降到 12％以下时，才容易长时间保存，否则，饲料与空气接触吸湿变质。贮存饲料的库房必须阴凉、通风、干燥，地面搭设板架，勿使饲料袋接触地面。特别应注意堆放层数不能太多。要经常翻动，及时晾晒，以免受潮变质。

3. 果蔬饲料的贮存　供给狐、貉、貂的瓜果蔬菜，最好随用随收。一时用不了应放在阴凉、通风处，不要堆放，防止变质、发酵，引起狐、貉、貂食用后亚硝酸盐中毒。还要防鼠害，降低粮食的损耗，防止病害蔓延。在我国北方，冬季应将果蔬贮存于菜窖里，以便供给冬季使用。

二、饲料的加工与调制

狐、貉、貂的饲料种类很多，而且一般都是以鲜、湿饲料为主，这些饲料又因其利用和加工方法不同而有不同的饲喂效果。因此，饲养者必须在了解各种饲料特性的基础上，合理加工调制，以提高饲料的利用效率。

1. 饲料的加工

（1）肉类和鱼类饲料的加工　将新鲜海杂鱼和经过检验合格的牛羊肉、碎兔肉、肝脏、胃、肾、心脏及鲜血等（冷冻的要彻底解冻），去掉大的脂肪块，洗去泥土和杂质，粉碎后生喂。

品质虽然较差，但还可以生喂的肉、鱼饲料，首先要用清水充分洗涤，然后用 0.05% 的高锰酸钾溶液浸泡消毒 5～10 分钟，再用清水洗涤 1 遍，方可粉碎加工后生喂。

淡水鱼和腐败变质、污染的肉类，需经熟制后方可饲喂。淡水鱼熟制时间不宜太长，达到消毒和破坏硫胺素酶的目的即可。消毒方式要尽量采取蒸煮、高压蒸汽短时间煮沸等方式。死亡的动物尸体、废弃的肉类和痘猪肉等应用高压蒸煮法处理。

质量好的动物性干粉饲料（鱼粉、肉骨粉等）可与其他饲料混合调制生喂。

自然加盐晾晒的干鱼，一般都含有 5%～30% 的盐，饲喂前必须用清水充分浸泡。冬季浸泡 2～3 天，每天换水 2 次；夏季浸泡 1 天或稍长时间，换水 3～4 次，就可浸泡彻底。没有加盐的干鱼，浸泡 12 小时即可达到软化的目的。浸泡后的干鱼经粉碎处理，再同其他饲料合理调制供生喂。

对于难以消化的蚕蛹粉，可与谷物混合蒸煮后饲喂。品质差的干鱼、干羊肉等饲料，除充分洗涤、浸泡或用高锰酸钾溶液消毒外，需经蒸煮处理。

高温干燥的猪肝渣和血粉等，除了浸泡加工之外，还要经蒸煮以达到充分软化的目的，这样能提高消化率。

表面带有大量黏液的鱼，按 2.5％的比例加盐搅拌，或用热水浸烫，除去黏液；味苦的鱼，除去内脏后蒸煮，熟化后再喂。这样既可以提高适口性，又可预防毛皮动物患胃肠炎。

咸鱼在使用前要切成小块，用清水浸泡 24～36 小时，换水 3～4 次，待盐分彻底浸出后方可使用。质量新鲜的可生喂，品质不良的要熟喂。

（2）奶类和蛋类饲料的加工　牛奶或羊奶喂前需经消毒处理。一般用锅加热至 70～80℃，15 分钟，冷却后待用。奶桶每天都要用热碱水刷洗干净。酸败的奶类（加热后凝固成块）不能用来喂狐、貉、貂。

蛋类（鸡蛋、鸭蛋、毛蛋、石蛋等）均需要熟喂，这样既能预防生物素被破坏，又能消除副伤寒菌类的传播。

（3）植物性饲料的加工　谷物饲料要粉碎成粉状，最好采用数种谷物粉搭配，有利于各种饲料间的营养互补，谷物性饲料一般经熟化后饲喂效果好，而且消化吸收率高，不易产生各种消化性疾病，通常熟化可以进行膨化处理或熟制成窝头或烤糕的形式，也可把谷物粉事先用锅炒熟，或将谷物粉制成粥混合到日粮中饲喂。

蔬菜要去掉泥土，削去根和腐烂部分，洗净，搅碎饲喂。严禁把大量叶菜堆积或长时间浸泡，否则易发生亚硝酸盐中毒。叶菜在水中浸泡时间不得超过 4 小时，洗净的叶菜不要和热饲料放在一起，以免过多损失维生素营养等。冬季可食用质量好的冻菜，窖贮的甘蓝、白菜等，其腐烂部分不能食用。

春季马铃薯芽眼部分含有较多的龙葵素，需熟喂，否则易引起龙葵素中毒。

2. 饲料的调制　饲料调制的优劣，直接影响饲料的适口性和营养价值的高低。合理的调制能提高饲料的营养价值和饲料的消化率。

（1）调制前的处理　饲料调制前应进行饲料品质及卫生鉴

定，严禁饲喂来自疫区的和变质的饲料。新鲜的动物性饲料应充分进行洗涤，一般需用0.1%高锰酸钾溶液消毒，然后用清水洗净。要除掉肉类饲料上过多的脂肪，副产品（胃、肠、肺、脾等）需高温煮熟后冷却备用，冷冻的饲料经缓冻后再行洗涤。鱼类饲料可先用清水浸泡，然后洗去表面黏液。蔬菜饲料调制前需切除根和腐烂部分，去掉泥土。为防止发生肠炎和寄生虫病，可用0.1%高锰酸钾溶液消毒，然后用清水洗净，切成小块备用。

（2）饲料的绞制　将准备好的各种饲料，检斤过秤，分别用绞肉机绞。如属小型碎块饲料，可将几种饲料混合绞制；如属大型的饲料，可先绞鱼类、肉类和肉副产品，然后再绞其他饲料（谷物制品和蔬菜可混合绞制）。

（3）饲料的调配　将各种绞制的饲料放在大的木槽、铁槽或搅拌槽内，先放占主要成分的谷物、蔬菜类、鱼肉类或其他动物性饲料，然后加入预混饲料和稀释的豆浆或水，充分进行搅拌。

（4）调制饲料的注意事项

① 调制饲料的速度要快，以缩短加工时间，每次调制应在临分食前完成。不得提前，应最大限度地避免多种饲料混合而引起营养成分的破坏或失效。

② 配料准确，拌料均匀，浓度适中。繁殖期浓度宜稀些，非繁殖期宜稠些，冬季和早春应适当加温，以免过早结冻。

③ 维生素饲料以及乳类、酵母等必须临喂前加入，防止过早混合被氧化破坏。

④ 温差（冷热）大的饲料应分别放置，在温度接近时，再一起搅拌。

⑤ 牛奶在加温消毒时，要正确掌握温度。如温度过高，会破坏牛奶中的维生素，温度过低，达不到灭菌的目的。

⑥ 食盐、酵母应先用水溶解，稀释后再混入饲料内。在调制过程中，水的添加要适当，严防加入过多，造成剩食。

⑦ 谷物饲料应充分熟制，但熟制时间不宜过长或糊化，不

能有异味。

⑧ 缓冻后的动物性饲料，在调制室内存放时间不得超过 24 小时。

⑨ 饲料室必须加强卫生防疫，闲人谢绝入内。饲料加工器械随时清洗，定期消毒。

第三节 毛皮动物常用饲料的品质鉴定

狐、貉、貂的一部分动物性饲料是以鲜、湿的状态进行饲喂的，一旦这些饲料腐败变质，将会对动物的繁殖、生长造成很大的损害。因此，在饲养狐、貉、貂的过程中，对所喂饲料的品质进行鉴定、检验非常重要。鉴别饲料品质的方法很多，除感官鉴定外，还有物理学、化学、细菌学和寄生虫鉴定等。现仅就能为广大饲养场及养殖户采用的感观鉴定分述如下。

一、肉类饲料的品质检验

肉类饲料应当是新鲜优质的，不应有腐败变质的现象。感官检验主要根据肉的性状、色泽、气味等方面加以鉴别（表 4 - 1）。

表 4 - 1　肉类新鲜程度鉴别

项目	新　鲜	不新鲜	腐　败
外观	表面有微干燥的外膜，呈玫瑰红或淡红色，肉汁透明，切面湿润，不黏	表面有风干灰暗的外膜或潮湿发黏，有时生霉，切面色暗、潮湿、有黏液，肉汁混浊	表面很干燥或很潮湿，带淡绿色，发黏发霉，断面呈暗灰色，有时呈淡绿色，很黏、很潮湿
弹性	切面质地紧密有弹性，指按压能复原	切面柔软，弹性小，指按压不能复原	切面无弹性，手轻压可刺穿
气味	无酸败或苦味，气味良好，具有各种肉的特有气味	有较轻的酸败味，略有霉气味，有时仅在表层而深层无味	深、浅层均可嗅到腐败味

项目	新　鲜	不新鲜	腐　败
色泽	色白黄或淡黄，组织柔软或坚硬，煮肉汤透明芳香，表面集聚脂肪	呈灰色，无光泽，易黏手，肉汤稍有混浊，脂肪呈小滴浮于表面	污秽，有黏液，常发霉，呈绿色，肉汤混浊，有黄色或白色絮状物，脂肪极少浮于表面

二、鱼类饲料的品质检验

各种鱼的新鲜度，可根据眼、鳃、肌肉、肛门和内脏等状况进行鉴别（表4-2）。

表4-2　鱼类新鲜程度鉴别

项目	新　鲜	次　鲜	近于腐败	腐　败
体表	有光泽，黏液透明，有鲜腥味，鳞片完整不易脱落	光泽减弱，黏液较透明，稍有不良气味，鳞片完整	暗灰色，黏液混浊浓稠，有轻度腐败味，腹部稍呈膨大	黏液混浊，黏腻，有明显腐败味，鳞片不完整、易脱落，胸部明显膨大
眼	眼球饱满突出，角膜透明	眼球发暗，平坦	眼球轻度下陷，角膜微浊	眼球塌陷，角膜混浊
鳃	鲜红或暗红色	暗灰红色，带有混浊黏液	淡灰褐色，黏液有异味	呈灰绿色，黏液有腐败味
肌肉	肉质坚硬有弹性	硬度稍差，但不松弛	肉汁松软多汁，指压后的凹陷恢复差	组织柔软松弛，指压后的凹陷不能恢复，肉和骨附着不牢，肋刺脱出
肛门	紧缩	稍突出	突出	外翻
内脏	正常	肝脏外形有所改变	肝脏和肠管有分解现象，内脏被胆汁染成黄绿色	肝脏腐败分解，胃肠等变成无构造的灰色粥样物

三、乳类的品质检验

乳的新鲜度应根据色泽、状态、气味、滋味判断（表4-3）。

表4-3　乳品新鲜程度鉴别

项　目	正常乳	不正常乳	
		变化	原因
色泽	乳白色并稍带微黄	蓝色、淡红色、粉红色	细菌、乳房炎或饲料引起
状态	均匀一致，不透明，液态，无沉淀，无杂物，无磷块	黏滑，有絮状物或多孔凝块	细菌
气味及滋味	特有香味，可口稍甜	葱蒜味，苦味，酸味，金属味，外来气味	饲料、细菌、容器引起，或贮存不当

四、蛋类饲料的品质检验

新鲜的蛋壳表面有一层粉状物，蛋壳清洁完整，颜色鲜艳。打开后蛋黄凸起、完整并带有韧性，蛋白澄清透明、稀稠分明。受潮蛋蛋壳灰污并有油质，打开后可见蛋清水样稀稠，弹壳内壁发黑粘连，常可嗅到腐败气味。

五、干动物性饲料和干配合饲料的品质检验

目前，我国没有统一的毛皮动物饲料标准，毛皮动物饲料生产企业一般以企业标准进行生产，具有较大的随意性。而毛皮动物对饲料的吸收利用在不同饲料之间有很大的差别，一般动物性饲料吸收较好，植物性饲料吸收较差，但饲料生产单位对饲料的评价不是以消化利用为基础的，而是以粗蛋白质为基础，具有很大的不准确性，所以正确评价一种饲料的好坏及安全非常重要。对于小型养殖户，可以从以下几个方面来检验饲

料的质量好坏。

1. 眼观　观察饲料颜色是否正常，有霉变、结块、潮湿、生虫等现象的饲料，可以判定为过期或劣质产品。

2. 鼻闻　正常的毛皮动物干粉饲料具有一定的鱼香味和熟化玉米香味。闻饲料是否有刺激性气味，如霉变味、氨味、腐败味、酸味、恶臭等刺激性气味，有异味的饲料一般已变质或混有杂质，不能为毛皮动物所食用。

3. 嘴尝　看饲料是否过咸，或有涩味、苦味等异常味道。

4. 看沉淀物　用一柱形透明玻璃杯盛 2/3 清水，取 50～100克饲料放入杯中，适当搅拌后静置 1～2 分钟，看杯中固形沉淀物的多少，一般饲料容许有少量沉淀，过多沉淀会影响饲料对毛皮动物的适口性及吸收率。

5. 看饲养效果　这是最重要和最有说服力的检验。毛皮动物饲料应适口性好，排出粪便干湿适宜，不腹泻，才能保证动物具有良好的吸收率，生长旺盛，毛色光洁柔顺。有一些毛皮动物饲料粗蛋白质水平较高，但毛皮动物吸收率很低，反映出来的饲养效果就是生长迟缓，毛色无光泽，易腹泻等症状。饲养效果还可以通过采食饲料的动物有无营养性缺乏症，饲养动物死亡率的高低来判定。一般生长期毛皮动物死亡率在 1%～3%，在没有重大传染性疾病或异常死亡的情况下，超过这个比率时，很大程度与饲料营养性缺乏有关，特别是微量元素和维生素的缺乏。

六、谷物饲料的品质检验

谷物饲料在贮存不当的情况下受酶和微生物的作用，易引起发热和变质。检验谷物饲料时，主要根据色泽是否正常，颗粒是否整齐，有无霉变及异味等加以判断。凡外观检查变色、发霉、生虫，嗅有霉味、酸臭味，舔尝有酸苦等刺激味，触摸有潮湿感或结成团块的，均不能利用。

七、果蔬饲料的品质检验

新鲜的果蔬饲料具有本品种固有的色泽和气味，表面不黏；失鲜或变质的果蔬，色泽灰暗发黄并有异味，表面发黏，有时发热。

第四节　毛皮动物常用饲料的安全

一、食盐中毒

目前，部分干粉饲料厂使用大量含盐过多的劣质鱼粉或大量用盐处理过的动物下脚料做饲料原料，而在投入市场前又没有经过严格检验，毛皮动物养殖单位或个人一旦应用这种饲料，狐、貉、貂在饮水缺乏时就会发生大群的食盐中毒。

另外，饲料原料供应单位或个人为了防止动物性饲料的腐烂，在饲料干制过程中加入大量的盐进行脱水和防腐，使得这一饲料原料中盐含量很高。有些劣质鱼粉生产单位或个人为了获取较大的利润，在鱼粉中添加盐或羽毛粉等，也会使得饲料中盐含量超标，这些都是引起食盐中毒的原因。

二、毒素中毒

干粉饲料在保存过程中常常会由于潮湿、高温、保存时间过长等原因造成霉变，特别是有些含豆饼较多的饲料，在雨季潮湿、高温等条件下易生黄曲霉。黄曲霉产生的毒素对毛皮动物具有毒害作用，轻则引起腹泻、便血，重则引起死亡，出现难以弥补的损失。

使用鲜料饲喂毛皮动物的饲养场或个人，还需要注意新鲜动物性饲料经细菌或真菌分解产生的毒素，如组织腐败物（组胺，硝酸盐，有毒醛，酮、过氧化物等），狐、貉、貂采食后会出现诸如食量减少、腹泻、生长迟缓、失重、以致死亡等现象，繁殖期则会引起流产、死胎等严重影响繁殖率的现象。

三、激素中毒

动物性饲料，特别是动物的下杂，如头颈、内脏等直接饲喂或经加工成干粉饲料后饲喂动物，可能会造成狐、貉、貂激素中毒。特别是水貂对毒物、激素等的反应非常敏感，采食低浓度的激素或毒物均会引起一定的生产损失。动物下杂中的甲状腺、肾上腺、垂体等腺体，均会影响其繁殖及生长代谢。毛皮动物采食极低浓度的雌激素后也会造成流产和死胎等现象。

四、重金属元素中毒

饲料中混入了铅、汞等重金属元素，易造成累积性的重金属元素中毒，过量的硫酸铜也会引起毛皮动物中毒。在添加剂的选择与使用中，一定要注意不能随意把其他动物的添加剂添加在毛皮动物上，这样往往会出现意外中毒。

五、腐败酸中毒

采食氧化性脂肪会引起毛皮动物的黄脂肪病，其主要原因是不饱和脂肪酸易被氧化形成过氧化物，把饲料中的抗氧化物质维生素 E 消耗殆尽。从而使得细胞膜破坏，形成"黄脂肪"样病变，出现维生素 E 严重缺乏症状，如贫血、肌肉坏死等。

六、农药中毒

喷洒，灭蝇药物、消毒剂（如甲醛）等，均可能造成毛皮动物肺部吸入而中毒、感染。所以在饲养场进行消毒、灭蝇、防鼠等措施时，要预防对狐、貉、貂的影响。

第五章　毛皮动物的饲养标准和饲料配制方法

第一节　毛皮动物的营养需要及经验日粮配方

一、狐、貉的营养需要及经验日粮配方

目前，国内外对狐、貉的营养需要还没有进行深入系统的研究，尚无统一的饲养标准。国内许多学者经过多年的努力，结合我国自身狐、貉饲养及饲料特点，制订了一些经验日粮推荐量。随着研究的深入，毛皮动物蛋白质及脂肪在日粮中所占的比例日益降低，而碳水化合物的比例有所提高。本书结合国内外研究进展及我国当前饲料资源及饲养管理的实际情况，提出如下一些经验标准，现将其归纳整理如下，供各饲养场及养殖户参考（表5-1至表5-4）。

表5-1　狐、貉不同时期营养需要量（%）

使用阶段	代谢能（兆焦/千克）	粗蛋白不小于	粗纤维不大于	脂肪不小于	赖氨酸不小于	蛋氨酸不小于	钙	总磷不小于	食盐
成年维持期	13.3	24	8	7	1.3	0.6	0.8	0.6	0.3~0.8
配种期	13.8	26	6	7	1.6	0.8	0.9	0.6	0.3~0.8

· 82 ·

使用阶段	代谢能（兆焦/千克）	粗蛋白不小于	粗纤维不大于	脂肪不小于	赖氨酸不小于	蛋氨酸不小于	钙	总磷不小于	食盐
妊娠期	13.8	28	6	7	1.6	0.9	1.1	0.7	0.3~0.8
哺乳期	14.1	30	6	7	1.6	0.9	1.2	0.8	0.3~0.8
育成期	13.7	26	6	8	1.8	0.9	1.2	0.7	0.3~0.8
冬毛生长期	13.9	24	8	9	1.6	0.9	1.0	0.6	0.3~0.8

表 5-2　狐营养需要量（NRC，1982）（每千克干物质含量）

项　目	7~23周	23周~成年	维持（成年）	妊娠	泌乳
能量（千焦）	—	—	13 711	—	—
粗蛋白（%）	27.6~29.6	24.7	19.7	29.6	35
维生素 A（国际单位）	2 440	2 440	—	—	—
维生素 B$_1$（微克）	1.0	1.0	—	—	—
维生素 B$_2$（毫克）	3.7	3.7	—	5.5	5.5
泛酸（毫克）	7.4	7.4	—	—	—
维生素 B$_6$（微克）	1.8	1.8	—	—	—
烟酸（毫克）	9.6	9.6	—	—	—
叶酸（微克）	0.2	0.2	—	—	—
钙（%）	0.6	0.6	0.6	—	—
磷（%）	0.6	0.6	0.4	—	—
钙磷比	1:1~1.7:1	1:1~1.7:1	—	—	—
食盐（%）	0.5	0.5	0.5	0.5	0.5

表 5-3 狐、貉干粉饲料推荐配方及营养水平（%）

原　料	维持期	育成	冬毛期	繁殖期	哺乳期
膨化玉米粉	38.00	33.30	38.20	36.00	32.50
膨化大豆粉	6.00	8.00	10.00	12.00	10.00
赖氨酸	0.30	0.65	0.65	0.65	0.55
蛋氨酸	0.20	0.35	0.45	0.35	0.30
肉骨粉	10.00	10.00	10.00	12.00	15.00
玉米蛋白粉	0.00	4.00	0.00	6.00	9.00
膨化血粉	4.00	0.00	0.00	0.00	0.00
羽毛粉	0.00	0.00	4.00	2.00	2.00
DDGS	32.50	29.00	26.00	30.00	30.00
小麦次粉	8.00	8.00	8.00	0.00	0.00
鱼粉	0.00	5.00	0.00	0.00	0.00
鸡油（或豆油）	0.00	1.00	2.00	0.00	0.00
添加剂	1.00	1.00	1.00	1.00	1.00
总计	100.00	100.30	100.30	100.00	100.35
营　养　水　平					
代谢能（兆焦／千克）	13.36	13.71	13.96	13.82	14.07
粗蛋白（%）	24.41	27.14	24.58	28.41	30.30
粗脂肪（%）	7.20	8.59	9.29	8.37	8.43
纤维（%）	4.44	4.20	4.08	4.41	4.34
钙（%）	1.02	1.28	1.00	1.16	1.37
磷（%）	0.71	0.86	0.72	0.78	0.89
赖氨酸（%）	1.34	1.81	1.60	1.70	1.65
蛋氨酸（%）	0.67	0.89	0.91	0.92	0.91

注：添加剂（或预混料）主要为各种维生素、微量元素、益生素、酶制剂及抗生素等，下同。

表5-4 狐、貉鲜饲料推荐配方

使用阶段	配合比例（%）							
	膨化玉米	鲜杂鱼	鸡架或鸭架	鸡肠或鸡头	鸡蛋	狐狸预混料	油	合计
生长前期	40	20	15	20	0	4	1	100
冬毛期	45	15	10	24	0	4	2	100
繁殖期	35	30	24	0	6	4	1	100
泌乳期	30	40	25	0	0	4	1	100

二、貂的营养需要及经验日粮配方

貂的营养需要和饲养标准是合理配制饲料和科学养貂的理论依据。本节推荐貂不同时期饲料营养成分的含量（表5-5），同时给出NRC（表5-6）推荐标准，以供参考。由于近年我国狐、貉、貂鲜饲料资源短缺，干粉饲料的应用越来越普遍，本节也根据近年来貂营养研究的变化，结合我国饲养特点，推荐了干粉饲料配方（表5-7），同时也列出了部分鲜饲料的组成（表5-8），一并供毛皮动物饲养场参考。

表5-5 貂不同时期饲料营养成分推荐量（%）

使用阶段	代谢能（兆焦/千克）	粗蛋白不小于	粗纤维不大于	脂肪不小于	赖氨酸不小于	蛋氨酸不小于	钙	总磷不小于	食盐
成年维持期	14.8	30	5	10	1.4	0.7	0.8	0.6	0.3~0.8
配种期	15.8	32	5	12	1.6	0.8	0.9	0.6	0.3~0.8
妊娠期	15.8	34	5	12	1.6	0.9	1.1	0.7	0.3~0.8
哺乳期	16.2	36	5	14	1.8	0.9	1.2	0.8	0.3~0.8
育成期	16.2	34	5	13	2.0	1.1	1.2	0.7	0.3~0.8
冬毛生长期	15.8	32	5	15	1.8	1.2	1.0	0.6	0.3~0.8

表 5-6 貂营养需要量（每千克干物质含量）

项 目		断奶～13周	13周～成年	维持(成年)	妊娠	泌乳
能量（千焦）	公	17 071	17 071	15 062	—	—
	母	16 443	16 443	15 062	16 443	18 828
粗蛋白（%）		38	32.6～38.0	21.8～26.0	38.0	45.7
维生素 A(国际单位)		5 930				
维生素 E（毫克）		27				
维生素 B_1（毫克）		1.3	—			
维生素 B_2（毫克）		1.6	—			
泛酸（毫克）		8.0				
维生素 B_6（微克）		1.6				
烟酸（毫克）		20				
叶酸（微克）		0.5				
生物素（毫克）		0.12				
维生素 B_{12}（微克）		32.6				
钙（%）		0.4	0.4	0.3	0.4	0.6
磷（%）		0.4	0.4	0.3	0.4	0.6
钙磷比		1:1～2:1	1:1～2:1	1:1～2:1	1:1～2:1	1:1～2:1
食盐（%）		0.5	0.5	0.5	0.5	0.5

表 5-7 貂干粉饲料推荐配方及营养水平（%）

原 料	维持期	育成期	冬毛期	繁殖期	哺乳期
膨化玉米粉	32.00	20.00	24.00	22.00	20.00
膨化大豆粉	15.00	18.00	20.00	16.00	20.00
赖氨酸	0.20	0.50	0.40	0.10	0.00
蛋氨酸	0.10	0.30	0.50	0.15	0.10
肉骨粉	12.00	12.00	10.00	15.00	16.00
玉米蛋白粉	10.00	12.00	10.00	12.00	12.00

原　料	维持期	育成期	冬毛期	繁殖期	哺乳期
膨化血粉	0.00	0.00	0.00	2.00	2.00
羽毛粉	2.00	0.00	2.00	0.00	0.00
DDGS	24.00	26.00	20.00	22.00	14.00
鱼粉	2.00	8.00	6.00	6.00	10.00
鸡油（或豆油）	2.00	3.00	6.20	3.00	5.00
添加剂	1.00	1.00	1.00	1.00	1.00
总计	100.30	100.80	100.10	99.25	100.10
营养水平					
代谢能（兆焦／千克）	14.80	16.20	15.80	15.80	16.20
粗蛋白（%）	30.19	34.59	32.19	34.28	36.04
粗脂肪（%）	10.58	12.57	15.10	12.10	14.47
纤维（%）	4.04	4.28	3.84	3.91	3.47
钙（%）	1.25	1.59	1.32	1.69	1.96
磷（%）	0.84	1.00	0.88	1.05	1.20
赖氨酸（%）	1.41	2.04	1.83	1.66	1.83
蛋氨酸（%）	0.76	1.10	1.23	0.93	0.96

　　由于各地鲜饲料资源不同，其配方也各不相同。但其原则是尽可能根据当地的饲养条件合理配合日粮，利用当地现有的饲料资源，就地取材，以降低饲养成本。

表 5-8　貂鲜饲料推荐配方（%）

使用阶段	配合比例（%）							
	膨化玉米	鲜杂鱼	鸡架或鸭架	鸡肠或鸡头	鸡蛋	水貂预混料	油	合计
生长前期	30	20	25	20	0	4	1	100
冬毛期	35	15	20	24	0	4	2	100
繁殖期	20	30	34	0	6	4	1	100
泌乳期	20	40	25	0	10	4	1	100

第二节　毛皮动物的生态环保型日粮的配制

配制饲料需利用好当地饲料资源的优势，本书所提供的日粮配方，仅作为参考，养殖过程中应该根据各地的饲料特点，自行配制日粮。只要能满足狐、貉、貂的营养需求，降低饲料成本，最大限度地发挥动物的生产性能，就是理想的配方。当然饲料的配制需要遵循一定的科学规律，满足动物不同生产时期的营养需求，下面简要介绍狐、貉、貂饲料配制的依据及方法。

一、毛皮动物生态环保型日粮的配制依据

在狐、貉、貂的各生物学时期，无论是以鲜动物性饲料为主设计的饲料配方，还是以干饲料为主设计的饲料配方，都必须考虑以下几个方面的因素：

1. 参考狐、貉、貂的饲养标准确定不同时期的营养需要量　狐、貉、貂在不同的生物学时期，由于其生长速度、生产目的等不同，对各种营养物质的需要量有很大的区别。饲养标准制订出了狐、貉、貂在不同生物学时期的营养需要量，它是建立在大量饲养试验，消化代谢试验结果之上，结合生产实际得出的能量、蛋白质及各种营养物质需要量的定额数值。只有确定了科学的营养需要标准，才可能设计出生产效果和经济效益均好的饲料配方。

2. 必须结合狐、貉、貂不同生物学时期的生理状态及消化生理特点，选用适宜的饲料原料。选择的饲料原料必须经济、稳定、适口性好，这是设计优质和高效饲料配方的基础。

3. 饲料成分及营养价值表　饲料成分及营养价值表客观地给出了各种饲料的营养成分含量和营养价值。在配制饲料时，应先结合狐、貉、貂的生理时期、饲料价格及饲料的营养特点，选取所要用的饲料原料。再结合饲料成分或营养价值表来计算所设计的饲料配方是否符合狐、貉、貂饲养标准中各营养物质规定的

要求，并进行相应调整。对于同一饲料原料，由于生长季节、地区、品种、进货批次等的不同，其营养成分也不尽相同。有条件的单位可进行常规饲料成分分析；如没有条件，可选用平均参考值进行计算。计算的混合饲料的营养成分往往与实测值不同，在大型养殖场应进行配制后检测，以保证狐、貉、貂饲料营养供给平衡的准确性。

4. 配制饲料应考虑日粮的适口性及狐、貉、貂采食的习惯性 狐、貉、貂为肉食性动物，适口性差的饲料配比过多，会引起采食减少以至拒食。在设计饲料配方时应选择适口性好，无异味的饲料，对适口性差的饲料可适量添加调味剂，以提高其适口性，如豆饼、大豆等植物性蛋白质类饲料，可以限制在一定比例内使用。同时应结合生产实际经验，考虑饲料的适口性及狐、貉、貂采食的习惯性，并通过合理的加工方式来提高其适口性，从而提高动物的采食量。

5. 所选饲料应考虑经济的原则 应尽量选择营养丰富且价格相对较低的饲料进行配合，以降低饲料成本。同时饲料的种类和来源也应考虑到经济的原则，根据实际情况，因地制宜、因时制宜地选用饲料，保证饲料来源的方便和稳定。

6. 日粮组成的饲料原料尽可能多样化 在进行日粮配合时，作为单一饲料原料，如能量饲料、蛋白质饲料及含矿物质、微量元素丰富的饲料等，它们所提供的营养物质各有偏重。单一的饲料原料配不出所需营养含量的日粮。同时在营养要求全面时，几种饲料原料有时也难以配合出所需营养全价的日粮，所以在日粮配合时，尽可能用较多的可供选择的饲料原料，以满足不同的营养需求。

二、毛皮动物生态环保型日粮的配制方法

狐、貉、貂的日粮配制，要充分满足其不同生物学时期的营养需要，日粮组成应结合当地饲料品种而定。做到新鲜、全价、

科学的合理搭配，力求降低成本，保证营养需要。

对于小型饲养场和个体养殖户，可以用计算方法简便、容易掌握的重量配比简单估算法来搭配饲料。重量配比简单估算法是依据狐、貉、貂各生物学时期的营养需要，确定各种饲料占整个日粮重量的比例，再计算一只兽一天供给的饲料总数量，重点核算蛋白质的含量。

1. 饲料配制的准备

(1) 确定营养指标　进行饲料配制首先应找一个相对科学、准确的标准，如狐的饲养标准或由权威科研机构提出的推荐营养需要量。有时由生产实践或科研实践得出的数据、结论也可作参考材料，总之应有一个相对准确、科学的依据。

(2) 确定饲料的种类　饲料种类可根据营养指标、饲料价格、季节特征等进行综合考虑。既有人为因素限制，又有每个饲养场本地饲料资源、价格等因素的限制。比如要求配制一个狐育成期营养水平的日粮，仅用玉米和次粉是不可能达到 26％蛋白质水平的，一定要有较高蛋白质水平饲料原料，如大豆或鱼粉等，同时也应考虑价格因素、适口性等，比如鱼粉价格较贵，血粉适口性差等。在确定饲料种类时，同时应考虑狐场当地的饲料资源情况，如当地屠宰场肉渣粉价格低廉、新鲜、适口性好、运费低，完全可以优先大量使用。对新的饲料资源，应进行少量的试验性饲喂，观察其采食情况再决定是否大量使用，如酒糟、猪毛粉等，应尝试性饲喂。

(3) 查找或分析饲料营养成分　大多数常规饲料的营养成分从《中国饲料成分及营养价值表》可以查阅，对没有营养成分分析表的饲料，必要时可找有分析能力的科研部门检测，对大型狐、貉、貂场最好对各种饲料取样分析。

(4) 确定饲料用量范围　根据生产实践、饲料的价格、来源、库存、适口性、营养特点、有无毒性、动物的生理阶段和生产性能等，来确定饲料的用量范围。有时虽用某种饲料进行配合能满足狐、貉、貂的营养需要，但对狐、貉、貂来说消化有问题、有毒性或适口性差等，均会造成意想不到的结果。

2. 饲料配合的计算方法　饲料配方的计算技术是应用数学与动物营养学相结合的产物，它可使饲料按动物的营养需求合理搭配，降低饲养成本，保证动物的全面营养需求，最大限度地发挥狐、貉、貂的生产性能，同时它也是大型集约化毛皮动物饲养场的一项重要基础工作。由于科技的发展，计算机的普及，大型的场均可用计算机进行最低成本的优化配制饲料，当然常规计算方法是根据营养计算的基本原理推算的，计算机的程序也必须有常规饲料配方计算的基本知识和技能，而且常规计算方法往往很有效，下面以养狐为例分别介绍几种计算方法。

（1）交叉法　交叉法又称为四角法或对角线法，在饲料种类较少时可非常简便地计算出饲料配比；在采用多种饲料时也可用此法，但需要反复两两组合，比较麻烦，而且不能同时配合满足多项营养指标的饲料，如蛋白质水平满足但能量水平可能不满足或大量超出。

① 两种饲料配合。如用膨化玉米、鱼粉为原料给狐育成期配制一混合饲料。其步骤如下：

查表 5－1 可知这一时期狐要求蛋白质水平应达 26％，经取膨化玉米、鱼粉进行成分分析或查《中国饲料成分及营养价值表》得知玉米粗蛋白质水平为 8％，鱼粉为 64％。

如下图画一个叉，交叉处写上所需混合饲料的粗蛋白质水平（26），在叉的左上角和左下角分别写上膨化玉米及鱼粉的粗蛋白质水平（8 和 64），然后依交叉对角线进行计算，大数减小数，所得数分别记在叉的右上角和右下角，如下图：

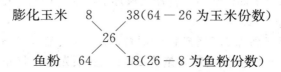

膨化玉米　8　　　38（64－26 为玉米份数）

26

鱼粉　64　　　18（26－8 为鱼粉份数）

用上面计算所得差数,分别除以两差数之和,就得出两种饲料混合的百分比。

玉米=38/(38+18)×100%=67.86%

鱼粉=18/(38+18)×100%=32.14%

由此得出欲配制粗白质为26%的狐育成期饲料,膨化玉米应占67.86%,鱼粉应占32.14%。

②多种饲料分组的配合。如要用膨化玉米、次粉、膨化大豆、肉粉、鱼粉、矿物质原料及添加剂给冬毛期狐配制粗蛋白质水平为24%的混合饲料。

先把上面饲料原料分成3类,低粗蛋白质水平能量饲料(膨化玉米、次粉),蛋白质类饲料(膨化大豆、肉粉和鱼粉),矿物质及添加剂类饲料;然后根据饲料价格、生产经验、狐的生理特点及饲料混合限量等综合考虑,给出能量饲料,蛋白质类饲料的固定组成。查出各饲料原料的蛋白质含量。矿物质饲料占混合料的1.7%,添加剂占混合料的0.8%,食盐0.5%,共计3%。

表5-9 经验饲料分类表

分 类	饲料原料	粗蛋白质含量(%)	分类后经验指定百分组成(%)	混合粗蛋白质含量(%)
能量饲料	膨化玉米	8	80	9.4
	次粉	15	20	—
蛋白质饲料	膨化大豆	36	40	
	肉粉	60	40	50.2
	鱼粉	64	20	

计算出未加矿物质、食盐及添加剂前混合饲料中粗蛋白质应有的含量。

要保证添加1.7%矿物质饲料、0.5%食盐及0.8%添加剂后的混合料的粗蛋白质含量为24%,必须先将添加量从总量中扣除（即未加前混合料的总量应为 $100\%-3\%=97\%$），那么未加 3% 不含粗蛋白质饲料时混合料粗蛋白质含量应为 $24/97\times100\%=24.74\%$。

将混合能量饲料与混合蛋白饲料做交叉计算。

混合能量饲料　9.4　　　25.46（50.2－24.74 混合能量饲料份数）

　　　　　　　　　　24.74

混合蛋白饲料　50.2　　　15.34（24.74－9.4 混合蛋白饲料份数）

混合能量饲料＝25.46/（25.46＋15.34）$\times100\%=62.4\%$

混合蛋白饲料＝15.34/（25.46＋15.34）$\times100\%=37.6\%$

计算混合料中各成分的比例：

膨化玉米应为　　　　　　　　$80\%\times62.4\%\times97\%=48.42\%$

次粉应为　　　　　　　　　　$20\%\times62.4\%\times97\%=12.11\%$

膨化大豆应为　　　　　　　　$40\%\times37.6\%\times97\%=14.59\%$

肉粉应为　　　　　　　　　　$40\%\times37.6\%\times97\%=14.59\%$

鱼粉应为　　　　　　　　　　$20\%\times37.6\%\times97\%=7.29\%$

矿物质应为　　　　　　　　　1.7%

食盐应为　　　　　　　　　　0.5%

添加剂应为　　　　　　　　　0.8%

上面交叉法易满足单一营养指标，而且直观、简单，在要求同时考虑能量、蛋白质及其他营养指标时，生产中用得较多的是试差法，或称凑数法。

（2）试差法　试差法先根据生产实践及参考饲料营养水平，凭经验拟出各种饲料原料的比例，将各种原料同种营养成分与各自比例之积相加，即得该配方这种营养成分的总含量，将各种营养成分照此计算后的结果与饲养标准或营养需要量作对照，如果有任一营养成分超过或不足，可通过减少或增加相应原料比例进行调整，重新计算直到所有营养指标都基本满足要求为止，这种方法简单明了，但计算量大，缺乏配方经验时盲目性较大，成本也可能较高。

例如，为狐育成期配制一全价日粮，其步骤如下：

① 查表5-1可知狐育成期营养需要为每千克干物质代谢能13.7兆焦/千克，粗蛋白质26%，脂肪8%，钙1.2%，磷0.7%，赖氨酸1.8%，蛋氨酸0.9%，食盐0.5%。

② 确定使用饲料原料，并查出其各营养成分的含量，如表5-10。

表5-10 所使用饲料原料的各营养成分及试配结果

原料	试配日粮比例（%）	代谢能（兆焦/千克）	蛋白质（%）	粗脂肪（%）	钙（%）	磷（%）	赖氨酸（%）	蛋氨酸（%）
膨化玉米粉	45.00	13.20	8.30	3.50	0.02	0.27	0.24	0.16
小麦次粉	10.00	10.20	15.00	2.10	0.08	0.52	0.52	0.16
膨化大豆粉	15.00	18.20	36.50	18.00	0.20	0.40	2.30	0.66
鱼粉	10.00	13.50	64.00	10.36	5.45	2.98	4.90	1.84
肉粉	18.00	14.00	60.00	15.00	1.07	0.68	2.73	0.86
鸡油	0.00	36.20	0.00	100.00	0.00	0.00	0.00	0.00
赖氨酸	0.25	12.00	99.00	0.00	0.00	0.00	99.00	0.00
蛋氨酸	0.25	12.00	98.50	0.00	0.00	0.00	0.00	98.50
食盐	0.50	0.00	0.00	0.00	0.00	0.00	0.00	0.00
添加剂	1.00	12.00	20.00	0.00	15.00	7.00	12.00	16.00
总计	100.00	13.82	29.51	8.48	0.95	0.73	1.90	0.95
要求	100.00	13.70	28.00	8.00	1.20	0.70	1.80	0.90
相差	0.00	+0.12	+1.51	+0.48	-0.25	+0.03	+0.10	+0.05

③ 确定部分原料的配比，根据经验，由于鱼粉较贵，一般比例不超过10%，食盐及添加剂比例固定，分别为0.5%及1%。

④ 先按代谢能和粗蛋白质的需求量试配，计算所配日粮总营养水平，饲料的营养水平是通过每种原料的比例乘以相应营养物质的总和计算得来的，如上表中代谢能＝45％×13.2＋10％×10.2＋15％×18.2＋10％×13.5＋18％×14＋0％×36.2＋0.25％×12＋0.25％×12＋1％×12，其他营养物质计算方法相似。试配是有目标的，具体原则是：先固定给出鱼粉的比例为10％，玉米及小麦次粉蛋白质水平较低，而大豆、肉粉蛋白质水平高，可以用来调节蛋白质水平的高低，同时大豆脂肪含量高，代谢能较高，可以用来调节代谢能水平，这样多次调整运算，直到结果与营养需要量接近，相差不超过5％即可。对于脂肪、赖氨酸、蛋氨酸如果计算后不足，可以单独添加调节，钙、磷水平也可以通过适当提高含钙、磷高的鱼粉或石粉来调节。表5-10为例试配计算结果，结果表明代谢能水平与粗蛋白质水平高于要求水平，要想达到要求目标，应相应降低蛋白质饲料配比，膨化大豆降低可以同时降低代谢能、蛋白质和脂肪水平，结果钙水平与要求有差距，可以适当再调整。调整后的饲料组成如表5-11。

表5-11 试配日粮比例及其计算结果

原料	次配日粮比例（％）	代谢能（兆焦/千克）	蛋白质（％）	粗脂肪（％）	钙（％）	磷（％）	赖氨酸（％）	蛋氨酸（％）
膨化玉米粉	46.00	13.20	8.30	3.50	0.02	0.27	0.24	0.16
小麦次粉	10.10	10.20	15.00	2.10	0.08	0.52	0.52	0.16
膨化大豆粉	15.00	18.20	36.50	18.00	0.20	0.40	2.30	0.66
鱼粉	12.00	13.50	64.00	10.36	5.45	2.98	4.90	1.84
肉粉	15.00	14.00	60.00	15.00	1.07	0.68	2.73	0.86

原料	次配日粮比例（%）	代谢能（兆焦/千克）	蛋白质（%）	粗脂肪（%）	钙（%）	磷（%）	赖氨酸（%）	蛋氨酸（%）
鸡油	0.00	36.20	0.00	100.00	0.00	0.00	0.00	0.00
赖氨酸	0.20	12.00	99.00	0.00	0.00	0.00	99.00	0.00
蛋氨酸	0.20	12.00	98.50	0.00	0.00	0.00	0.00	98.50
食盐	0.50	0.00	0.00	0.00	0.00	0.00	0.00	0.00
添加剂	1.00	12.00	20.00	0.00	15.00	7.00	12.00	16.00
总计	100.00	13.72	28.09	8.02	1.01	0.77	1.82	0.90
要求	100.00	13.70	28.00	8.00	1.20	0.70	1.80	0.90
相差	0.00	+0.02	+0.09	+0.02	-0.19	+0.07	+0.02	0.00

试差法在生产中应用广泛，在进行调配过程中应使选用的原料多样化，保证能调配出所要求的营养水平，同时应考虑饲料原料价格，在保证营养水平条件下，选择价廉质优的原料。在调配中可先按营养需要的 98% 比例计算，再用 2% 的机动比例调配，这样更易使营养成分平衡，减少运算。

三、毛皮动物生态环保型日粮中常用的中药添加剂

我国中草药资源十分丰富，其中应用于动物饲料添加剂的中草药已达 100 多种，中草药含有多种营养成分及生物活性物质，能促进机体糖代谢、蛋白质和酶的合成，增强机体抗体效应，刺激性发育，杀菌抑菌，调节机体的免疫功能。更重要的是中草药添加剂药源丰富，在动物体内无毒副作用，无残留，又不产生抗药性，兼有药物性和营养性双重作用，是化学合成饲料添加剂不可比拟的，因此应用前景十分广阔。

1. 仔兽泌乳期饲养中常用的中药方剂　在仔兽泌乳期，最多见的疾病是白痢、大肠杆菌病和脐炎，为了防止其发生，使仔兽健康成长，可以用下方研成细粉，按每千克体重 1 克混料饲喂

母兽，促进仔兽健康生长。该配方如下：

党参 25 克，黄芪 25 克，连翘 25 克，黄连 20 克，丹参 20 克，知母 20 克，赤芍 20 克，地芋 20 克，虎杖 20 克。

此方为广谱抗菌剂，对白痢杆菌、大肠杆菌有很好的防治作用，同时，又是扶正祛邪之品，不伤仔兽正气，有一定促生长作用，每天 1 次，可连用 7～10 天。

2. 仔兽育成期饲养中常用的中药方剂　仔兽育成期一般饲料中应添加助消化、防肠炎和促进毛发生长的保健中药，特别是在仔兽处于逆境时更要添加中药，如在疫苗接种、转群运输、气温突变等应激情况下可连用 3～5 天，在添加中药的同时再添加多种维生素或用多种维生素饮水，效果会更好。

处方 1：生石膏 120 克，连翘 30 克，黄芩 30 克，穿心莲 30 克，黄连 20 克，栀子 20 克，蒲公英 20 克，丹参 20 克，赤芍 20 克，竹叶 20 克，黄芪 20 克，甘草 20 克。

用法用量：研成细粉，按每千克体重 1 克比例拌料，每天 1 次，连用 5 天。

功效：清热解毒，缓解应激反应。

应用：可作为仔兽疫苗接种、转群运输和气温突变等应激反应时的保健方剂。

处方 2：麦芽粉、乳酶生、大黄米、胃蛋白酶、神曲、沸石粉各 25 克。

用法用量：研极细末，按每千克体重 1 克拌料喂服，每天 1 次，连用 5 天。

功效：消食，止泻。

应用：用于夏季仔兽生长旺季，以助消化、防肠炎。

处方 3：党参、白术、陈皮、山药、扁豆、桔梗、麦芽、神曲、麦冬、熟地、甘草、沸石粉各 20 克。

用法用量：研极细末，按每千克体重 1 克拌料喂服，每天 1 次，连用 5 天。

功效：健脾胃，补气血。

应用：用于秋、冬季节仔兽生长发育迅速和毛皮生长阶段。用药后能够增加毛皮的密度及光泽度。

3. 毛皮动物传染病流行期饲养中常用的中药方剂　在传染病流行期，提高毛皮动物的抗病能力和清热解毒是至关重要的，为了确保此期毛皮动物的健康生长，可用以下方剂：

处方1：生石膏120克，板蓝根30克，大青叶30克，虎杖30克，连翘30克，桔梗20克，黄芩20克，黄连20克，黄柏20克，丹皮20克，栀子20克，白术20克，党参20克，甘草20克。

用法用量：研极细末，按每千克体重1克比例拌料喂服，每天1次，连用7天。

功效：清热解毒，提高毛皮动物的抗病能力。

处方2：连翘50克，地丁40克，蒲公英80克，黄连40克，党参50克，黄芪50克，板蓝根60克，甘草40克。

用法用量：研极细末，按每千克体重1克比例拌料喂服，每天1次，连用7天。

功效：清热解毒，补中益气。

应用：用于春季毛皮兽传染病的防治。

处方3：郁金35克，白头翁70克，黄连40克，黄柏35克，丹皮35克，诃子30克，蒲公英50克，金银花40克，石膏50克。

用法用量：1克中药加2毫升水，水煎成1毫升药液，取汁灌服，每千克体重1毫升，每天1次，连用5天。

功效：清热解毒，燥湿止泻。

应用：用于夏季防治毛皮兽传染性腹泻、中暑和传染性疫病。

处方4：大黄30克，附子40克，木通40克。

用法用量：研极细末，按每千克体重1克比例拌料喂服，每天1次，连用7天。

功效：清热解毒。

应用：用于秋季毛皮兽腹胀的防治。

处方5：柴胡50克，山楂50克，连翘40克，蒲公英60克，紫花地丁40克，金银花40克，黄连30克，黄芪40克，黄芩40克，木通40克，陈皮50克，甘草40克。

用法用量：2克中药加4毫升水，水煎成1毫升药液，取药液，每千克体重1毫升，分两次灌服，每天1剂，连用5天。

功效：清热解毒，补气健脾。

应用：用于秋季毛皮兽烈性传染性疫病的防治。

处方6：党参50克，黄芪40克，蒲公英60克，板蓝根40克，大青叶40克。

用法用量：1克中药加2毫升水，水煎成1毫升药液，取汁灌服，每千克体重1毫升，每天1次，连用5天。

功效：补中益气，清热解毒。

应用：用于冬季毛皮兽疾病的防治，以增强机体的免疫力，预防春季感染疫病。

4. 毛皮动物在高温环境下常用的中药方剂　毛皮动物对高温忍耐力差，特别是高温多湿时，可使毛皮动物体温升高。即使有风，在不除湿的情况下，体温也不下降。所以高温特别是高温多湿的危害更大，个别的出现中暑死亡。因此饲料中添加中药的目的，主要是清热解暑和缓解热应激，增强毛皮动物对高温的适应性，调整机体免疫机能，使毛皮动物安静，减少烦躁。可用下方按每千克体重1克比例拌料，直到度过暑热炎天，具体配方如下：滑石120克，生石膏120克，连翘30克，薄荷30克，藿香20克，佩兰20克，苍术20克，双花20克，党参20克，黄芪20克，甘草20克。

5. 毛皮动物在严冬环境下常用的中药方剂　毛皮动物对寒冷适应能力是比较强的，在寒冷气温下毛皮动物为了维持体温就要增加代谢能，增加饲料摄取量。在我国北方大部分地区，冬天经常受寒流冷风侵袭，寒风可使体温大幅度下降，同时昼夜温差很大，黎明时往往温度降的很低。寒流、寒风、黎明低温对毛皮动物都是很强的应激，常易诱发呼吸器官疾病。严冬季节饲料中添加中药，主要是抗寒抗冷，在最寒冷的寒流天气可全天添加饲喂。可用下方按每千克体重 1 克比例拌料，每天 1 次，具体配方如下：神曲 30 克，女贞子 30 克，艾叶 30 克，小茴 25 克，淫羊藿 20 克，党参 20 克，干姜 12 克，附子 8 克。

四、毛皮动物生态环保型日粮配制时注意的问题

① 在配制狐、貉、貂日粮时，动、植物饲料应混合搭配，力求品种多样化，以保证营养物质全面，提高其营养价值和消化率。

② 注意饲料的品质和适口性。发现品质不良或适口性差的饲料，最好不喂，禁止饲喂发霉变质的饲料。另外注意保持饲料的相对稳定，避免主要饲料原料的突然变化而引起动物采食下降或拒食。

③ 根据当地的饲养条件合理配合日粮，尽量选择价格便宜的饲料，以降低饲养成本。

④ 加工鲜配合饲料时速度要快，以缩短加工时间和避免营养物质被破坏，每次调制应在临近喂食前完成，不得提前。

⑤ 配合日粮要准确称量，搅拌均匀，尤其是维生素、微量元素和氨基酸等。必须临喂前加入，防止过早混合被氧化破坏。饲料不要加水太多，过稀的饲料会造成动物被动饮水，增加机体水代谢负担，同时冬季饲料要适当加温，以免过早结冻。

⑥ 温度（冷热）差别大的饲料应分别放置，待温差不大时再进行混合和搅拌。

⑦ 牛奶在加温消毒时，要正确掌握温度，并且要在加温消毒冷却后再用。适宜的消毒杀菌温度和时间为 70～80℃，15

分钟。

⑧ 谷物饲料应充分粉碎、熟制。熟制时间不宜过长，否则不利于消化。

⑨ 缓冻后的动物性饲料，在调制室内存放时间不得超过 24 小时。

⑩ 动物的胎盘、鸡尾等含有性激素的动物性饲料，严禁饲喂繁殖期的狐、貉、貂。否则易造成发情紊乱、流产等不良后果。

第六章 毛皮动物的取皮及毛皮的初加工

第一节 取 皮

一、取皮时间

狐、貉、貂的毛皮一般在 11～12 月成熟，取皮时间过早或过晚都会影响毛皮质量，降低商品价值。要获得质量好的毛皮除准确掌握取皮时间外，还要掌握观察、鉴定毛皮的成熟程度。

1. 狐毛皮成熟的鉴定　将毛绒分开去掉皮肤上的皮屑观察，当皮肤为蓝色，皮板为浅蓝，说明毛皮未成熟；当皮肤为浅蓝或玫瑰色时，皮板洁白是毛皮成熟的标志。从外观上看，全身毛锋长齐，尤其是背部、尾部和臀部。毛长绒厚，被毛丰满具有光泽，尾毛蓬松。蓝狐来回走动时，毛绒出现明显的毛裂。最有把握的做法是可先试剥一两张毛皮，观察皮板是否洁白。如果完全洁白，说明毛皮完全成熟，可立即大批屠宰取皮。

从时间上看，毛皮成熟季节大致在每年农历小雪到冬至前后：银黑狐取皮在 12 月中下旬；蓝狐略早些，一般在 11 月中下旬。以上都是常规大致时间，由于各个养殖场所处的地理位置及气候条件不一致，饲养水平有差异，因此，要根据各自实际的毛皮成熟程度来决定取皮时间。

2. 貉毛皮成熟的鉴定　貉毛皮成熟的标准主要是看臀部毛绒是否长齐，如果已经长齐，则标志着全身毛绒成熟，可屠宰取皮。

3. 貂毛皮成熟的鉴定　一般说来，貂的取皮时间因地区纬度和饲养管理条件、种类、性别、年龄、健康状况不同而有所变化。各饲养场应根据当地气候条件和实际成熟情况，确定最佳取皮时间。对于貂皮成熟时间而言，一般彩貂比单色貂早，老貂比幼貂早，母貂比公貂早，中等肥度的健康貂比过瘦或有病的貂成熟早。

貂毛皮成熟的鉴定标准：

① 全身夏毛脱净，冬毛换齐，针毛光亮，绒毛厚密，当弯转身躯时，可见明显的"裂缝"。

② 全身毛峰平齐，尤其是头部，耳缘针毛长齐，毛色一致，颈部、脊背毛峰无凹陷，尾毛膨开，全尾蓬松粗大。

③ 试剥时，皮肉易分离，皮板洁白，或仅在尾尖端，肢端有青灰色，即为成熟毛。

④ 将毛吹开，看活体皮板颜色。除白色貂外，如皮板呈淡粉红色，皮肤本身就是洁白色，说明色素已集中于毛绒，即为成熟毛皮；如皮板呈浅蓝色，则皮肤本身含有黑色素，证明毛皮不完全成熟。

二、处死方法

狐、貉、貂的处死方法很多，但都应该本着处死迅速，方法简便，人性化、遵从动物福利、不损伤和污染毛皮等为原则来确定处死方法。

目前常用的方法有以下几种：

1. 药物致死法　常用药物为横纹肌松弛药司可林（氯化琥珀胆碱），按照每千克体重 0.75 毫克的剂量，皮下、肌肉或者心脏注射，狐、貉、貂在 3～5 分钟即可死亡。优点是狐、貉、貂死亡时无痛苦和挣扎，不损伤和污染毛皮，残存在体内的药物无毒性，不影响尸体的利用。

2. 心脏注射空气法 在狐、貉、貂心跳最明显处插入注射器，如有血液进入注射器内，说明已刺入心脏，注射 10 毫升空气，动物因心脏瓣膜受损坏而很快死亡。此方法不损坏毛皮，不污染被毛。

3. 普通电击法 用连接电线的铁制电极棒，插入动物的肛门，或引逗狐、貉、貂来咬住铁棒，接通 220 伏电压的正极，使狐、貉、貂接触地面，约 1 分钟可被电击而死。此法操作方便，处死迅速，不伤毛皮。

4. 窒息法 此法效率较高，一次可窒死多只动物。方法是用一个密闭的木箱、铁箱或塑料箱，根据箱的大小，一次放若干只狐、貉或貂，然后通入二氧化碳或其他废气。这样，只需约 10 分钟就可将箱内动物全部窒死。

对于小型养殖户来说，前 3 种方法简单易行，因此被普遍采用。

三、剥皮方法

狐、貉、貂的剥皮是十分细致的工作，剥皮要求下刀准确，动作轻，切忌划伤、划破皮板。目前，狐、貉、貂的剥皮方法主要有圆筒式、袜筒式和片状式三种，实际生产中多采用圆筒式剥皮法。

1. 圆筒式剥皮法

（1）前处理 处死之后，应在狐、貉、貂尸体尚有一定温度时进行剥皮。因尸体放久了会变冷僵硬，剥皮时皮肉不易分离，给剥皮造成困难。剥皮之前用无脂锯末或粉碎的玉米芯，把处死的狐、貉、貂的毛皮洗净。一般采用杨树和柞树锯末等无脂锯末，如果采用有脂锯末，就会污染毛皮以及使毛皮带有异味。

（2）挑裆 先固定后腿，用挑刀或者剪刀从一侧后腿爪掌中心挑开，沿大腿内侧和背腹部长短毛分界线，通过肛门前缘（往头的方向，离肛门2～3厘米）挑至另一侧后腿爪掌中心处，然后从肛门后缘（往尾的方向）沿尾的中线挑至尾长的1/3处，最后再从肛门后缘分别向两后肢方向剪断毛皮。这样就完成了挑裆，在肛门上留下了一小块三角形的毛皮。挑裆时，必须严格从长短毛分界线挑开，否则会影响皮张长度和美观。在距肛门左右侧1厘米处向肛门后缘挑开时，挑刀应紧贴毛皮，以免挑破肛门腺污染毛皮。

（3）抽尾骨　用挑刀将尾中部的皮与骨剔开，然后用手或者钳将尾骨抽出。

（4）剪除前肢脚掌　用骨钳从腕关节处剪掉两前肢掌。

（5）剥皮　挑裆后，先用锯末洗净挑开处的污血。剥皮先从后腿和臀部开始，先用手指插入后腿的皮和肉之间，小心地分离皮与肉。将两后腿剥离后，将一侧的大腿固定在剥皮案板上，接着两手抓住皮张，向头部方向翻剥，使之成筒状。剥至掌骨处，左手用力往下拉皮，右手用剪刀割开皮和肉的连接处。当露出最末一节趾骨时，用剪刀剪断趾骨，使后肢皮完整、带爪。剥至生殖器时，将阴茎或者阴道剪断，以免撕坏毛皮。剥至头部时，用剪刀紧贴头骨先后将耳根、眼睑、嘴角、鼻皮剪断，使耳、眼、口唇、鼻完整无损地保留在毛皮上，切勿割大。为避免油脂、残血污染毛皮，剥皮时手和皮板上要撒锯末或麸皮。

2. **袜筒式剥皮法**　袜筒式剥皮法是从头部向尾部剥离毛皮的方法，此法可完整保留头、腿、尾和爪。操作时，用钩子钩住口腔上部，挂在较高处，用刀沿着唇齿处切开，使皮肉分离，逐渐由头部向臀部翻剥。眼、耳根、前肢、阴茎和阴道部处理参照圆筒式剥皮法。四肢也采用退套法往下脱，当脱剥至爪处，将最后一节趾骨剪断，使爪连于皮上。最后割断肛门与直肠的连接处，抽出尾骨，将尾从肛门翻出，即剥成毛朝里，板朝外（尾部毛朝外）的圆筒板。袜筒剥皮法一般适用于个体较小且经济价值较高的毛皮动物。

第二节　鲜皮的初步加工

剥下来的鲜皮常残留一些物质，这些物质对毛皮的干燥和贮藏有不利影响，而且也不符合鲜皮商品规定的要求，必须适时、正确地进行初步加工。

鲜皮初步加工有以下 4 个步骤。

一、刮　　油

刮油就是为了除去鲜皮皮板上附着的血迹、脂肪和残肉等，达到毛皮出售的商品标准。刮油分为机器刮油和手工刮油两种方法。

1. **机器刮油**　筒状毛皮套在刮油机的木制辊轴上，拉紧后用铁夹固定两后肢和尾部。右手握刀柄，接通电源，机械刮油刀即开始旋转。刮油时，先从头部起刀，使刀轻轻接触皮板，同时向后推刀到尾部，依次推刮。使用刮油机时，起刀速度不能过慢，更不能让刀具停留在一处旋转，否则由于刀具旋转摩擦发热，易损害皮板，造成严重脱毛。皮板上残留的肌肉、脂肪和组织用剪刀修刮干净。此法虽劳动效率高，但投入较高，适合于大型的饲养场。

2. **手工刮油**　筒状毛皮固定于直径 8～10 厘米的胶制或者木制的钝锥形毛皮撑子上。刮油时，一手持电工刀或者竹刀等刮油用具，另一手固定住皮张后部，使毛皮平展无皱褶，适当用力刮去附着于毛皮上的脂肪和残肉。

无论机器刮油还是手工刮油，操作人员都应避免因透毛、刮破、刀洞等伤残而降低皮张等级质量。因此，必须注意以下几点：

（1）为了刮油顺利，应在皮板干燥以前进行，干皮需经充分水浸后方可刮油。

（2）刮油的工具一般采用竹刀或钝铲，也可用刮油刀或电工刀。

（3）刮油的方向应从尾臀部往头部刮，而不能由头部朝尾臀部反刮，否则会损伤毛皮。

（4）刮油时必须将皮板平铺在木楦上或套在胶皮管上，勿使皮有皱折。

（5）头部和边缘不易刮净，可用剪刀剪去。

（6）刮油时持刀一定平稳，用力均匀，不要过猛。尤其在刮乳房或者阴茎等皮板较薄部位时，用力更要稍轻，以免刮破毛皮。

（7）边刮边用锯末搓洗皮板和手指，以防油脂污染被毛，大型饲养场可用刮油机刮油。

二、洗　皮

刮油后的毛皮仍带有一些油污，洗除油污可使毛绒洁净而还原其固有的光泽。因此，洗皮也是毛皮加工中不可缺少的步骤。

方法是用小米粒大小的硬质锯末或粉碎的玉米芯搓洗皮张。先搓洗皮板上的油脂，直到皮板不黏锯末为止。再翻转皮板，使毛朝外，板朝里，用干净的无脂锯末洗被毛。先顺毛搓洗，再逆毛搓洗，洗至毛不黏锯末，一抖即掉为止。洗好的毛皮毛绒清洁、柔和、有光泽。严禁用麸皮或有树脂以及过细的锯末洗皮。洗皮用的锯末一律要过筛，除去其中的过细锯末，因为过细的锯末会黏在绒毛内而不易除去。麸皮中含面粉，容易残留在毛皮上，也不容易除去。

大量洗皮时，多采用转笼和转鼓。将皮板朝外放进装有适量无油脂锯末的转鼓里。转鼓直径 1.5 米，以 18～20 转/分的速度旋转，使锯末充分与毛皮接触，摩擦、旋转 10～15 分钟，停止旋转并打开转鼓取出毛皮，翻皮筒，使毛朝外，再次放进转鼓里洗皮。为了抖掉锯末和尘屑，再将洗完后的毛皮放进转笼里旋转，仍以每分钟 18～20 转的速度旋转，使被毛清洁、光亮、无杂物附着。

三、上　榁

洗皮后，要及时上榁和干燥。其目的是使原料皮按商品规格要求整形，防止干燥时因收缩和折叠而造成发霉、压折、掉毛和裂痕等损伤毛皮。

上榁前先用纸缠在榁板上或做成纸筒套在榁板上，然后将洗好的狐、貉、貂的毛皮套在榁板上，先拉两前腿调正，并把两前腿顺着腿筒翻入胸内侧，使露出的腿口与腹部毛平齐，然后翻转榁板，使皮张背面向上，拉两耳，摆正头部，使头部尽量伸展，最后拉臀部，加以固定。用两拇指从尾根部开始依次向左右拉尾的皮面，折成许多横的皱褶，直至尾尖。使尾变成原来的 2/3 或 1/2，或者再短些，尽量将尾部拉宽，尾及皮张边缘用图钉或铁网固定。貂要一次性毛朝外上榁，而狐也可以两次上榁，即先毛朝里上榁，干至六七成再翻过来，毛朝外上榁至毛干燥。榁板多用红松或者椴木板制作，表面光滑带槽，榁板规格见表 6-1 和表 6-2。

表 6-1　狐、貉皮榁板规格

狐皮榁板规格（厘米）		貉皮榁板规格（厘米）	
距榁板顶端长度	榁板该处宽度	距榁板顶端长度	榁板该处宽度
0	3.00	0.00	3.40
5	6.40	7.40	8.10
20	11.00	19.40	12.00
40	12.40	50.00	17.00
60	13.90	76.00	18.50
90	13.90	150.00	18.50
105	14.40		
124	14.50		
150	14.50		

表 6-2　貂楦板规格描述

公貂楦板结构	母貂楦板结构
板长 110 厘米、厚 1.1 厘米	板长 90 厘米、厚 1 厘米
距板尖 2 厘米处、宽 3.6 厘米	距板尖 2 厘米处、宽 2 厘米
距板尖 13 厘米处、宽 5.8 厘米	距板尖 11 厘米处、宽 5 厘米
距板尖 90 厘米处、宽 11.5 厘米	距板尖 71 厘米处、宽 7.2 厘米
距板尖 13 厘米处，在板面中间开一个长 71 厘米、宽 0.5 厘米的中透槽	在中槽两侧各开一个长 84 厘米、宽 2 厘米的半槽
距板尖 13 厘米处，在板中间开一个长 70 厘米、宽 0.5 厘米的中透槽	在中槽两侧各开一个长 70 厘米、宽 1.5 厘米的半槽
从楦板尖起，在板的两侧正中央开一个槽沟；距板尖 14 厘米处，在两侧正中开一个长 14 厘米的透槽与中槽相通	由楦板尖到 13 厘米处的中间开一个槽沟；距板尖 13 厘米处，在板两侧侧面中间开一个两侧对称、长 13 厘米与中槽相同的透槽

四、干　燥

　　鲜皮含水量很大，易腐烂或焖板，必须采取一定方法进行干燥处理。狐、貉、貂的毛皮多采取风干机给风干燥法，将上好楦板的皮张，分层放置于风干机的吹风烘干架上，然后将狐、貉、貂皮嘴套入风气嘴，让空气进入皮筒即可。干燥室的温度为20～25℃，湿度为 55％～65％，每分钟每个气嘴的出气量为 0.29～0.36 米^3，24 小时左右即可风干。小型场或专业户可采取提高室温，通风的自然干燥法。

　　干燥皮张时，严禁在火炉或者火炕上高温（超过 28℃）烘烤，也不能在强烈日光下照射，以免皮板胶化或者褪色而影响毛皮的质量，造成经济损失。

五、下　楦

　　干燥好的皮张要及时下楦。先去掉图钉等固定物，然后将鼻尖部挂在固定的钉子上，捏住楦板后端，将楦板抽出。如果皮张太干，可将鼻尖部蘸水回潮后再下榾，防止拉破。可通过用手触摸的方法，来判断皮张是否干燥好。耳部、前腿内侧是干燥最慢的部位。如果干燥过快，皮板会变得过硬而失去弹性；如果干燥过慢，皮板就会发霉以致出现脱毛。

下榾后的皮张易出皱褶，被毛不平，影响毛皮的美观。因此下榾后需要用锯末再次洗皮，接着用转笼除尘，也可以用小木条抽打除尘，然后梳毛，使毛绒蓬松、灵活、美观，必要时可用密齿小铁梳轻轻将小范围缠结的毛梳开。梳毛时动作一定要轻而柔和，避免因用力过大将针毛梳掉，最后用毛刷或干净毛巾擦净。

六、贮　存

下榾后的毛皮还要在风干室内至少再吊挂 24 小时，使其继续干燥。干燥好的皮张要在暗光房间内后贮 5～7 天，即可出售。后贮条件：温度 5～10℃、相对湿度为 65%～70%，后贮室每小时通风 2～5 次。然后将彻底干燥好的皮张放入仓库内。

仓库要坚固，屋顶不能漏雨，无鼠洞和蚁洞，墙壁隔热防潮，通风良好。仓库内温度要求为 5～25℃，相对湿度 60%～70%。

为了防止原料皮张在仓库内贮存时发霉和发生虫害，入库前要进行严格的检查。严禁湿皮和生虫的原料皮进入库内，如果发现湿皮，要及时晾晒，生虫皮须经药物处理后方能入库。

对入库的皮张还要进行分类堆放。将同一种类、同一尺寸的皮张放在一堆。堆与堆、堆与墙、堆与地面之间应保持一定距离，以利于通风、散热、防潮和检查。堆与堆之间至少留出 30 厘米的距离，堆与地面的距离为 15 厘米。库内要放防虫、防鼠药物。对库内的皮张要经常检查，检查皮张是否返潮、发霉，这样的皮张表现为皮板和毛被上产生白色或绿色的霉菌，并带有霉味。因此，库房内应有通风、防潮设备。

干燥好的皮张就可以装箱了，箱内要衬垫馐纸和塑料薄膜，按等级和尺码装在箱内。装箱时要求皮张平展不得折叠，忌摩擦、挤压和撕扯。要毛对毛、板对板地堆码，并在箱中放一定量的防腐剂。最后在包装箱上标明品种、等级和数量。

第三节　毛皮动物皮张的收购规格

目前，我国没有统一的皮张收购规格，皮张的收购以个体及厂商为主。多采用人工估测的方法进行交易，部分毛皮拍卖行、交易中心及收购厂商一般都会把毛皮的长度、皮板、丰厚度和光泽等作为综合的评价指标，从而给出价格。

一、加工要求

按季屠宰，剥皮适当，皮形完整，头腿尾齐全，除净油脂，以统一规定的楦板上楦，板朝里毛向外呈筒形晾干。

二、等级规格

一等：毛绒丰足，针毛齐全，色泽光润，板质良好，可带刀伤或破洞2处，总面积不超过11厘米^2，或破口长度不超过6厘米。

二等：毛绒略空疏或略短薄，可带一等皮伤残，具有一等皮质，板质可带刀伤、破洞3处，总面积不超过16厘米^2，或破口长度不超过9厘米，或臀部针毛略摩擦（即蹲裆），两肋针毛略摩擦（即邋遢）。

三等：毛绒空疏而短薄，可带一、二等皮伤残，板质刀伤，破洞总面积不超过45厘米^2，臀部针毛摩擦较严重，两肋针毛擦伤较重，腹部无毛。用非统一规定的楦板加工。

不符合等内要求的狐、貉、貂皮为等外皮。

三、长度规定

目前，我国毛皮等级直接与国际接轨，表6-3列出了北美毛皮拍卖行的狐、貂皮张长度规格，供参考。

表 6-3　北美毛皮拍卖行狐、貂皮张长度规格

貂		狐	
规格	长度（厘米）	规格	长度（厘米）
000	大于 89	0000	大于 124
00	83～89	000	115～124
0	77～83	00	106～115
1	71～77	0	97～106
2	65～71	1	88～97
3	59～65	2	79～88
5	53～59	3	70～79
6	小于 47		

几点说明：

① 皮张长度是从鼻尖至尾根的长度。

② 按各等级尺码规定，对统一楦板而言，若不符合统一楦板规格的规定或者母皮上公皮楦板，公皮上母皮楦板，一律降级处理。

③ 焖脱毛、开片皮、焦板皮、白底绒、灰白底绒、花色毛污染、塌脖、塌脊和毛峰勾曲较重者，毛绒空疏，按等外皮处理。

④ 裆不正，缺材破耳，破鼻，不符合皮型标准，刮油、洗皮不净，非季节皮，缠结毛，酌情定级。

⑤ 狐皮或者彩貂皮也适于此规格，但要求毛色符合本色型标准，不带老毛，对不具备彩皮标准的彩皮按次皮收购，对杂花色皮按等外皮收购。

⑥ 质检验分级应该在灯光下进行。

灯光设置：距验质案板上面 70 厘米高处设有两个 80 瓦的日光灯管，案板最好是浅蓝色。

第四节　影响毛皮质量的因素

一、种兽品质对毛皮质量的影响

人工饲养的毛皮兽类均为野生驯养而来，但经过人为的育种工作，其种兽的品质均已明显超过野生的品质。人工饲养毛皮兽的皮张质量首先取决于种兽的品质，这是由其固有的遗传基础所决定的。与毛皮质量直接相关的种兽品质，主要表现在如下几个方面。

1. 毛色　要求有本品种或类型固有的典型毛色和光泽，人工培育的新色型要求新颖而靓丽。

（1）貂　黑褐色貂宜向深而亮、且全身毛色均匀一致的方向选育；彩色貂应向毛色纯正、群体一致的方向选育。

（2）银黑狐　黑白两色宜分明，反差越大越显得新颖而靓丽；银毛覆盖率宜高而均匀，躯体毛色一致；毛色强度应适宜，即银环的宽度适宜而一致。银蓝杂交狐也如此要求。

（3）蓝狐　宜向针毛淡蓝色调的方向选育。黄、褐色调已越来越受市场冷落。

（4）貉　宜向乌苏里青壳貉的毛色选育，即针毛黑至黑褐色、底绒青至青灰色。

2. 毛质　毛质即毛皮的质地，是由针、绒的长度、密度和细度等性状所综合决定。人工养殖的毛皮兽无论大毛细皮、小毛细皮均要求针、绒毛向短平齐的方向选育，针、绒毛长度比适宜，背腹毛长度比趋于一致（尤其对貂要求严格）；针、绒毛的密度则应向高的方向选育，毛粗度宜向细而挺直的方向选育。

3. 毛皮张幅　毛皮的张幅是按标准值及上楦后的皮长尺码来衡量的。决定皮张尺码大小的因素主要是皮兽的体长及其鲜皮的延伸率。体长及鲜皮延伸率越大，其皮张尺码也越高。因此，种兽的选育宜向大体形和疏松型体质的方向选育。

二、地理位置对毛皮质量的影响

珍贵毛皮动物狐、貉、貂均为季节性换毛的动物，其对日照周期的明显变化有很大的依赖性。这是自然选择条件下其野生分布长期局限在高纬度地区的结果，因此，越是高纬度地区，其毛皮品质也越好。人工饲养条件下也不例外，越往北方地区毛皮品质也越好。

人工养殖毛皮动物一定要在适宜的地理纬度内，即北纬30°以北区域，同时应择优在饲料条件好的地区集中养殖，以生产质量一致的优质毛皮。

三、局部饲养环境对毛皮质量的影响

局部饲养环境主要指人工提供的棚舍、笼箱、场地等小气候条件。有棚舍、笼箱条件的皮兽的毛皮比无棚舍、笼箱条件的毛皮质量要优良；暗环境饲养的皮兽的毛皮较明亮环境下的毛皮质量要优良；较湿润的环境比较干燥和潮湿条件下的毛皮品质要优良。人工饲养应充分给毛皮兽创造有利于毛皮品质提高的局部环境条件。

四、季节对毛皮质量的影响

1. 冬皮　毛绒紧密，光泽柔润，峰毛高齐，皮板白，已达成熟期，产季稍早的毛绒已达冬毛程度，但皮板后臀部呈灰暗色。

2. 晚秋皮　毛绒较短，光泽好，峰毛平齐，接近成熟期，皮板臀部呈青灰色。

3. 秋皮　毛绒粗短而稀，光泽较暗，峰毛短平，产季较早，皮板臀部呈黑色。

4. 早春皮　毛绒长而底绒略黏乱，光泽较暗，产季较晚，皮板呈黄红色。

5. 春皮　毛绒长，底绒空薄，光泽暗淡，产季已晚，皮板发黄而且脆弱。

五、饲养管理对毛皮质量的影响

饲养管理对毛皮质量的影响，主要体现在饲料与营养、冬毛生长期毛皮兽管理和疾病防治3个方面：

1. 饲料与营养　毛皮兽在遗传上所固有的优良毛皮品质是先天决定的，但这些优良性状必须在后天的生长发育中通过科学的饲料与营养供给，才能很好地表现和发挥出来。仅有良种但缺乏科学的饲养，也生产不出优质的皮张。毛皮的生长发育主要依赖于动物性蛋白质，故饲料和营养应保证蛋白质尤其是毛皮兽冬毛生长期蛋白质的需要。

2. 冬毛生长期毛皮兽的管理　主要是创造有利于冬毛生长的环境条件，增强短日照刺激、减少毛绒的污损，遇有换毛不佳或毛绒缠结，应及早活体梳毛处理等。

3. 疾病防治　疾病有损毛皮兽健康和生长发育，间接影响毛皮的品质；某些疾病还会直接造成皮肤和毛皮损伤而降低毛皮质量。加强疾病防治，尤其是代谢病和寄生虫病的防治，也是提高毛皮质量的重要措施。

六、加工质量对毛皮质量的影响

毛皮初加工和深加工对其质量也有很大影响。初加工中尤其应注意下列几个问题。

1. 毛皮成熟鉴定和适时取皮　应准确进行毛皮兽个体的毛绒成熟鉴定，成熟一只取一只，成熟一批取一批。尤其埋植褪黑激素的皮兽更要注意，过早取皮易使皮张等级降低，过晚取皮则影响毛绒的灵活和光泽。

2. 开裆要正　否则影响皮型的规范，也降低皮张尺码。

3. 刮油要净　尤其颈部要刮净，否则影响皮张的延伸率或干燥后出现塌脖的缺陷。

4. 上楦要使用标准楦板，上规范的商品皮型。

5. 干燥的温湿度适宜　最好采用吹风干燥，用其他热源干燥时温度和湿度均勿超高，否则焖板而掉毛，将严重降低皮张的质量。

6. 伤残痕迹

（1）刺脖　狐、貉、貂生有很厚的毛绒，但它们经常缩脖休息，表明怕冷，久而久之，造成脖处毛绒短矮次弱，底绒稀落黏乱。

（2）癫狐、貉、貂　由于小室湿，引起皮肤病，体质衰弱，从毛皮表面上看，峰毛稀疏、枯燥无光、底绒黏乱、皮板表面有癫痂。

（3）油烧板　因狐、貉、貂皮油性大，脂肪刮得不干净，使皮板受到油的侵蚀而造成烧板。

（4）贴板　鲜的皮板未能及时上楦晾干，而使皮板贴在一起者，在加工时贴板处会掉毛。

（5）流沙和掉毛　皮板受热或受闷，使针毛脱落的为流沙，毛绒整片脱落的为掉毛。

（6）拉沙　即毛峰磨损，轻的峰毛尖被擦秃，重的伤及绒毛，降低皮张等级。人工饲养的狐、貉、貂由于小室出口狭小，有时会出现这种情况。

伤残痕迹影响毛皮质量的等级划分，而且直接影响到养殖场的经济效益。

7. 正确的整理和包装　干好的皮张及时下楦、洗皮、整理和包装。洗皮不仅除去毛绒上的尘埃污物，而且明显增加美观度。整理包装时切勿折叠和乱放，保持皮张呈舒展状，勿用软袋类包装。

总之，影响毛皮质量的因素很多，人工养殖场必须采取选种、育种，加强饲养管理，创造适宜的环境条件和提高毛皮加工质量等综合性技术措施，来努力提高毛皮质量。

第七章　毛皮动物生态养殖场的无害化处理

第一节　毛皮动物粪尿及冲洗水的污染控制

一、粪的收集

毛皮动物粪便应尽快清出毛皮动物圈，特别是幼龄毛皮动物圈舍，这是毛皮动物粪处理环节的第一步。病原菌往往以粪便为庇护滋生场所得以生存较长时间。如果粪便在毛皮动物圈中停留时间过长或是从一群毛皮动物的圈舍清扫到另群毛皮动物的圈舍，就可能被动传播疾病。和幼龄毛皮动物比，成年毛皮动物接触过的疾病较多，所以，更不应将成年毛皮动物的粪尿清扫到幼龄毛皮动物圈舍中。

快速清粪的最好办法是采用漏缝地板。应用良好的漏缝地板，毛皮动物粪较易漏到地板下面的集粪区或粪池。但要特别注意地板条的宽度、质地和板条间缝隙的选择。板条宽度必须适合于毛皮动物的类型，既能让粪从缝中漏下而不至在板条上堆积，又能使毛皮动物站立平稳；板条的料面既要适度光滑以便于清洗、不擦伤毛皮动物脚，又要适度粗糙以便毛皮动物走在板条上有一定的摩擦力而不打滑；再者，板条的缝隙要有适当的宽度以便毛皮动物粪易于漏下，但又不能太宽以免毛皮动物脚踏空下陷。

供幼龄毛皮动物使用的漏缝地板的板条和缝隙应窄些。板条材料应相对光滑以便毛皮动物粪容易漏下。板条不宜采用多孔材料，因为寄生虫能潜伏在材料孔中，不易清扫和消毒，从而繁殖生长，并可能感染下一批毛皮动物。镀锌钢丝编织的网由于其物理性质有利于毛皮动物粪快速漏下，应用于产房和培育仔毛皮动物效果很好。也可以应用光滑而狭窄的塑料漏缝地板。但金属网和塑料漏缝地板的承受能力有限，因此网或板下必须要有周密设计的支架，才能承受毛皮动物的体重。水泥条板和水泥地面多孔粗糙且阴冷，不宜用于幼龄毛皮动物。

木料地板和竹料地板也属于多孔材料，不易保持卫生，也不能用于做毛皮动物舍的地板。为了彻底保持幼龄毛皮动物整个栏内的清洁卫生，栏内最好采用全漏缝地板。如果采用局部漏缝地板，培育前期仔毛皮动物栏地面的 70％以上应由漏缝地板组成，培育期仔毛皮动物栏地面至少有 40％是漏缝地面，并使其余实体地面部分光滑无孔，尽量保持该部分清洁温暖。

在局部或全部水泥漏缝地板上饲养的生长毛皮动物和种毛皮动物能表现出良好的生产性能，漏缝地板至少应占整圈地面的30％～40％。板条的走向应平行于毛皮动物圈或毛皮动物栏的长轴方向以便减少毛皮动物腿的摩擦损伤。实体地面区应向漏缝地面倾斜。如不用毛皮动物床，坡度为 4％～5％；如有毛皮动物床，则为 2％～3％。同时，要调教毛皮动物使其不在实体地面上排泄粪便，而直接排入漏缝地板上。试验发现，狭窄型毛皮动物圈有助于上述调教。这种圈的宽度为 1.5～2.5 米，长度应为宽的 2～4 倍。料槽设置在实体地面处，水源则宜设在漏缝地板上方或靠近漏缝地面区。

在实体地面部分，用实体隔墙；而在漏缝地面部分，用垂直杆隔栏，也有利于调教毛皮动物的排便习惯。由于毛皮动物往往睡在最舒服的地方而排泄在其他地方，因此，一年四季在实体地面部分保持良好的通风、提供最舒适的条件非常重要。一般来说，在寒冷季节进入毛皮动物舍内的冷空气应导向漏缝板地面，在炎热夏季进入毛皮动物舍的新鲜凉爽空气应导向实体地面部分，特别是在成年毛皮动物舍更应如此。

如果地面全部是实体水泥地面，粪便处理显得更为重要。实体水泥地面倾向排水沟或粪沟的坡度为 4% ~5%，才能使冲洗液迅速从毛皮动物的栖息区流入粪沟。地面要勤冲洗以保持清洁，舍内要维持一定的空气流动和供热，以使地面迅速干燥，尤其是在冬天。实体地面冲洗粪便比刮粪效果好，因为刮粪后地面还留有一薄层粪尿，仍然可以向舍内散发水汽和臭气。

二、粪便向贮粪池的转运

如果贮粪坑直接坐落在漏缝地板下面，粪便的转运和贮存问题就比较简单。但直接在毛皮动物舍地面下贮粪有其严重缺点，毛皮动物粪在漏缝地板下贮存 5~7 天，由于微生物大量繁殖，产生大量气体和臭味，将影响毛皮动物群和饲养员的健康。如果每周 1~2 次将舍内粪便运到舍外的贮粪场所，就可以避免上述问题。转移毛皮动物粪的基本方法有三种，即刮粪法、冲洗法和人工清粪。

（一）刮粪法

有室外运动场的开放式毛皮动物舍通常采用刮粪的方法。刮粪工作可以采用手工或拖拉机，将相对固态的毛皮动物粪集中堆积在集粪区。在开放式毛皮动物舍，室外运动场的雨水冲刷物也是污水，必须进行适当处理，以免污染地面水源。可以利用一个沉淀池，将雨水冲刷物中的固体部分分离，再用一个蓄水池将冲刷物中的液体部分蓄留起来用于肥田。刮粪法成本低，但只能处理固态毛皮动物粪，而且，固态毛皮动物粪积存时间超过 7 天，就会滋生苍蝇，造成新的污染，应及时清理。

毛皮动物舍中刮粪机械远不如冲洗设备用得广泛，因为粪沟中强腐蚀性物质极易腐蚀刮粪机，造成严重的机械故障；刮粪机还会将粪尿摊平造成较大的表面积，因而，散发于空气中的氨气和水汽比其他方法多，但其他气体和臭味要比地下贮粪池少。

（二）冲洗法

如果水源充足，粪池容积大，则冲洗系统效果较佳。如设计合理、操作得法，冲洗系统能清走粪沟中的大部分粪便，毛皮动物舍中气体和臭味很小。由于冲刷耗水量大，许多毛皮动物场将化粪池中的水循环使用。冲洗设备有很多类型，最常见的有水箱-粪沟冲刷式、重力引流式、粪沟再注式。

1. **水箱-粪沟冲刷式** 水箱-粪沟式冲刷设备是在毛皮动物舍的一端设有一个大水箱，每天向粪沟内放水 4～6 次，冲下的激流将粪沟内的粪便冲刷到毛皮动物舍的另一端，这个过程可以借助水枪和人工来完成。连接各毛皮动物圈的无盖粪沟造价低廉，但冲洗液能传播疾病，因此，多数毛皮动物场在粪沟上加盖板以防毛皮动物接触粪沟，或在气候温暖的地区，将粪沟设置在毛皮动物舍外。粪沟或整栋毛皮动物舍从水箱端到另一头的坡度为 1%～2%。粪沟宽度较大时，冲刷液常常会在粪堆和废料渣旁边形成水道流走而不能有效地冲除粪便，为了避免该缺点，可以在粪沟中设置水道隔，使粪沟中的水道宽度不大于 60 厘米。

2. **重力引流式** 重力引流式粪沟有多种造型，但原理都相同。即由一个浅粪沟（坡度 0.5%或无坡度）通向一端的出口，平时出口塞子堵住使粪沟中粪液积存，每周 1 次或 2 次将塞子拔掉，由于重力作用粪便液从出口流经大塑料管而排放到舍外贮粪池中。一般重力引流几乎不需加水促进引流过程，但粪沟中的某些区域（如饲槽下方）容易滞留团体废渣，可能需要手持水枪清洗。有人试制了几种粪沟造型，旨在将粪液集中在一个较窄的区域以增加粪液的深度和冲排力，并减少粪液表面积从而减少臭气散发。成本最低、最可靠的造型是简单的长方形粪沟。通常的设计是母毛皮动物栏和培育仔毛皮动物栏高架在毛皮动物舍地面浅粪沟上方，而不是将粪沟深掘到毛皮动物舍地面以下。这些粪沟宽为 2～3 米，粪沟中没有塞子的一端由于粪液量和冲刷力有限，引流时容易滞留毛皮动物粪。因此，可在长方形粪沟的两端都装上出口和塞子，引流时轮流拔去各端开口的塞子，这样，总有一端可以将滞留的粪便排放出去。另一种粪沟造型是 U 形，两个出口和塞子设在同一端的不同水道上。通过轮流拔去两个塞子，粪液就会沿 U 形沟交替流向不同的出口。该设计减少了额外铺设塑料引流管的成本，但缺点是 U 形沟的弯道处容易滞留粪便。

3. 再注式粪沟　再注式粪沟实际上是重力引流的改进模式，但具有许多优点，近年来非常普及。与重力引流式类似，粪便在粪沟中可积存 5～7 天，然后拔掉出口塞子，使粪液通过大塑料管排到毛皮动物舍的贮粪池或化粪池中。粪沟以 0.5% 的坡度倾向引流方向，冲刷后立即向粪沟内注入平均 30 厘米深的水，注水后冲刷力增强，清粪效果更好，新鲜毛皮动物粪落入粪沟后立即被水淹没从而减少了臭味和苍蝇问题。此外，由于粪沟一直有水，粪便不易黏着在水泥沟壁上。因此，再注式粪沟系统的臭味、气体、苍蝇问题较少。再注式比重力引流式的耗水量大，确实需要良好的泵水系统。泵水系统应有足够的功率，以确保排放后 4 小时之内将粪沟注满。在粪沟较浅的一端，水深不少于 8～16 厘米，平均水深应为 30 厘米。粪沟中应设有水道隔栏，以保证各水道不宽于 60 厘米，塑料引流管直径应为 20～25 厘米，并应以 1% 的坡度向贮粪池方向倾斜。

（三）人工清粪

这种清粪方式一般在毛皮动物舍内设有排粪区，其地面有 1%～3% 的坡度。邻接排粪区设有粪尿沟，粪尿顺斜坡流入粪尿沟，在粪尿沟上设有铁网以防止毛皮动物粪落入。尿和污水由粪尿沟经地下排水管流入舍外的化粪池。毛皮动物粪则由手推车人工清除送到贮粪场。粪尿沟和地下排水管每隔一定的距离应设置沉淀池，沉淀池内的沉淀物应定期地清除。毛皮动物场排粪尿和污水的管道系统严禁与排雨水的管道系统公用，以免加大污水的处理量，同时也防止雨天粪尿和污水溢出地面，造成环境的污染。

人工清粪方式的投资少，节约电能和水源，排到舍外的污物含水量较少，便于处理，且有利于毛皮动物舍内保持较为干燥的环境。其缺点是劳动强度大，劳动效率低，不适合大规模的生产。

三、粪便的贮存

粪便常贮存在土粪池、水泥池或有防护层的钢罐中，它们只起到施肥前的贮存作用。如不加盖会产生大量臭味、气体和苍蝇。贮粪池主要用于贮存尚未肥田的毛皮动物粪，而不是为了做生物学处理。化粪池的设计则是通过生物学作用来减少必须处理的粪便量。因此，化粪池要比上述粪池大得多，以便繁衍大量的有益微生物，从而消化处理粪便。土粪池和贮粪罐的设计体积应能容纳贮存期内相应毛皮动物舍饲养毛皮动物的粪、液体排放物和雨水。土粪池的渗漏可能成为地表水和地下水污染的主要因素。因此，土粪池必须用黏土封固或加设人工衬里以便将渗漏问题减弱到最低水平。

四、化粪池的生物处理

设计合理、容量适度、管理得当的化粪池能为微生物活动提供良好的条件，从而可以有效地避免毛皮动物粪处理过程中产生的臭味、气体和苍蝇问题。用化粪池处理粪便有赖于微生物活动，因此化粪池务必设计管理适宜，以便不断地为有益细菌提供良好的生存环境。在温暖的气温条件下，化粪池处理效果最好，因为细菌作用时间较长。春秋两季的气温骤然变化可导致池中细菌总数锐减。因此，粪便应有规律地加入化粪池，每天至少1次，以供细菌需要。

化粪池的设计有两种类型，即适合于厌氧菌繁殖的类型和适合于需氧菌繁殖的类型。但大多数化粪池是厌氧池，因为其成本很低。需氧化粪池只用于严禁臭气的地方或还田面积有限的地区，这种化粪池必须很浅，深度不超过1.5米，以保证整个池中氧气的扩散和阳光的透入，使整个池中产生氧气的藻类能够繁衍生息。需氧化粪池需要的容积和表面积分别相当于厌氧化粪池的2～4倍。如果池中有机械供氧条件，需氧化粪池可以设计得小些，但运行成本较高。

厌氧化粪池可使池中有机物至少减少50％以上；含氧量减少50％～80％，但磷不能被降解，而沉积在池底淤泥中。厌氧化粪池在1年中大部分时间产生的腐败臭味都在人们可接受的水平，但在新池投入使用或冬去春来天气转暖时，由于池中细菌大量繁殖，臭味会非常强烈。为了防止池中盐分过高并改善池中微生物环境，应每年1次或2次将池中液体的1/3～1/2抽掉，并向池中补入清水，抽出的液体可用于肥田。每隔8～12年将沉积于底池的淤泥（即非生物可降解物）清出肥田，以免使池的容量缩小。

厌氧化粪池较深以确保无氧条件，减少池表面积和占地面积，典型的厌氧化粪池达6米深，但深度不得低于正常地下水位，池壁和池底应有防漏功能以免污染地下水。粪便在池中长期贮存后本身会形成一层自然封闭层，但对沙性土质池可能需要一层黏土层或人工衬里防漏。多数化粪池属于一级池，即只有一个粪池。如果用水冲刷，常需要二级池，即由2个粪池组成，第一个粪池较大，池满后溢到第二个较小的次级池中。次级池的水变得较为澄清，适合用循环水，可送回毛皮动物舍供冲洗用。

为了给池中大多数有益细菌提供一个良好的环境，厌氧化粪池应有充足的容量，如果容量过小，池中会滋生苍蝇并有强烈臭味。雨水和冲刷液容量则要根据当地气象资料和与粪池相应的毛皮动物场引流面积来估算。

五、毛皮动物场废水及其无害化处理

（一）减少毛皮动物舍的废水排放量

减少毛皮动物养殖废弃物最简单方法是降低必须处理的毛皮动物粪量。对许多系统，水在废弃物体积中占主要部分。对此，简单而有效的解决方法是提高冲洗水的使用效率，减少无助于改善系统功能的水进入其内，后者包括防止养殖毛皮动物供水系统的漏水或其他进入系统中的外来水。

地板下沟渠的适当设计和便于操作清洗能使水的利用效率提高。沟渠的设计有两个重点：沟中的水深和流速。排粪沟中持续低流量的水流是输送毛皮动物粪便极无效率的方法，水浪蜿蜒于粪便固形物之间但无法移动粪便。

手操纵式水管的用水最不经济，因它无法形成足够的深度来漂浮粪便颗粒，也不能形成足够的速率输送粪便，而持续流水的乳头状饮水器也易造成大量的水进入系统中而造成浪费。巴西的毛皮动物养殖研究中心设计了一个近乎无漏的毛皮动物养殖供水器。毛皮动物从连接贮水的倾斜管饮水，而水的静止面高度约比管末端低 1.5 厘米。这个设计可以有效降低毛皮动物弄坏饮水装置而造成的水浪费。

（二）污水的处理

养殖毛皮动物场中产生的尿液与污水中也含有大量的有机物质，甚至可能含有一些病原微生物，在排放或重新利用之前需进行净化处理，处理的方法主要有物理法、化学法和生物学法。

1. 物理处理法　物理处理主要是利用物理沉降方法使污水

中的固形物沉淀，主要设施是格栅与化粪池。经物理处理后的污水，可除去 40％～65％的悬浮物，生物需氧量（BOD）下降 25％～35％。化粪池内沉淀物应定期捞出，晾干后再行处理。

2. **化学处理法** 根据污水中所含主要污染物的化学性质，用化学药品除去水中的污染物质。常用的化学处理方法有混凝沉降和化学消毒处理。

（1）混凝沉降 利用一些混凝沉降剂如三氯化铁、硫酸铝、硫酸亚铁、明矾等，这些物质在水中形成带有正电荷的胶状物，与水中带有负电荷的微粒结合形成絮状物而沉降。混凝沉降一般可除去 70％以上的悬浮物和 90％以上的细菌。常用沉降剂的用量为硫酸铝 50～100 毫克/升、三氯化铁 30～100 毫克/升、明矾 40～60 毫克/升。

（2）化学消毒处理 消毒水的消毒有多种方法，毛皮动物场的污水在经过物理沉降处理后，可不经过消毒而进一步进行生物处理，经过消毒后的水可作为冲刷粪尿用水再行循环利用。常用的消毒方法主要是氯化消毒。水的氯化消毒效果与水的 pH、温度、混浊度及接触时间有关。一般当水温为 20℃、pH7.0 左右时，氯与水接触 30 分钟，并使水中剩余的游离性氯（余氯）含量大于 0.3 毫克/升时才能完全杀灭病菌。当水温低、pH 高或接触时间短时，则应有更高的氯含量。

3. **生物处理法** 生物处理是指利用微生物分解污水中的有机物质，使污水达到净化的目的，处理方法有好气处理与厌气处理。

（1）生物曝气法（活性污泥法） 在污水中加入活性污泥并通入空气，使活性污泥中的好氧微生物大量繁殖，使污水中的有机物质被氧化、分解。该方法的工艺流程为活性污泥经过物理沉降处理后导入曝气池中，曝气池（或塘）设有曝气设施。向池内污水充入氧气，使好气微生物大量繁殖并净化污水，这一过程需 10～30 天，经过净化的污水再经沉淀后即可排放。这种类型的充气生物塘（池、渠），设施简单、无臭味，效果较好。

（2）生物过滤法　在污水处理池内设置用碎石、炉渣、焦炭或轻质塑料板、蜂窝纸等构成的过滤层，污水通过存水器导入。导入的污水经滤料层的过滤、吸附，并经滤料中微生物的分解作用而达到净化的目的。滤池可根据情况建成池式或塔式。

此外，利用鱼塘净化也可实行综合生态养殖，如毛皮动物——鱼等。将经过物理处理的污水放入鱼塘，污水中的细小颗粒可直接作为鱼的饲料，污水中的营养物质可为藻类的生长提供养分，从而使污水中的有机物质含量降低。除此之外还有草地过滤法和人工湿地法等处理方法。

（三）处理废水的再利用

1. 用再循环水冲洗毛皮动物舍　将处理过的废水冲洗毛皮动物舍，可以减少水污染和加强废水处理的效果，不失为降低废弃物排放量的有效办法。按照冲洗时释放出臭味的可接受程度，可以进行不同的设计。假使固形物含量低且停留时间长于21天，将再循环液体直接从污水塘引回到沟渠是可以被接受的，尤其是条状地板下的冲洗工作。另一个选择是在污水塘和冲洗间加一个排气室，排气的程度可能相当小，但仍使水质得到改善。排气将去掉更多的挥发性化合物，同时加入充足的氧气，维持冲洗时的低臭味强度。

现在，循环水再利用是减少处理设施和粪便负载最受欢迎的方法之一。另一种方式是将再循环水和新鲜水混合。不管如何安排，这个替代方法将达到处理场降低废水的目标。

2. 冲洗条状地板下的沟渠　冲洗条状地板下的沟渠有许多选择，主要取决于劳动力的相对价值和机械化程度而定。最简单的方法是从冲洗水源直接抽回沟渠的上端。

第二种选择是利用一个手操纵的槽，倾倒槽是常见的例子。槽通常安装在一转轴上，当其注满后可手动倾倒，或可设计成注满时自动改变平衡，使内容物立刻被倾倒。虹吸槽是另一种选择，当水位达预定高度将自动倾倒，它具有无移动部件的优点，而且可根据流量进行设计。

3. 农田灌溉　将处理过的废水用于灌溉农田，节约用水。

六、使干净水远离粪便处理系统

为了使毛皮动物粪处理系统有效和经济运行，必须避免注入不需要处理的干净水，如来自屋檐和地面的雨水，应与毛皮动物粪便处理系统分开排泄。干净水进入粪便处理系统，将降低处理功效，增加整个操作成本。当然，可以贮存雨水用做冲洗水。

第二节　毛皮动物生态养殖场的废气及尘埃污染控制

一、毛皮动物场内的有害气体

1. 氨气（NH_3）　主要刺激黏膜，进入肺中与血红蛋白结合，影响其输氧能力而引起组织缺氧，浓度高时引起中枢麻痹及损害肝、心脏，降低免疫力及生产力。按照无公害养殖的要求，毛皮动物舍内氨浓度要求小于 20 毫克/米³。

2. 硫化氢（H_2S）　是无色、易挥发恶臭气体，易溶于水，是含硫蛋白质代谢后的产物。硫化氢刺激机体黏膜，如眼、气管及肺部组织，抑制呼吸中枢而造成窒息，对毛皮动物的健康及生产影响很大。毛皮动物舍内硫化氢含量小于 15 毫克/米³。

3. 二氧化碳（CO_2）　主要是毛皮动物的呼吸产物，一只 5 千克的毛皮动物每小时呼出的二氧化碳达 2.2 升，其浓度超过 10% 时，会使毛皮动物严重喘气，呈现昏迷。二氧化碳本身无毒，它的危害主要在于当空气中浓度高时，使毛皮动物吸入的氧气减少而缺氧。在空气中浓度超过 20% 时，毛皮动物就会窒息死亡。毛皮动物场区二氧化碳浓度要小于 750 毫克/米³，毛皮动物舍内小于 2 950 毫克/米³。

4. 恶臭物质　毛皮动物粪尿产生的恶臭物有两百多种，主要包括挥发性脂肪酸、酸类、醇类、酚类、醛类、酮类、酯类、胺类、硫醇类以及氮杂环化合物等有机成分，以及氨、硫化氢等无机成分。产生恶臭的物质除毛皮动物粪尿外，还有污水、垫料、腐败饲料、兽尸等腐败分解物。毛皮动物体的分泌物如呼出的气体、消化道排出的气体、皮脂腺的分泌物、兽体的外激素及黏附在体表的污物等。

毛皮动物场恶臭成分及其性质甚为复杂，其中有一些物质并无恶臭，是一种芳香物质，但对毛皮动物和人都有刺激性和毒性。

恶臭物质及污气对人、毛皮动物的危害主要是长期和慢性的。恶臭刺激人的呼吸系统、内分泌系统及神经系统，有些恶臭物质随降雨溶入雨水而污染土壤、水体及青饲料，危害毛皮动物的消化系统，使消化系统功能紊乱及出现胃肠炎症。

二、毛皮动物场空气中的尘埃和微生物

毛皮动物场的空气中飘浮着大量尘埃和微生物，它们来自外来空气中原有的、从吹来的风中带来的以及毛皮动物舍内饲料及毛皮动物本身排泄物及毛皮动物场土地中形成的尘埃。这些尘埃大部分无害，只有一部分是有害或致病的，如绿脓杆菌、炭疽芽孢、丹毒丝菌、破伤风等细菌，以及犬瘟热病毒、流感病毒等，在空气中都会传播。当毛皮动物舍内空气流动不畅，缺乏紫外线、有机尘埃多时则微生物更多，而且极易造成危害。为了防止空气中尘埃及微生物的危害，保持毛皮动物舍通风、干燥、清洁卫生、全进全出的饲养制度、经常定期消毒、舍内配以紫外线照射等。搞好毛皮动物场及毛皮动物舍外的绿化也是极为重要的手段，搞好绿化可使尘埃减少 35%～67%，细菌减少 22%～79%。

三、毛皮动物场绿化建设的重要意义

1. **绿色植物对防治毛皮动物场空气污染的作用** 绿色植物对防治毛皮动物场空气污染的作用是很大的，可吸收一氧化碳、二氧化硫、氯气等有害有毒气体，还可以吸收尘埃及减少空气中的细菌。

2. **绿色植物对空气中微生物的作用** 毛皮动物场空气中微生物数量是很大的，有些是对人、毛皮动物有致病性的，能分泌灭活或抑制一些有害微生物的挥发性物质的植物。如紫薇、枪木、柠檬桉、黑胡桃、枳壳、稠李、梅、柳杉、白皮松、柏木、薜荔、复叶槭、茉莉、柠檬、臭椿、楝树、紫杉、马尾松、杉木、侧柏、樟树、山胡椒、山鸡椒、枫香、黄连等。因此，毛皮动物场的绿化，一定要保证一定数量的绿化面积，其重要意义是极明显的。因此养殖毛皮动物必须和农林相结合，发展生态养殖毛皮动物绝不是一种权宜之计，而是可持续发展的要求。

3. **吸收有害有毒气体**

（1）**吸收二氧化碳** 毛皮动物每天呼出的二氧化碳的量是比较大的，而阔叶林每公顷一天可以消耗 1 吨二氧化碳，并放出 0.73 吨氧气。每平方米草坪每小时吸收 1 克二氧化碳。

（2）**吸收二氧化硫**的植物种类很多，落叶树吸收硫的能力最强，常绿树次之，针叶树吸收硫的能力较差，每 1 130 千米^2 的紫花苜蓿一年可使空气中的二氧化硫减少 600 吨以上。高温高湿有利于植物对二氧化硫的吸收。夏季吸收能力最强，冬季最差。植物的部位及年龄对吸收能力也有影响。

（3）**吸收氯气**能力较强的树木有银桦、蓝桉、刺槐、女贞、滇朴、柽柳、君迁子、构树、樟叶槭、桑树、红背桂、番石榴、小叶驳骨丹、夹竹桃等。每年每公顷蓝桉可吸收氯为 32.5 千克，每公顷刺槐为 42 千克，每公顷银华为 35 千克。

（4）**吸收氨气**的绿色植物很多，即一般绿色植物都能吸收氨气；吸收氨气能力很强的植物有夹竹桃、棕榈、桑树、樱花、大叶黄杨等。其次为水仙花、美人蕉等，其他如紫荆、广玉兰、月桂、珊瑚树、腊梅也有吸收氨气的能力；吸收氨气的植物还有榆树、构树、石榴、刺槐、女贞、大叶黄杨、向日葵等；可以吸收一定量重金属（如铅、铜、锌、镉、铁等）气体的植物有柃木、三仙果、木姜子、红楠、五爪楠等。吸收醛、酮、醇、醚、安息吡啉等气体的植物有全皮槭等。

综上所述，毛皮动物场的各种臭气对毛皮动物的生长、发育、繁殖等生产性能、免疫力都有影响，对毛皮动物神经及呼吸器官也有刺激，特别是长期的、超浓度的刺激，就会使毛皮动物致病。各种空气污染物对毛皮动物的日增重有明显影响。为此，搞好毛皮动物场绿化，对改善毛皮动物场空气质量、减少污染物对毛皮动物的危害是十分重要的。

四、毛皮动物养殖场的臭味控制

（一）臭味的产生

毛皮动物粪便中富含有机物和微生物，若未另外添加任何养分、酶或微生物活化剂，这些有机物将立刻分解。分解过程中无论好氧或厌氧、迅速或缓慢，都依分解发生的环境而定。整个分解过程中，新鲜粪便的不同成分和分解过程所形成的产物，由于它们的挥发性将容易释出，分子量较小的化合物释出最快。许多成分的挥发性受其存在的环境而定。例如，具腐蛋臭味的硫化氢在酸性状况下最易挥发；氨气正好相反，在高 pH 及碱性状况下较易挥发。所以，最早臭味防治方法，是调整粪便处理或贮存的pH。调整 pH 能改变臭味本质，但大部分人认为对克服臭味作用有限。

粪便分解甚至在排出前即已发生，蛋白质分解成氨基酸，碳水化合物分解成可产生能量的糖类。在动物的肠道中，分解过程在一个温度稳定的厌氧环境中进行。在排便当时，存在的挥发性物质已经开始挥发，因此新鲜粪便的臭味即可在区域内被察觉。更进一步生物分解的发生则依粪便所存在的环境而定。如有充足的氧气存在，有氧分解过程产生相对无臭的物质。如氧气供应不能满足细菌需要，就会形成较多的有臭味最终产物。搅动粪便液，臭气大量释出。虽然有一些方法可阻止这类分解作用，然而对大部分的兽舍系统而言，缺乏操作上和经济上的吸引力。创造一个不适合厌氧菌生存的环境，如传统的垫床，可以阻止厌氧性细菌分解作用。少量的粪便与大量的稻草混合，垫床干燥透气，结果厌氧细菌被抑制，好氧细菌、真菌和更复杂的微生物则旺盛生长，但仍形成通常的堆肥臭味。

（二）臭味的处理

许多人探求用添加剂来除去贮粪坑或粪便中的臭味。其中，有的产品含有特殊细菌或酶，用来改变分解作用的途径。至今，客观的评估已证实，粪便中早已含有高浓度细菌和数量极多的酶，要以少量的添加剂改变分解作用途径的可能性极小。同样，添加取代气味物质，虽能起到遮蔽粪臭味的作用，但要被社会接受也极不可能。

臭味问题在下列两种情况下趋于严重：当在地域面积较小的毛皮动物场、新建或扩建的大型毛皮动物舍或应用大型设备时；当圈饲设备位置过于接近居民或人的活动区域时。

臭味的控制首先是控制发生源。如何有效地避免臭味的形成、检测臭味的浓度以及控制臭味的飘逸流散是科研和生产中需要重视的问题。应用某些仪器能够测定臭味的浓度，并能估计在不同的天气状况下，臭味被传送的距离。低速率稳定的风利于臭味的传送，因为它将减少稀释作用。

工程上的解决办法是改进建筑设计和材料，但往往需要大量的投资。已有研究表明毛皮动物粪贮存坑、槽或池安装覆盖是臭味控制的有效方法,可有效地减少挥发速率及臭味排放速率。利用充填沸石的驱尘器填充床,开始可降低兽舍中45%的氨气,但18天后效率降至15%。

土壤是极佳的臭味清净介质,因其可对有机气体进行化学吸附、氧化和有氧分解。液体毛皮动物粪喷洒土壤,可减少90%以上的臭味。用盘形耙耕表面喷洒粪肥的土壤,能降低臭味67%～95%。

在浅的泥土床中,配以打孔通气管的土壤过滤器,能有效地清净来自处理过程或兽舍所排放的臭气。利用土壤过滤系统可除去毛皮动物舍排放气中52%～78%的氨气和46%的有机成分。土壤过滤器处理来自油脂厂锅炉的高浓度恶臭,可降低99.9%臭味。

土壤过滤器需要有良好的泥土和足够的温度,pH控制在7～8.5。一般每分钟1 000米³的气体流量,需要2 500～4 600米³的土地面积。已有研究证实,按此比例,用沙土过滤毛皮动物粪便堆肥处理的气体,氨气排放减少95%～99%,臭味强度降低30%～82%。

目前,还没有确实可接受的臭味防治鉴定标准。厌氧污水池通常被认为是低成本的粪便贮存和处理方法,但当气温较高时,污水塘也会产生强烈臭味。应用生物添加物、遮蔽剂和臭味抑制剂等可以部分降低臭味。但有些研究指出,这些方法除臭效果不明显。因此,在生产中推广应用仍需时间。

(三)减少毛皮动物养殖场臭味的措施

1. 喷洒粪肥 每年毛皮动物养殖户常因在农地上喷洒粪肥、产生臭气而遭到人们的责备。现在,虽然可以利用施肥设备,将粪肥注入覆盖作物或将液态粪肥注入土壤中,但仍需要耗费较多的时间和设备。

2. 保持小环境卫生 减少毛皮动物舍内臭味是保持小环境

卫生的另一重要问题。维持地面、墙和兽体的清洁、无粪便，对决定空气臭味的排放量很重要。从条状地板下方，或在液态粪肥的液面上方抽气将减少臭味，但要注意不能将气体排向邻近兽舍或居住区。

3. 粪便的贮存　粪便贮存方式是臭味控制的主要环节之一。贮存方式有妥善加盖的地上贮粪槽或开放式土制粪池，液态粪肥施于农田前先贮存其间。贮存粪便的方式不同，投资相差较大，臭气释放量也互异。过去的 30 年，厌气污水池是最受欢迎的粪便贮存处理设施之一，它能长期贮存粪便，并使其由固态转变成液态而能被普通的离心泵抽取。除了贮存外，这些污水池有助于粪便的无氧分解，把氮转化成氨氮，碳水化合物变成二氧化碳和水，中间产物也被释出。

相对于厌氧污水池的方式即曝气或好氧污水池。曝气作用通常由一个浮置于污水池表面的增氧机完成。每 100 条毛皮动物需 0.37 千瓦增氧机。这种方法由于动力成本高，虽然国外在 20 世纪很流行，目前它们只限使用于紧急状况。

4. 粪便的覆盖　另一个既能利用厌氧污水池的优点，又能避免臭味发生的方法是在池上加盖。较小的池可用密封橡皮盖，但不适于较大的污水池。近年来，利用毛皮动物场污水池漂浮的浮渣覆盖的方法受到重视，其所产生的臭味比无遮水面所产生的少。研究指出，其他透气性覆盖也可能提供类似作用，国外正在开发的低成本透气性浮渣盖具有这种优点。

5. 设备除臭　最近日本开发出使用微生物对毛皮动物养殖场进行除臭的新技术和设备。该设备是由大型送风机和空气传送管道等组成。在毛皮动物舍地面上按照一定的空隙铺设管道，与舍外的送风机相连，管道内开有无数的小孔。管道上面使用再生纸和活性炭进行固定，然后铺上碎辅料，在上面进行饲养。辅料中含有在改良土壤时使用的微生物，定期泼洒含有微生物的液体，就能够使毛皮动物的排泄物发酵，以控制臭味的产生。此外，管道还会不断向辅料传送空气，以加强微生物的作用。

6. 通风换气　毛皮动物在进行正常的代谢活动中产生热量、水分和二氧化碳，排泄物在微生物的作用下释放出硫化氢、氨和其他有害化合物。如果任这些物质在环境中积累，最终会达到对动物健康和生产性能造成损伤的浓度。

通风换气是毛皮动物舍内环境控制的一个重要手段。其目的是在气温高的情况下，通过空气流动使毛皮动物感到舒适，以缓和高温对毛皮动物的不良影响；在毛皮动物舍密闭情况下，引进舍外新鲜空气，排除舍内污浊空气，以改善舍内空气环境质量。前者可以称为通风，后者可以称为换气。户外养殖毛皮动物体系有自然空气流通，对于大多数封闭的环境，必须采取机械辅助通风措施。

（1）通风换气的原则　排除过多水汽，使舍内空气的相对湿度保持适宜状态；维持适中的舍内气温；气流稳定，均匀，不形成"贼风"，无气流死角；清除舍内有害气体；防止水汽在墙、天棚表面凝结。

（2）自然通风系统　自然通风系统具有多种不同的形式，设计时主要考虑盛行风向的季节变化。房子的长轴与盛行风向垂直。在夏季将后窗打开，南窗也按一定角度打开使盛行的南风吹入，气流穿过毛皮动物活动区就达到通风作用。在冬天则关闭后窗，盛行的北风从房顶吹过，在房顶的前缘造成低压区，它具有抽出屋内空气的作用。舍内毛皮动物产生的热使空气变暖，暖空气上升到屋顶的内斜面并沿着斜面向上最终向外流出。

传统的毛皮动物舍建筑一般有两个坡面的屋顶和可开闭的侧墙，侧墙可由塑料窗帘或者是具有铰链的窗板覆盖。同样，房子的长轴也与盛行风向垂直。在设计这种建筑时，特别要注意它的宽度和毛皮动物舍之间的距离。房屋过宽会妨碍空气的有效移动使通风受到影响。如果空气流动被邻近房屋挡住，风速和通过能力将会降低，这两个参数都取决于盛行风的强度，在建筑设计过程中应咨询有关专家。

双坡面毛皮动物舍的冬季通风是由屋脊的开口达到的，其结构既利用了吹过屋脊空气的烟囱效应所产生的低气压，又利用了空气在毛皮动物活动区受热后向上移动的原理，空气的补充和更换通过侧墙覆盖物间的细微开口进入。但在热带地区使用这种建筑仍需做适当改进。为了有助于空气移动，建筑应比在温带区域的高些，屋脊的通风开口应适当扩大并由一个顶盖或次级屋顶来保护。

（3）机械通风系统　机械通风系统有效且经济，但必须设计合理和管理得当。机械通风有正压通风和负压通风两种形式。正压通风即将空气吹入毛皮动物舍；负压通风则从舍内排出空气。经验证明，负压通风是较佳选择。运用正压系统控制空气分布是困难的，除非采用管道系统，否则，靠近风扇的区域通风很好，而较远的地方则通风不佳。

负压系统在通风的毛皮动物舍和外界之间形成一个大气压差，为达到压力平衡，空气流进舍内。合理布置空气进入通道，就可以使舍内通风气流分布均匀。在通风换气量需要相对较少的地方，最常用的方法就是在外墙紧靠天花板下面保留一个开口或槽。进入的气流开始掠过天花板，带走水汽，然后随速度降低而逐渐沉降并与舍内空气混合。水汽和充满废气的空气被风扇排出舍外。

最近有一项新型的负压通风建筑设计，称为"隧道-通风型"建筑，这一隧道通风概念是专为炎热环境中动物密度高的建筑通风而设计的，其原理是提高蒸发和对流两个途径的热量散失。典型的应用例子是在一个很长的具有固定侧墙的长方形毛皮动物舍中，在一端安装一组抽风扇，进气槽则安装在另一端。应用中常可改变设计，如将固定的侧墙改成塑料垂帘，以便需要时能够打开让自然风进入。当必须机械通风时，将帘子关闭然后打开风扇。虽然机械通风耗电量高，但在许多情况下，确实可以使毛皮动物在极端酷热的条件达到通风的目的。

（四）减少毛皮动物养殖场臭味的营养措施

1. 提高毛皮动物对各种饲料营养物质的利用率 毛皮动物恶臭排泄物是日粮中营养物质吸收不完全造成的，应该在深入研究毛皮动物营养需要和饲料中各种营养物质生物利用率的基础上，给毛皮动物提供适量的最易被动物利用的饲料，最大限度地减少毛皮动物粪便的排泄量和有害气体的产生。因此凡是能提高日粮营养物质利用率的方法，都可以减少有害气体和恶臭气体的产生。据欧洲饲料添加剂基金会的研究显示，降低饲料中粗蛋白含量而添加合成氨基酸，可使氮的排出量减少 20%~50%。此外在毛皮动物仔兽日粮中加酶后 2 周，消化率提高，毛皮动物粪排出量下降 39%。研究还表明在饲料中加入有机酸如延胡索酸、柠檬酸、乳酸、丙酸等可提高胃蛋白酶的活性，减缓胃的排空，有利于营养物质的消化吸收，减少有害气体和粪便的排出。

2. 利用生物方法除臭 微生物制剂含有大量的益生菌群及活性酶，能提高饲料的生物利用率，增强胃肠道消化功能，促进了营养物质的吸收，减少了粪便及有害气体的排泄，另外有益微生物还可阻断粪便中吲哚与氨气的生成，降低了舍内有害气体的含量。由日本比嘉照夫研制的 EM 制剂，加入饲料中能促进毛皮动物的生长，提高其抗病能力，可明显降低粪的臭味，从而达到净化空气的目的。

EM 技术能有效地去除畜禽粪便的恶臭，总除氨率为 42.1%~69.7%，经 EM 处理的饲料，氨基酸总量提高 28%，EM 微生物在畜禽体内迅速生长，抑制有害微生物的生长和繁殖，使排出的粪便基本无恶臭气味，同时用一定浓度的该微生物溶液，对排出体外的粪便继续处理，实现体内外连续发酵，达到消除粪便恶臭的目的。另外由台湾研制的添加剂亚罗康活菌添加到饲料中喂毛皮动物，能将毛皮动物肠道中的硫化氢、氨气、甲烷等转化为可供毛皮动物体吸收的化合态氮和其他物质，从而明显降低了排泄物中的有毒物质和臭气，提高了饲料的转化率。试验证实，EM 制剂不仅能提高饲料转化率，而且还具有除臭效果，使毛皮动物舍内不良气味减小。在粪便流出或堆积的地方使用 EM 制剂，可进一步降低臭味，大幅度地减少蚊、蝇。

3. 抑制脲酶的活性　利用添加剂抑制脲酶的活性，使粪便中尿素不能分解成氨气，从而降低舍内空气中氨气的浓度，达到除臭的效果。在日粮中添加脲酶抑制剂可减少毛皮动物舍内氨气的 50%，硫化氢的 49%。丝兰提取物也是一种脲酶抑制剂，可使兽舍内氨的浓度降低 40% 以上。丝兰属植物中提取而成的天然产品有两个活性成分，一个可与氨气结合，另一个可与硫化氢、甲基吲哚等有毒害气体结合，且有控制毛皮动物排泄物恶臭的作用。其可减少粪中氨气量的 40%～60%，硫化氢减少 50% 左右。

4. 粪氨的转化和吸附　利用具有吸附能力的物质添加于饲料中或直接与粪便混合，来吸附胃肠道内或粪便中氨等有害气体，以达到除臭的效果。日本早在 20 世纪 60 年代就将沸石用于饲养场除臭。沸石本身多孔隙，形成了很大的内表面积，对氨、硫化氢、二氧化碳等极性分子吸附性很强，且吸附含氮物质后使氧氮分离，减少粪臭。在毛皮动物饲料中添加一定量的沸石可减少臭味 80%～90%，毛皮动物舍周围空气中氨的含量降低 23%。在日粮中按 3% 的比例加入麦饭石，消化道内容物中的氨及血氨显著降低，粪便也明显减少。另外与沸石有类似结构的膨润土、海泡石、蛭石、硅藻土等矿物质添加剂也具有同样的作用。

5. 抑制胃肠道有害细菌生长　毛皮动物胃肠道内的有害细菌可产生氨气等有害气体。因此，凡能抑制胃肠道有害细菌生长的物质都可降低粪便的臭味。有机酸可以降低胃肠道 pH，抑制有害微生物的生长。

如果没有微生物活动，氨气就不严重。降低粪便的 pH，以减少微生物的活动，就可以抑制氨气的产生。在饲料中按一定比例添加磷酸钙缓冲剂，可使氨气浓度大幅度降低。

6. 利用硫酸亚铁等除臭　将硫酸亚铁撒在粪便中，其遇水溶解呈酸性，抑制了粪便发酵分解，若与沸石、煤灰按 2∶1∶1 混合使用效果更好。过磷酸钙也可消除粪便中的氨。在粪便中加磷酸氢钙能有效控制舍内的氨浓度。

第三节　毛皮动物生态养殖场的资源化处理

一、毛皮动物粪尿作为肥料

自古以来我国农村就以畜禽粪尿用作农业生产的肥料，积累了成熟的积肥和制肥的方法。在没有化肥以前我国农村的肥料大部分是依靠人、畜禽和毛皮动物的粪尿。毛皮动物粪尿是很好的肥料，全氮含量及碳氮比均比其他畜禽粪都要好。有机肥的效用与无机肥相比肥效相对要慢一些，但是肥用价值比无机肥有很多的优点，这是公认的。

毛皮动物粪尿不能直接作为肥料施入田间，必须将毛皮动物粪发酵好以后才能使用。粪肥发酵的方法主要采用堆肥的方法。

20 世纪 30 年代，欧美等国家开始发展机械代替人工制造堆肥，并由平面发酵发展到立体发酵。一般来说，平面发酵法就能满足需要，如果毛皮动物粪尿的处理量很大，则要采用立体的机械生产方式。采用机械化生产方式一定要考虑生产效率和经济效益。

1. 堆肥发酵的基本原理　毛皮动物粪尿堆肥发酵基本是依赖微生物分解有机物的活动能力，使粪肥中的复杂有机物分解为简单的有机物和无机物，变为可直接使用的有机肥料。在适合微生物生存的温度和相对湿度以及 pH 的环境条件下，微生物在毛皮动物粪尿中开始大量繁殖生长，毛皮动物粪尿中的有机物开始分解和降解，生成腐殖质并使蛋白质氨化成为肥料。堆肥发酵有两种方式，一种是高温发酵，这是一种好氧的发酵过程，若不是急于用肥，一般不采用高温发酵方式。还有一种中低温的发酵方式，是一种好氧和厌氧的发酵方式，分为主发酵和次发酵两个步骤。主发酵是第一阶段，开始制作堆肥时由于原料中的水分大，因此要加入一些秸秆、青草等填料，搅拌后放入制肥机中或堆成堆，这时堆肥会很快升温，一般会达到 60℃左右，这个阶段毛皮动物粪尿中的寄生虫卵、细菌（如沙门氏菌、大肠杆菌、布鲁氏菌、绿脓杆菌、结核杆菌、葡萄球菌、霍乱杆菌）、病毒等都会死亡，其中有些 6 天内就会死亡，有些一个小时就会死亡。这个发酵过程是十分重要的。

当好氧发酵后，原料中的氧气逐渐消耗尽，就开始厌氧发酵，温度也降到 30℃左右，原料开始腐熟，并形成腐殖质及产生一些抗生素类的物质，到后期就会进行沼气的发酵。这个阶段需要 30 天左右，必须经过这个阶段才能用作肥料，称为熟粪。

2. 堆肥方法　堆肥一般有两种方法，一种为立体发酵法，一种为平面发酵法。立体的方法占地面积少，但要有较多的投资，要有一定的物力和消耗一定的能源。平面堆肥要有一定的土地，但投资不大。

（1）立体堆肥法　目前已有专门的工厂生产立体堆肥机，有立式的和卧式的两种。立式的分为 5 层或 8 层，原料运到顶层逐渐下落，这个过程也是一个腐熟的过程，肥料出来后再按不同的作物需要配合不同比例的化肥制成复合肥。

（2）平面堆肥法　这是最常用的方法。我国农村过去堆肥的方法很简单，就在农田边找一块平地，将粪肥堆起 2 米左右高，开始时要隔一两天翻一下，翻两次后就堆好等其腐熟。但粪肥数量多时必须有专门的堆肥场。

① 堆肥场的选择。一般要选在毛皮动物场或农村的下风处，周围不能有水源，堆肥场周围最好有绿化带。

② 堆肥场的设施。堆肥场要建水泥平台，便于操作及防止

毛皮动物粪尿发酵过程中产生的污水渗入地下或外流造成污染。水泥平台根据需要，分成几个区域，每个区域之间建有排水沟，沟端连接有集水池以收集污水。发酵好的毛皮动物粪尿最好是结合化肥制成复合肥施用。这种复合肥还可以制成花肥，也可分开按基肥和追肥再在农田中进行施用。目前农村中对动物粪尿的利用不太充分，实际是一种很大的浪费。对动物粪尿转化为肥料的工作，必须十分重视。如果毛皮动物粪尿全能作为肥料就不存在污染问题，还促进了农业的发展。发酵场要有主发酵场和后发酵场，主发酵场要设有塑料棚防雨。根据需要可设轧草机和小型拖拉机带搅拌装置。

③ 堆肥方法。粪尿进入主发酵场后，根据水分情况，均匀地拌入粉碎好的秸秆等填料。水分达到70%左右，将其堆成2米左右高度，堆中间竖放一通气筒，堆放3～10天（气温高时7天即可）。其间翻拌两次，堆温不可超过70℃。主发酵完成后就可将原料移到后发酵场，堆成2～3米高的堆，进行厌氧发酵。堆好后在外面用土封好，要防止雨水冲掉，一个月后就可根据农作物的需要将发酵好的肥料配以合适比例的化肥使用。若要出售则一定要将发酵好的肥料干燥后才能与化肥混合装袋，防止化肥受到影响。

二、以毛皮动物粪尿为原料，生产沼气作为可再生能源

用毛皮动物粪尿生产沼气，是毛皮动物废物资源化处理的最佳选择。以长江以南、北纬35°以南地区最为适合。海南、广东、广西、福建、湖南、湖北、四川、云南、贵州、陕南地区、江西、江苏、浙江、安徽以及河南等地区特别适合发展沼气利用。有些地区只要在冬季最冷时稍加保温措施，几乎全年都可以进行沼气发酵和利用。而这些地区基本上正是我国毛皮动物养殖最多、人口最密集的地区。利用毛皮动物粪尿生产沼气作为农村的能源加以利用，是毛皮动物粪尿最佳的资源化利用方式，也是

发展生态农业的重要环节。毛皮动物粪尿加上一些秸秆后，只是将原料中的碳转化成沼气，且最具肥料价值的氮和磷没有损失。通过厌氧发酵，还使一些好氧菌及寄生虫灭活。在沼气发酵前处理的酸化阶段，由于 pH 的降低，酸度增加也可起到灭菌作用。粪尿经沼气发酵后，其原有臭气转化为沼气及沼液的气味，使臭味极大减少。

沼气利用在我国已有百年历史，最早是 20 世纪初在广东某地区开始试验。以后在四川等地的农村陆续有所发展。20 世纪 80 年代后逐步在全国推行，特别是 20 世纪 80 年代初，我国农业部专门成立了全国沼气领导小组及成都沼气研究所，并于 1984 年专门编制了《农村家用水压式沼气池标准图集》，制定了国家标准（GB/T 4750—1984）。从行政组织、技术、国家标准等方面，在农村中大力推广沼气的利用。20 世纪 90 年代开始，随着规模化养殖毛皮动物的发展，沼气利用也日益向科学利用的道路发展。沼气不仅用于生活能源，并开始作为能源进行发电利用，使沼气利用进入更高的阶段。像深圳的毛皮动物场及广东的毛皮动物场，利用毛皮动物粪尿生产沼气，并以沼气发电已运转多年，解决了毛皮动物场电能的需要，至今仍运行正常。表明了毛皮动物场的粪尿利用的良好前景。

1. 沼气的成分 沼气是人们从沼泽地中发现的一种会燃烧的气体。实际上沼气是由多种气体组成的一种混合气体，主要成分是甲烷（是无臭、无毒、无色的气体），通常将其称为"瓦斯"。甲烷占沼气的 55%～70%，是主要的可燃气体，还有一氧化碳及氢气也是可燃的，但含量很少。沼气中的硫化氢是有害的，且有一种臭味，但含量也很少，平均占 0.013 4%。此外还有二氧化碳（占 30%～35%）、氧、氮、氨及重烃等。

2. 生产沼气的条件 在自然界产生沼气的地方很多，像有机物质含量高的死水池中，经常在天气比较热时会产生气泡。当气泡很多又没有风时可点燃，这就是产生的沼气。还有城市的阴沟井中也往往会产生沼气，所以人要下到这种阴沟时要特别注意，防止中毒。要使毛皮动物粪尿产生沼气，以毛皮动物粪尿为主要原料，经过沼气菌在一定温、湿度及厌氧条件下，经过细菌的发酵作用，分解原料中的有机物而形成甲烷为主的沼气，这必须要有以下几个条件。

（1）温度　沼气发酵一般在 8～70℃进行，但最适的发酵温度在 15～38℃。人们将 52～58℃时的发酵称为高温发酵，32～38℃的发酵为中温发酵，12～30℃的发酵为常温发酵，10℃以下为低温发酵。我国通常使用的是常温发酵。杭州以南地区的沼气池温全年基本都可达到发酵温度（除个别寒冬来临的数日温度低于 12℃）。随着纬度的北移，在冬季就要逐渐增加保温措施。高温发酵能增加产气量，但需要额外增加池体的温度而消耗热能，是得不偿失的。但是为了保温，除云南、贵州、广东、广西及福建外，沼气池以地下式的更利于保温。杭州、北京及成都等地不同月份的池温，成都和杭州地区地下式的沼气池在冬季最低在10℃左右，北京是 5℃左右，但夏季都在 25℃左右。

（2）原料　发酵原料是沼气发酵的物质基础，毛皮动物粪尿是生产沼气很好的原料，但沼气菌发酵时需要有恰当的碳和氮的比例，最佳的碳、氮配合比例是 25∶1，所以毛皮动物粪和尿同时作为原料时最好加入一些碎秸秆及青草混合后的投料，单纯毛皮动物粪尿可以单独也可混合一部分碎秸秆及青草投料。

（3）菌种　沼气发酵的菌种是由多种细菌所组成，在沼气发酵过程中，根据其所起的不同作用，一般分为 3 大类群：一类是产酸发酵细菌，一类是产氢产乙酸细菌，这两类也可统归为分解菌，还有一类为产甲烷杆菌，沼气细菌是甲烷杆菌属和甲烷链球菌，共 7 属 18 种。

（4）水分　沼气发酵需要的水分条件也很重要，沼气池中发酵物水分，冬季以 88％～90％为宜，夏季以 90％～94％为宜。

（5）厌氧及池体的密闭条件　沼气发酵必须保证厌氧条件，

因为沼气菌是厌氧菌，最怕氧气，在隔绝空气的条件下，才能有旺盛的生命活动而多产气。此外沼气池绝不能漏气、漏水，否则产的沼气会泄漏，不仅沼气产量减少，也会污染空气。

（6）酸碱度的控制 沼气在中性偏碱（pH 6.8~7.6）的环境下才能生存，因此沼气菌对 pH 环境要求是很严格的。有时发酵不正常，发酵池酸化使 pH 降至 6.5 以下后就不能产气，降到 pH 6.0 以下时，就要重新换原料后再启动。当沼气火苗发黄时，就要检查池液 pH，如果 pH 下降，则立即停止投料，适当投入污泥，逐渐就会恢复正常。pH 超过 8 时，则要加料，适当提高池温，促进发酵，只要管理适当，沼气生产技术是不复杂的。

（7）搅拌 搅拌目的有两个，一是在发酵过程中，沼气池中原料的微粒往往会产生浮渣，液面上形成一个浮渣层，这层浮渣封住了池子，沼气不易逸出。另外这层浮渣的原料中水分少，会严重影响消化及产气，所以在发酵过程中，每天要搅拌两次，每次 15~30 分钟，使水和料及沼气菌充分混合可多产气，产气量高达 30％左右，也可加速水的净化。在大型沼气池的设计中，除了利用沼气菌体形成的菌群起到过滤作用外，还在池的上部进一部分料液以冲碎在液面上可能结成的浮渣层，起到搅拌作用。

3. 沼气池 沼气池有卧式和立式两种，实践证明立式的沼气池效果比较好，但可能造价稍高一点。建池体的原材料也很多，有用钢筋混凝土的，有用砖砌的，有用铁制的（铁制的缸体不耐腐蚀），有用不锈钢制的，有用玻璃钢制的，还有最简单地用厚塑料膜制的（不经久耐用）。大型的以钢筋混凝土的最好，农村用砖砌即可。在广东省，小型的 8 米³ 以下的池，有用铸铁制的，四川省用玻璃钢制的效果都甚佳。总之要因地制宜，就地取材，尽量少投资，多产气，使污染物更快的消化，保护环境为宜，但必须注意不能漏气，冬季便于保温。

沼气池可分为农村适用型及大规模型。原理都相似，无论设计什么样的沼气池，都要请专业沼气技术指导机构进行设计指导。目前我国政府农业部门都设有专门机构推广沼气，也有专门的环保公司设计和建筑沼气池。大型厌氧池的厌氧发酵技术近20多年来有很大的进展，由常规的消化器，逐步发展到连续搅拌反应器（STR）、厌氧接触反应器（ACR）和厌氧滤器（AF），现在比较普遍使用上流式厌氧污泥床（UASB）。近年来又将UASB与AF结合起来，简称为UBF，即UASB+AF，称为上流式厌氧污泥床过滤器，并在此基础上又在池内对填料进行了改进，在结构上也稍有变化及改进，使消化效率有了很大提高，效果极为理想。大型厌氧发酵罐的原料在进入发酵罐前一般都要先进入消化池，主要是在消化池中先通过调节酸度并使长链碳分子分解为短链碳分子有机物，并调节pH使厌氧发酵效果得到提高。深圳毛皮动物场的污水处理系统都是采用消化池＋UASB＋AF，并有填料的发酵罐的处理系统，效果良好。目前两个地方的系统运行都已超过十多年，污水处理仅两天时间，化学需氧量（COD）及生物需氧量（BOD）的去除率都达80％左右。

4. 沼气的利用　　沼气除了作为农村的能源外，还有一个非常有价值的用途就是用于发电，将柴油发电机的柴油机动力改为沼气，由于沼气的燃烧值和柴油不同，因此将柴油机使用的柴油改为沼气，适当进行改造，其效益已被实践充分证明。以前的沼气发动机启动时要使用部分柴油，因此成本稍高一点。现在已经发明了一种不用柴油启动技术，则成本明显降低，但这项技术还需更多的实践观察。从厌氧沼气池生产的沼气中因含硫化氢，因此需要进行脱硫。脱硫技术并不复杂，在农村，只需要两个1升的饮料瓶，将底部剪掉对接在一起，中间用铁屑加上木屑按1∶1拌匀。再洒水湿化后，晒两天充分氧化，用前加0.5％的熟石灰，再加水使水分为30％～40％，pH为8～9，填满并在瓶口处接上管子，封闭好不漏气即可用。两天后把脱硫原料倒出将沼泥洗干净再晒干，如有稀氨水，洒一点再晒则较好，当颜色变黄时则可再用。这样反复使用两次再换原料，也可用厂家生产的脱硫剂或是一种俗称"黄土"的沼铁矿,效果都好。

沼气发电一定要注意在发电过程中停止发电机运转前,要将进入沼气发动机内的沼气用尽,否则沼气中残留的硫化氢会腐蚀发动机零件。目前正在研究利用沼气提取氢气作为燃料电池的原料,如果在生产上得到应用则其价值更高。沼气除可利用为能源外,还有以下几种用途:

(1)去硫化氢及水分的沼气可作为气调贮藏的储粮保鲜的气体。因为沼气中氧气极少,甲烷又无毒,并有大量二氧化碳,因此如有密闭条件,沼气是非常好的贮藏气体。

(2)毛皮动物养殖和塑料棚相结合,将毛皮动物舍及沼气池建在棚内,既有利于毛皮动物舍及沼气池的保温,产生的沼气也可在棚内作为热源,沼气燃烧后产生的二氧化碳,可作为大棚内蔬菜的二氧化碳来源。在采取这项措施时,要注意塑料大棚的二氧化碳需气量,333.3 米^{2}的塑料大棚的体积一般为 600 米^3。一天燃烧 $0.5\sim1$ 米^3 的沼气可使棚内二氧化碳浓度为$0.1\%\sim0.16\%$。此外,沼气一定要脱硫化氢,否则将十分有害。也要注意防止沼气的泄漏,否则沼气充满塑料棚将危及人的生命,因此塑料大棚的通气十分重要。

(3)沼液的利用 沼液含有丰富的氮、磷、钾等各种元素。沼液的肥效还是很好的,同时它又是一种厌氧发酵液,含有被微生物分解的各种肥料元素。由于这些元素又是被分解的各类小分子的有机元素,浓度不是太高,因此很容易被植物直接吸收,促进植物的生长。还有一点是厌氧发酵复杂过程,而使粪尿中一些物质经过厌氧菌的作用,产生了一些有机物,如氨基酸、生长素、赤霉素、纤维素酶、腐殖酸、B族维生素、某些元素和不饱和脂肪酸等。但有些物质究竟是什么组成目前并不清楚,因此只能统称其中某些物质为生物活性物质。这些物质对动植物生长和发育有很大的促进作用,因此可以再利用。

目前应用较多的是作物种子浸种、叶面喷洒施肥、蔬菜水培营养液的基肥。沼液还可以供畜禽饮用，养鱼、养黄鳝等。

（4）沼渣的利用　沼渣是极好的肥料，毛皮动物粪尿发酵后，除粪尿里的碳元素及硫转化为沼气外，其他元素如氮、磷、钾、铜、锌等基本上都留在沼渣及沼液内。而其中一些可溶性元素溶入沼液中外，不可溶性物质基本都留在沼渣中。由于经过厌氧发酵，一部分碳结合其他元素变成腐殖质，腐殖质对改良土壤极为有利。由此可知，沼渣的肥效比毛皮动物粪尿原料好。在农家的沼气制作中，原料不要单纯地用粪尿，应该加入秸秆或青草等，可以增加沼渣的量，可以调节氮碳比，有利于沼气的产量。

沼渣的肥用价值较高而且无恶臭，与化肥科学配合后，可以作为优质肥料培养蘑菇、养蚯蚓、作营养缸、花肥（无臭）、改造低产红土的花园、育稻秧、养地鳖、种特种作物如灵芝、芦荟、甘蔗等。

第八章

毛皮动物的疾病防治

第一节　毛皮动物生态养殖与疾病防治

一、毛皮动物生态养殖与防疫卫生

（一）卫生

1. 饲料卫生

（1）禁止从疫区采购饲料　有很多传染病是家畜和毛皮兽共患的疫病，如犬瘟热、狂犬病、伪狂犬病、鼻疽、炭疽、结核、巴氏杆菌病、肉毒梭菌病、布鲁氏菌病等。从疫区采购患病的肉类饲料会引起疫病暴发流行，造成不应有的经济损失。

（2）严格控制饲料霉败变质，做好库房和冷库的卫生工作　不能用不新鲜、变质的饲料喂兽，或经相应的无害处理后再用。经验证明，肉食毛皮兽吃了腐败变质饲料，轻者引起厌食、拒食、感染各种疾病，导致妊娠母兽胚胎吸收、死胎、烂胎、流产、难产、母仔同亡，仔兽发育不良，母兽缺奶等，重者造成大批死亡。所以管理好库房，经常通风防腐，注意灭鼠，是一项很重要的防疫卫生工作。

（3）清除有害物质　肉、鱼类饲料加工前要先清除杂质，如泥、沙、变质的脂肪和毒鱼等。然后用清水充分冲洗，方可进一步加工。

2. 饮水卫生　饮水要清洁，不污染。要管好水源和水具卫生。水源要严加管理，不要流入污水和有害物。水盒、槽要经常清污，定期消毒，防止霉菌和藻类滋生。

3. 笼舍卫生

（1）清理笼内污物　肉食毛皮兽多有藏食习惯，常将饲料叼入小室内存放。有些还有在小室内拉粪排尿的恶习。因此，应经常清除小室内蓄积的剩食和粪便，笼内每天要清除干净，严禁粪便贮留。

（2）管好垫草，注意卫生　垫草是用于防寒越冬，产仔保温之物。所用的垫草，必须柔软、干燥、不污染、不霉烂。否则，会造成不同程度的损失。某些貂场确有发生，如某貂场因垫草霉烂有异味，造成产仔母兽不要垫草，引起仔兽大批死亡；也有因垫草被犬瘟热病毒污染而引起犬瘟热暴发流行。所以垫草这一环节不容忽视。

（3）除粪、灭蝇　笼舍下面的粪便应天天清除，运出场外，并进行生物发酵，这是灭蝇、防病最有效的办法。把粪便堆集在一起进行生物热发酵，以杀死排泄物中的病原微生物和寄生虫卵，清除苍蝇繁殖的滋生地。

4. 饲料加工及喂饲用具卫生

（1）饲料加工室的卫生　饲料加工室的卫生防疫非常重要，因为动物性饲料是很好的细菌培养基，容易成为细菌的滋生地。饲料室的地面和墙壁最好用水泥抹制，以利冲洗和消毒。每次加工完饲料，必须认真彻底冲刷，切记要消灭死角。饲料室内，要防止有害、有毒物质的混入，严禁用有毒、有异味的药品消毒。

（2）饲料加工用具及喂食用具卫生　这些用具每天都和饲料接触，极易残留或附着有机质，造成微生物繁殖。所以每次用完都要彻底冲洗、刷净，并定期煮沸消毒。

食盆、食碗，每餐都要刷洗；平时每周定期煮沸消毒一次，如果发生疫情，应每天煮沸消毒。

（二）防疫

1. 消灭病源，切断传染途径

① 加强检疫。凡新引进的种兽，都应隔离饲养 2 周以上或经过必要的检疫，确认健康无病方可进场混群。各种饲料、物品，应从非疫区购入。

② 严禁其他动物进入养兽场或混养在一个场内，以防互相传染。

③ 养兽场的各出入口，应设消毒槽，以防带入传染性病菌和病毒。班组之间，各种用具，最好不串用，尤其是发生疫情时，更不允许串用，以防疫病传染扩散。

④ 死兽和剖检场地，要严格消毒。病死兽尸体经检查后要深埋一米以下或焚烧。剖检场和用具要彻底消毒，不得马虎从事。

2. 定期预防接种疫苗　定期用疫苗接种，增强特异性免疫力，是防治传染病的有效措施。如犬瘟热疫苗、病毒性肠炎疫苗的接种等。

3. 消毒　消毒是预防或扑灭传染病的重要措施之一。所以养兽场要经常进行预防性消毒，以控制传染病的发生和蔓延。

二、毛皮动物疾病防治的基本措施

（一）狐、貉、貂传染病的综合防治措施

传染病是由细菌、病毒、真菌及寄生虫引起的具有传染力的，对狐、貉、貂有很大危害的疫病。传染病的流行是由传染源、传播途径和易感动物三个环节相互联系而造成，采取适当的防疫措施来消除或切断造成流行的三个环节的相互联系，就会使

传染病不至于继续传播。

1. 控制传染病发生的三个主要环节

（1）消灭传染源

① 可疑动物的尸体、因传染病和不明原因死亡的毛皮兽、可能污染的饲料都必须进行检查，如果没有把握，应将死亡尸体严格处理。

② 可能污染的饲料必须经高温处理后喂给毛皮兽，否则不能使用。

③ 对死亡兽的笼舍应进行彻底消毒，发现有异常情况的毛皮兽应立即隔离观察治疗，并查明原因。

（2）切断传播途径

① 饲料和饮水应新鲜、安全。

② 对可能污染的肉类饲料需熟制，饲料盒和饮水盒应定期消毒。

③ 场内应积极灭鼠、灭蝇。

④ 为了预防饲养人员和外来人员带病菌进场，在饲养场门口应设消毒槽，进场人员应穿消毒工作服。

（3）保护易感动物

① 平时加强饲养管理，增加机体抵抗力。

② 易感动物接种疫苗。这个方法是预防传染病的有效措施，对狐、貉、貂危害较大的传染病应定期接种疫苗，可以增强易感动物的特异性免疫力。

2. 传染病的预防和扑灭　为了控制狐、貉、貂传染病的发生，促进产业健康发展，应搞好狐、貉、貂的卫生防疫工作。

（1）平时的预防措施

① 预防接种。预防接种是指在传染病还没有发生时，为了预防其发生而采取的计划性免疫接种。在大批预防接种前，要进行小群（10～30 只）试验性接种。观察 3～5 天，如无不良反应，可大批预防接种；如小群试验出现局部脓肿或患病和死亡

时，不能用这种（或批次）疫苗注射，应更换其他生物制剂（表8-1）。

表 8-1　毛皮动物免疫接种程序

疫苗种类	接种时间	剂　　量	接种方法
犬瘟热（鸡胚细胞弱毒疫苗）	种兽配种前1个月仔兽分窝后3周	水貂为1毫升狐、貉为3毫升	进行2次疫苗接种
病毒性肠炎（同源组织灭活接种苗和组织培养灭活苗）	种兽配种前1个月仔兽分窝后3周	水貂为1毫升狐、貉为3毫升	进行2次疫苗接种
传染性脑炎（甲醛灭活吸附疫苗）	种兽配种前1个月仔兽分窝后3周	狐接种1毫升	进行2次疫苗接种
阴道加德纳氏菌（铝胶灭活疫苗）	种兽配种前1个月仔兽分窝后3周	剂量为1毫升	进行2次疫苗接种

对疫区或受威胁地区的犬和野生动物应进行狂犬病疫苗预防接种，接种方法按使用说明书进行。

② 药物预防。药物预防是指利用特定的药物，预防动物群体特定传染病的发生与流行的一种非特异性方法。实践表明，有些毛皮兽传染病至今尚无有效的疫苗用于免疫预防，有些疫苗的免疫效果仍不理想，而使用一些高效的抗菌药则可预防某些特定传染病和寄生虫病的发生与流行，还可获得增重和增产的效果。在使用药物添加剂作为动物群体预防时，应严格掌握药物剂量、使用时间和方法，以免产生耐药性。

③ 一般性动物防疫措施。

a. 毛皮兽饲养场禁止外人进场参观。特殊情况，必须进场时，应经兽医人员同意，并经卫生消毒后方可进场。

b. 饲养人员工作结束后，工作服应进行消毒后再用，不允许穿工作服出场或不穿工作服进场，以防把病原带进场或带出场外。

c. 在饲养场门口要设消毒槽，消毒药物用氢氧化钠或克辽林等，供工作人员及其他人员进入时消毒。有条件的饲养场还应在门口建筑大型消毒槽，以便运输车辆的消毒。

d. 棚舍内应每周清扫粪便 2～3 次，笼舍及小箱室每天打扫 1 次，食具要每天清洗 1 次，每 3～5 天消毒 1 次。地面要铺垫石灰、锯末或沙子等。

e. 死亡动物剖检必须在指定场所进行。

f. 对诊断出传染病的可疑动物被隔离后，不应再归回原动物群内。

g. 加强饲料加工室的卫生，每天加工饲料后应以 5% 的热碳酸氢钠水溶液对机械器具进行消毒。对饲料应进行严格检查，肉类饲料应区分是否新鲜，腐败严重的饲料应废弃不用；患有寄生虫病和死于传染病的动物肉类，不准饲喂毛皮兽。

h. 毛皮兽饲养场要尽量做到自繁自养，防止把传染病引进场内。必须引入时，应在隔离舍、笼观察 30 天以上，确诊无任何疫病后再放入动物群内饲养。

i. 对调入和调出的毛皮兽，必须放到检疫隔离室内进行为期 30 天左右的观察，无病者方可入场或出售。

（2）传染病发生时的应急措施

① 隔离。当动物发生疫病时，根据诊断、检疫结果分为患病群、疑似感染群和假定健康群三类。并分别进行隔离饲养观察，以便于就地控制传染源扩散。对患病动物可应用清热解毒中药、抗生素和结合临床症状进行治疗。

② 封锁。当发生烈性、传播迅速、危害严重的传染病（如炭疽病、犬瘟热等）时，为将疫情控制在最小范围内，应划定疫区，采取封锁措施，以保证疫区以外受威胁地区的动物不被侵袭。然后针对传染源、传播途径和易感动物 3 个环节采取相应的措施，可取得良好的效果。在封锁解除后，因为有些疫病的带毒期较长，易于扩散传染（如细小病毒病），一些处于康复期的毛皮兽不许外运或出售。

③ 紧急接种。为了迅速控制和扑灭疫病，对疫区和受威胁地区的未发病动物群进行的一种免疫接种，称为紧急接种。从理论上讲，紧急接种应先使用免疫血清，在 1~2 周后再注射疫苗。但在实践中免疫血清供应较困难，所以，对受威胁地区的动物常直接注射疫苗，而对疫区未发病动物在一定条件下可以使用疫苗直接免疫。

④ 消毒。消毒是消除或杀灭传染源排放于外环境中病原体的一种措施，是切断传染病传播途径、阻止疫病蔓延流行的重要手段。笼舍、垫草和用具等，置于太阳光下照射可杀灭病原体，如结核杆菌经 3~5 小时日光照射即被杀灭。笼舍、金属器具、尸体等可用喷灯进行火焰消毒，此法简便，消毒彻底。对玻璃器皿和金属工具于干燥箱保持 160℃、2 小时可杀死病原体。工作服可用水加入 1％碳酸钠或 0.5％碳酸钾进行煮沸消毒。

（3）杀虫和灭鼠。蚊、蝇、蜱等节肢动物和鼠类动物均是毛皮兽多种疫病和人兽共患疾病的传染媒介或自然宿主，所以，杀虫和灭鼠是毛皮兽饲养场防止多种疫病发生的重要手段。

① 杀虫。利用化学药物杀虫效果十分明显，但也应重视其污染等副作用，以免引起毛皮兽中毒。

② 灭鼠。鼠类不仅损坏物品、污染饲料、啃咬新生仔兽，而且传播土拉菌病、布鲁氏菌病、钩端螺旋体病等多种传染病，是重要的传播媒介和自然宿主，因此，灭鼠是疫病防治措施中的重要内容。

（4）尸体处理

① 解剖尸体时需注意的问题。

a. 动物死亡后，应立即取出死亡尸体，对其笼舍、地面进行彻底消毒。

b. 死亡尸体不能在场内随意解剖，应该在特定的兽医室或户外进行。在户外解剖时，应先挖 1 米深的坑，解剖后立即深埋处理。

c. 解剖尸体的用具必须彻底消毒，解剖前，应将尸体水浸消毒，以防被毛脱落飞扬，导致传染。

d. 对怀疑有烈性传染病的动物尸体应严禁解剖，特别是动物尸体口鼻出血，尸僵不全者。如果怀疑是能产生芽孢的细菌导致的传染病，如炭疽病，尸体应该焚烧，而不能进行解剖。

e. 对于广大农村和个体饲养者来说，尸体解剖不能看出什么可题，最好将尸体包好送往当地兽医站或有关部门解剖确诊。

f. 对解剖后的尸体严禁食用，也不能作为毛皮兽的饲料。

② 尸体的处理方法。

a. 化制。即用化制设备将尸体高温处理。

b. 深埋。将尸体埋在距场区、居民区和水源较远的偏僻地带，坑深 2 米以上。

c. 腐尸。将尸体投入密闭的生物发酵坑内，使其彻底腐败。

d. 焚烧。饲养场应建焚烧炉，对患传染病的动物应投入焚烧炉内焚烧。

（二）狐、貉、貂饲养场的消毒措施

消毒是饲养场重要且必需的环节，消毒方法的正确与否是预防和控制饲养场疫病暴发的重要措施之一，也是饲养场高效发展的重要保证。

1. 消毒方法

（1）物理消毒法　包括刷洗、清扫、日晒、干燥、高温等。

（2）生物消毒法　主要是对粪便污水和其他废物等进行发酵处理。在动物饲养场内，大多用此法进行粪便消毒。

（3）化学消毒法　用化学药剂对污染场地、工具、笼舍和工作间等进行喷洒、浸泡、喷雾、熏蒸等的消毒方法。

2. 化学消毒剂的选择

（1）选择消毒剂遵循的原则

① 应选择高效、低毒、无腐蚀性、无特殊气味和颜色，且不对设备、物料、产品产生污染和腐蚀的消毒剂。

② 应选择易溶或混溶于水、与其他消毒剂无配伍禁忌的消毒剂。

③ 应选择长效、稳定、易贮存的消毒剂。

④ 应选择价格便宜的消毒剂。

（2）常用消毒剂的种类

① 碱类。主要包括氢氧化钠、生石灰等，一般具有较好消毒效果，适用于潮湿和阳光照不到的环境，也用于排水沟和粪尿沟的消毒，但有一定的刺激性及腐蚀性，价格较低。

② 氧化剂类。主要有双氧水（过氧化氢）、高锰酸钾等。

③ 卤素类。主要有氟化钠、漂白粉、碘酊、氯胺等，对真菌及芽孢有强大的杀菌力。

④ 醇类。75％乙醇常用于皮肤、工具、设备、容器的消毒。

⑤ 酚类。有苯酚、鱼石脂、甲酚等，消毒能力较强，但具有一定的毒性、腐蚀性，污染环境，价格也较高。

⑥ 醛。甲醛、戊二醛、环氧乙烷等，可消毒排泄物、金属器械，也可用于笼舍的熏蒸，可杀菌并使毒素作用下降。具有刺激性、毒性，长期使用会致癌。

⑦ 表面活性剂。常用的有新洁尔灭、消毒净、度米芬等，一般适于皮肤、黏膜、手术器械和污染的工作服的消毒。

3. 狐、貉、貂饲养场的消毒

（1）平时的消毒措施

① 狐、貉、貂饲养场的出入门，应设消毒槽。

② 新引进狐、貉、貂应隔离饲养2周以上，无病方可进入饲养场内。

③ 每2～3天清除1次粪便，笼舍和小室每天清扫1次。要定时、定量饲喂品质优良的饲料，不能喂腐败变质的饲料，不能饮给污水，每天清洗1次水盒和食盒。

④ 春秋两季要各做1次彻底消毒工作，每周至少要对周围环境消毒1次。

（2）排泄物的消毒及污染场所的处理

① 粪便。应经物理、化学以及生物等方法进行无害化处理。生物学消毒是粪便最好的消毒法，应在距饲养场 100～200 米的地方设一贮粪池，将粪便堆积起来，上面覆盖 10 厘米厚的沙土，堆放发酵 30 天左右，即可用作肥料。

② 死于传染病动物尸体的处理。

a. 深埋。应选择地势高、水位低，远离居民区、动物场、水源和道路的僻静地方，挖一适当的坑，坑底撒布生石灰，放入尸体，再撒一层生石灰，然后填土掩埋，经 3～5 个月的生物发酵，即可达到无害化处理的目的。

b. 焚烧。挖一适当大小的坑，内堆放干柴，尸体放入木柴上，倒上煤油点燃焚烧，直至尸体烧成黑炭为止，并将其掩埋在坑内。

4. 消毒剂的使用注意事项

① 将需要消毒的环境或物品清理干净，去掉灰尘和覆盖物，有利于消毒剂发挥作用。料盆、饮水槽等器具应每天清洗 1 次，每周消毒 1 次，受污染时随时消毒。

② 饲养场应多备几种消毒剂，定期交替使用，以免产生耐药性。

③ 消毒药不能随意混合使用，酚类、醛类、氯制剂等不宜与碱性消毒剂混合使用；阳离子表面活性剂（新洁尔灭等）不宜与阴离子表面活性剂（肥皂等）混合使用。

④ 及时选用和更换最佳的消毒新产品，以达最佳的消毒效果。

5. 几种常用消毒药

① 漂白粉。漂白粉广泛应用于栏舍、地面、粪池、排泄物、车辆、饮水等的消毒；饮水消毒可在 1 000 千克河水或井水中加 6～10 克漂白粉，10～30 分钟即可饮用；地面和路面可先撒干粉后再洒水；粪便和污水可按 1∶5 的用量，一边搅拌，一边加入

漂白粉。

②　石灰乳剂。干粉用于通道口的消毒，乳剂用于地面、垃圾的消毒，浓度为20％，每平方米面积约需2 000毫升。因其不稳定，应现用现配，用于涂刷墙体、栏舍、地面等；或直接把石灰加到要消毒的液体中，或撒在阴湿地面、粪池周围及污水沟等处消毒。

③　苛性钠（氢氧化钠）。除了金属笼具以外，均可用其3％～5％的热水溶液进行消毒。1～2小时后，用清水冲洗干净。如果再加入5％的食盐，可增加对病毒和炭疽芽孢的杀伤力。

④　来苏儿（煤酚皂溶液）。常用其2％～3％的水溶液对地面、排泄物、器械及手进行消毒。对结核杆菌杀伤力强，但对病毒和真菌的消毒效果不佳。貂对酚类敏感，故应慎用。

⑤　高锰酸钾。用于皮肤创伤及腔道炎症，也用于有机毒物中毒，腔道冲洗及洗胃可用0.05％～0.1％溶液，创伤冲洗用0.1％～0.2％溶液。

⑥　福尔马林（甲醛溶液）。常用1％～2％的福尔马林水溶液对笼舍、工具和排泄物进行消毒，其5％～10％的溶液可以固定保存动物标本。

⑦　碳酸钠。可对饲料加工机具、水食具及窝箱进行消毒，其消毒效果随温度高低而不同，2％溶液62℃、5分钟能杀死结核杆菌，5％溶液80℃、10分钟能杀死炭疽芽孢。

⑧　雷佛奴耳（利凡诺）。主要能杀灭化脓性球菌，对组织无刺激性，常用其2％～3％的水溶液做外伤消毒。

⑨　双氧水。常用3％水溶液对深部脓腔消毒。

⑩　碘酊。1％～2％的碘酊常用作皮肤消毒。

第二节　毛皮动物疾病的基本诊断方法

视诊、问诊、叩诊、听诊和嗅诊是临床上常用的基本方法，各自有其独特的诊断意义，不能相互代替。应用时要特别注意机体与各个器官的联系，以及机体与外界环境条件的联系。只有将各种方法所获得的结果综合起来进行研究和分析，最后才能做出正确的诊断。

一、视　　诊

视诊是用肉眼或借助器械去观察病兽的精神状态、食欲变化、粪便性质以及发病部位的性质和程度的检查方法。由于一般毛皮兽驯养历史较短，野性较强，胆小怕惊，不易接近，所以视诊在临床实践中具有特殊的重要意义。

1. 肉眼视诊　在散射的日光或有足够强度的人工白光下进行，并保持安静的环境条件。视诊时可把被检查的毛皮兽放入笼子或小室内，最好是结合饲喂时进行。诊断者必须熟悉各种毛皮兽的生理状态和解剖特点。一个有经验的兽医工作者，常常可以通过发现细微的变化而确立诊断。视诊的技术并不复杂，先对病兽整个机体（精神、体况和营养等）进行全面的观察，进而转入各部位的视诊，如头部、颈部、胸部、腹部及四肢等，以发现异常变化。

2. 器械视诊　就是使用某种专门器械去观察病兽的病理变化。这是检查自然孔道如口腔、鼻腔、生殖道和直肠内部变化不可缺少的诊断方法。如视诊口腔，可额带反光镜或用手电筒；直肠或生殖道视诊，可用直肠镜或生殖道。诊断必须在良好的保定条件下进行。

二、问　　诊

在检查病兽之前或检验的过程中，向有关饲养管理人员了解病兽就诊前的各种情况作为诊断开端，称之为问诊。笼养的毛皮兽是在局限的环境中生活的，饲养人员对兽群非常熟悉，他们有许多丰富的饲养管理知识和诊治病兽的经验，通过调查了解情况，对诊断和治疗疾病是很有帮助的。

询问病史是问诊的主要内容，可以为检查者提供重要的线索，使临床检查有所侧重。在询问病史时，要注意态度和蔼、诚恳，有虚心向别人学习的精神。询问时要善于诱导，全面了解。对所调查到的情况，应去伪存真，结合症状检查结果进行综合分析，切忌主观片面，凭主诉材料下结论，而忽视了客观的检查。

询问病史，大体包括以下几个方面：

1. 兽群的来源和进入本场的时间　这对估计病历的可靠性和对病历的评价都是很有帮助的。如调查出毛皮兽的饲养场有慢性传染病（如结核病、布鲁氏菌病等），进场时又未严格检疫和隔离观察，则很可能将该病带入。

2. 病兽的饲养管理情况　可以说明病兽所处的外界条件对机体的影响，对诊断疾病有很大帮助。要全面了解动物性饲料如肉、鱼、农畜副产品，植物性饲料如玉米、小麦和麸皮等，多汁饲料如白菜、胡萝卜等，矿物质如骨粉、贝壳粉等和维生素类饲料如麦芽、酵母等的来源和质量。大多数疾病都和饲料有关。如长期饲喂贮藏过久的或冷冻不当而变质的高脂肪类动物性饲料，加之维生素 E 和维生素 B 补给不足，就会发生黄脂肪病。不清洁的饮水导致球虫或绦虫等寄生虫病。北方饲养场，早春小室内垫草过早撤除会引起仔兽呼吸系统疾病如感冒或肺炎。笼子和小室的结构不当会造成外伤和脓肿。

3. 发病时间、症状及死亡情况　根据发病的时间可以了解疾病的经过和推断预后。借助典型症状，可以判断疾病的性质和部位。了解死亡情况，可以初步估计疾病的性质和种类。如发病急，死亡率高，很可能是急性传染病如巴氏杆菌病或炭疽病等，出现大批拒食、腹泻、血便等典型症状，可初步判断为出血性肠炎。

4. 病后的治疗情况及效果　既可以帮助临床兽医制订治疗方案，合理选择药物，也有助于分析病情。如果抗生素和磺胺药物治疗效果明显，很可能是细菌性传染病。

5. **病史及流行情况** 这对疾病的诊断很有价值。如在毛皮兽饲养场附近地区有鸡霍乱流行，而饲养场内的毛皮兽又出现急性败血性死亡，判断很可能为巴氏杆菌病；如周围有犬出现急性结膜炎、鼻炎和肺炎而大批死亡，而饲养场内的毛皮兽也有类似症状而死亡时，则应怀疑有犬瘟热病发生。

三、触　诊

就是用手指、手掌及拳头，直接触摸患病组织和器官，通过感觉检查疾病。如检查患部温度、硬度、内容物的性状及有无疼痛和肿胀等。触诊可以确定视诊所发现的征象的性质，补充视诊不能察觉的变化。

根据检查所用的方法和部位的不同，可分为体表触诊和深部触诊。

1. **体表触诊** 又称浅部触诊，在毛皮兽的临床检查中最为常用。触诊时，五指并拢，放在被检部位上，先在患部周围轻轻滑动，逐渐接触患部，随后再加大压力。触诊时要手脑并用，边摸边加以分析。触诊应用比较广泛，毛皮兽体表的温度、局部的炎症、肿胀的性质、心脏的搏动，以及肌肉、肌腱、骨骼和关节的异常等，都可以通过触诊来检查。

2. **深部触诊** 用以检查内脏器官，如毛皮兽的胃肠、膀胱等，以确定其内脏器官的位置、大小、形状、硬度、灵活性及感觉等，方法基本与体表触诊相同，如尿结石症病可以在下腹部摸到膀胱增大。

四、叩　诊

叩诊就是敲打患兽体表，根据发出的叩诊音，判断被敲打部位内容物的性质，用以推断内部病理变化的一种方法。

1. **叩诊方法** 可以分为手指叩诊和器械叩诊两种。由于毛皮兽体型小，毛绒丰厚，所以机械叩诊不常使用，以手指叩诊为主。该法是将左手的中、食指作为诊板紧贴于被检部位，右手的中指或食指弯曲作为叩诊锤，或直接用手指在被检部位叩打。

2. 叩诊音

（1）清音　叩诊健康毛皮兽的胸部时，可闻持续高朗、宏大而清晰的声音，称为清音。这是肺部充满气体时叩诊而发出的声音。

（2）浊音　叩诊不含空气的器官时，可闻短、弱而钝浊的音调，称为浊音。如叩诊大叶性肺炎干变期毛皮兽的肺脏胸壁，即发出浊音。

（3）鼓音　叩诊四壁光滑的大空腔时，可闻高朗并似鼓响的声音，称为鼓音。如毛皮兽胃臌胀时，叩诊即可发出鼓音。

五、听　　诊

就是用听觉器官听取病兽内脏器官活动发出的声响，借以诊断内脏疾病的方法。可分为直接听诊和间接听诊两种。

1. 直接听诊　用耳朵直接贴在毛皮兽体壁上进行的听诊称为直接听诊。通常较为少用。其方法是先将一块听诊布放于要听诊的部位上，然后再用耳听诊。但要保定确实，以免伤害诊者。

2. 间接听诊　利用听诊器进行的听诊称为间接听诊。一般对肺脏、心脏和胃肠道检查时利用此种方法。听诊时一定要保持安静，将听诊器贴紧兽体，细致辨别被毛的摩擦声和肌肉的震颤音，否则会影响判定结果。大叶性肺炎可在不同阶段听到湿性或干性啰音。肠炎时可听到高亢的流水音。

六、嗅　　诊

是利用嗅觉器官嗅闻排泄物、分泌物、呼出气体及口腔的气味，从而判断疾病性质的一种检查方法，在毛皮兽疾病的诊断上具有一定价值。如犬瘟热病兽发生浆液性和化脓性结膜炎或鼻炎时，均具有特殊的恶臭味。

七、特殊诊断

包括胃探子插入法、导尿管插入法、穿刺法、X光透视和摄影、心电图描记和超声波诊断等。

第三节　毛皮动物疾病的治疗方法

治疗毛皮动物疾病的方法很多，凡是应用各种药物，物理因素（温、热、水、光和电等），针灸，饮食及化学和生物制剂等，使病兽由病理状态转为正常的任何一种手段、措施和方法，都称为治疗方法。一般常用的有药物疗法、食饵疗法和特异性疗法。

一、药物疗法

药物疗法同样是加强动物机体的抵抗力以提高其防御机能，协助机体与病原进行斗争，促进病兽迅速恢复健康的一种手段。所以说我们治疗的不只是疾病，而是病兽整个机体。应用药物疗法时，决不能离开病兽机体去单纯考虑药物的作用。同时，必须掌握病兽各方面的情况，及时给予正确诊断。要充分了解各种药物的性质、用量及使用方法，药物治疗必须在加强饲养管理的基础上，才能使病兽迅速恢复健康。

由于应用药物的目的和方法不同，而有病因疗法、病原疗法、对症疗法和药物预防方法之分。

1. *病因疗法*　以提高机体反应性及防御机能，使整个机体活动和代谢恢复正常的治疗方法，称为病因疗法。例如，为提高机体的兴奋性常用咖啡因，反之则常用溴剂；为减轻肝脏负担，增强营养，提高解毒功能，常用葡萄糖；为减轻疼痛及其引起的不良刺激，常用普鲁卡因等，均属病因疗法。

2. 病原疗法　针对引起疾病的原因用药，以保持机体防御机能与病原进行斗争的治疗方法，称为病原疗法。例如，当毛皮兽胃扩张时，针对致病的不同病原，常采用多种药物，均属病原疗法。但抗生素与磺胺也属于特异性疗法。

3. 对症疗法　又称症状疗法。是根据病理过程中所出现的某些症状来应用药物或其他治疗方法，以影响一定的病理现象，帮助机体恢复正常。例如，心脏衰弱时用强心剂；气管或支气管有渗出物时用祛痰剂；长期下泻不止时用收敛剂等。

4. 药物预防　为防止某种疾病发生，平时喂给毛皮兽一些相应的药物，这种方法称为药物预防。例如，母兽妊娠期给予含维生素丰富的饲料和维生素制剂，防止仔兽佝偻病和维生素缺乏症；仔兽断乳期给予抗生素饲料以预防肠炎等。必须强调指出，单纯依靠药物预防往往是不易奏效的，还要更好地结合饲养管理，不断提高机体抵抗能力，才能达到预期的目的。

二、食饵疗法

食饵疗法又称为饮食疗法（包括饥饿疗法）。就是在疾病过程中适当选择某些饲料，或避免某些饲料，或适当绝食。加强饲养管理，以满足病兽特殊的营养需要和良好的养病条件，促进病兽痊愈。例如，毛皮兽消化不良和肠炎时，可先行减食或绝食，然后逐步给予新鲜易消化的饲料（鲜肉、鱼、肝脏等）；当发生维生素 E 缺乏症时，除药物治疗外，适当增加麦芽喂量；胃肠手术后，应给予流食如牛乳等。食饵疗法在毛皮兽饲养业中占有极其重要的地位。由于毛皮兽野性强，在一般情况下，不宜捕捉进行其他治疗，采用食饵疗法常能收到满意效果。为提高其疗效，必须掌握下述原则。

① 尽量满足病兽所需的营养物质，为此必须给予多样化、适口性强、新鲜和易消化的饲料，如鲜牛肉、鲜肝、鲜蛋和鲜牛乳等。

② 应用食饵疗法时，一定要定时、定量，掌握少量多次的

原则，绝不能一次喂量过多，增加消化负担，应根据疾病具体情况灵活运用。

③ 必须严格限制或禁止投给对病兽患病器官有机械性或化学性刺激，加重患病器官负担的饲料。如患肾病时，在饲料中应降低蛋白质的供给量；患肝脏病时，则应在饲料中降低脂肪含量；患胃肠病时，不给粗硬难消化吸收的饲料。

④ 根据疾病性质和病兽的具体情况，可采取饥饿疗法。如发生胃肠炎或食物中毒时，多采用绝食疗法；消化不良或慢性胃肠炎时，常采用半绝食疗法。绝食时间长短根据病情而异，对绝食时间较长的病兽应给予葡萄糖、复方氯化钠或标准体液溶液等，以维持其生命活动。

⑤ 在食饵疗法时，不仅要考虑饲料的种类和质量，还应注意饮水和矿物质饲料的品质。如患肾病发生水肿时，要限制饮水，不给食盐；在发生高热时，则应给予足量的饮水；当患佝偻病和骨质软化病时，在饲料中应给予足量的磷酸氢钙、骨粉、鱼粉及维生素 D 等，同时要使病兽多接触日光照射，此外还应注意磷、钙的比例。

⑥ 在采用食饵疗法的同时，必须把加强饲养管理和改善病兽卫生条件结合起来。给病兽创造安静的环境，使其能得到充分的休息，尽快恢复健康。

三、特异疗法

针对病原体应用具有抑制作用或造成不良条件甚至杀死病原体的物质进行治疗，称为特异性疗法，在毛皮兽兽医临床中广为应用。根据用药目的和使用方法、药物等不同，特异性疗法可大体区分为中药疗法、抗生素疗法、磺胺类药物疗法、免疫血清疗法、疫苗疗法、类毒素和抗毒素疗法等。

1. 中药疗法　中药是中兽医防治毛皮兽疾病的主要武器，包括植物药、动物药和矿物药，尤以植物药为主。我国植物药不但产区广、产量大、品种多，而且在防治疾病中有确切疗效。由于天然生长，自然的选择与淘汰，使中药的毒性和副作用一般都比较小，它们的组成多是有机物如蛋白质、氨基酸、生物碱和鞣酸等。与机体自身结构相似，可通过机体与自然环境进行的物质、能量和信息交换的自然过程，发挥其治疗作用，很少干扰机体正常生理过程。中药的成分大多比较复杂，治疗作用多种多样，往往一方面能消除致病因素，另一方面又积极增强机体抗病能力。不少药物可以随着剂量的轻重、炮制方法的差异和配伍的不同，而出现不同的效应。如大黄生用泻下力强，酒制泻下力较弱，活血作用较好，大黄炭多用于出血症；麻黄配桂枝能发汗解表，配石膏、杏仁能清肺平喘，配白术有利水作用。中药的临床应用严格遵循中兽医理论和治疗法则，依据君、臣、佐、使的配伍原则，采用复方形式。能产生单味中药所没有，同时也不是多味中药功效简单相加的整体功效，运用得法，潜力很大。这些都是中药疗法的优势所在。

2. **抗生素疗法** 利用霉菌所产生的物质制成抗生素治疗疾病的方法，称为抗生素疗法，如青霉素、链霉素等。抗生素作用机理的研究还不十分充分，一般认为抗生素能破坏细菌的酶系统，使细菌代谢机能紊乱，特别是氨基酸代谢。例如，青霉素可使葡萄球菌丧失利用谷氨酸的特性。临床上常用青霉素治疗革兰氏阳性菌病；应用链霉素治疗革兰氏阴性菌病。但抗生素的特异性没有免疫血清那样严格，有些抗生素抗菌谱很广。

为提高抗生素的疗效，在应用中必须掌握如下原则：

①不是由微生物引起的疾病不能用抗生素。一般轻病例也不要随意选用抗生素，因为多次使用抗生素微生物容易产生抗药性。但一时弄不清而又怀疑是传染病时，为了诊断目的也可应用抗生素治疗。

②根据致病微生物的不同，选用适当抗生素，不能盲目使用。如细菌性肠炎，多由革兰氏阴性菌引起，常选用氨基糖苷类

抗生素与半合成青霉素或第二、第三代头孢菌素。

③ 为保证达到抑菌或消灭细菌的目的，必须按时使用抗生素，以保持其在病兽血液中的足够浓度。例如，青霉素粉剂，每天注射2～3次，第1次用量可稍大些，以后用维持量，连续用到病愈后第2天为止。否则使细菌产生抗药性而达不到治愈的目的。

④ 抗生素是由霉菌产生的物质，不能用蒸馏水稀释，更不能用酒精溶解。平时不能保存在温度过高的地方，否则容易失效。也不能用磺胺类药物溶解使用。因为强酸强碱都能破坏抗生素而降低药效。

⑤ 虽然抗生素的有效剂量和中毒剂量之间距离较大，但也不应随意加大用药剂量。否则，在某些情况下也能发生中毒现象和其他副作用。

⑥ 临床实践证明，对较严重的疾病采取几种抗生素联合疗法，效果较好。因不同抗生素能影响不同类别的物质代谢，从而达到消灭细菌的目的，如青霉素和链霉素常联合使用。由于有的抗生素在联合使用时对毛皮兽会产生不良后果，有的则容易产生抗药性，所以不能随意联合使用。

3. **磺胺类药物疗法** 磺胺类药物是一种化学物质，在兽医临床上具有重要地位，对某些疾病如肺炎、肺坏疽、肠道性疾病、肾炎及尿路感染等均有较好疗效。特别与抗生素联合使用，疗效更为显著。在使用磺胺类药物时应注意以下几点。

① 为获得良好效果，必须尽早用药并保证有足够的药量。因为只有在患兽体内达到足够的浓度时才能奏效，否则不但不能消灭细菌，反而会使细菌产生抗药性。所以口服第1次用量应加倍，以后改为维持量，每4～6小时服1次。注射时1日2次（早晚各1次），可连用3～10天，一般7天为一疗程。一直用到临床症状消失或体温下降至常温后2～3天停药。

② 磺胺类药物具有蓄积作用，长期使用易引起中毒，特别是磺胺噻唑。中毒的表现是结膜炎、皮炎、白细胞减少、肾结石

和消化不良等。因此，用药期间要注意观察毛皮兽的食欲、粪便和排尿情况。必要时做血常规检查，发现有上述可疑现象要及时停药，改用其他抗生素。为减少刺激和尿路结石，常与等量碳酸氢钠配合使用。对肝、肾疾病则禁止使用。

③ 磺胺类药物不得与硫化物、普鲁卡因及乙酰苯胺同时使用。长期用药时，应补充维生素制剂，尤其是抗坏血酸。

④ 静脉注射磺胺类药物时，注射前对药液必须加温（大约与体温相同），注射速度要缓慢，否则容易引起休克而死亡。尤其对老弱病兽更应特别注意。一经发现有休克症状，应立即皮下或静脉注射肾上腺素溶液抢救。

4. 血清疗法 利用某些细菌或病毒免疫动物所制得的高度免疫血清，来治疗某些疾病的方法称为血清疗法。这种疗法具有高度的特异性，相应的抗血清只能治疗相应的疾病，如用犬瘟热病毒制备的免疫血清，只能用来治疗毛皮兽的犬瘟热；炭疽免疫血清，只能治疗炭疽病；巴氏杆菌免疫血清，只能治疗巴氏杆菌病。免疫血清不仅有治疗作用，还具有短期的预防作用。应用时要先做小群试验，避免产生不良后果。

5. 类毒素和抗毒素疗法

（1）类毒素疗法 某些细菌能产生毒素而致病，把这些毒素经过处理使其失去毒性，但仍保持其抗原性，用来预防和治疗相应的疾病。如肉毒梭菌可以在肉类饲料上产生一种毒素，饲喂被其污染的饲料，就可以使毛皮兽发生中毒，但可应用肉毒梭菌类毒素治疗该病。

（2）抗毒素疗法 抗毒素是利用类毒素免疫动物所获得的高免血清。利用这种高免血清可以治疗某些疾病。如破伤风抗毒素，可治疗破伤风病。

6. 疫苗疗法 是利用某些微生物制成死菌（毒）或活菌（毒）弱毒疫苗，用以使毛皮兽达到预防和治疗相应疾病的目的。

疫苗疗法对毛皮兽是十分重要的。因为多数毛皮兽价值昂贵，而且是大群密集笼舍饲养，常因发生传染病和肉毒中毒等造成严重的经济损失。所以必须积极开展多种疫苗注射工作，确保毛皮兽饲养业健康发展。

四、给药方法

给药方法和途径的正确与否，直接影响药物的作用和治疗效果。为使药物在毛皮兽体内充分发挥疗效，可采用不同方法和途径把药物送到兽体内。根据药物的性质、作用和治疗目的，毛皮兽常用的给药方法有如下几种。

1. 口服给药法 这是毛皮兽广为采用的一种方法。特别是对胃肠疾病更为适用，药物不仅吸收后起作用，还可以直接在局部发挥作用。一般采用自食、舐食和胃管投药法，很少应用灌服法。

(1) 自食法 当患兽尚有较好食欲，而且所服药物又无特殊异味时，为减少捕捉上的麻烦，可采用此法。在喂食前将药制成粉末混于适量适口性强的饲料中，让其自食。在大群投药时要特别注意把药物和饲料混匀，防止采食不均造成的药物中毒。最好每只毛皮兽单独喂给。

(2) 舐食法 当患兽食欲欠佳，而且药物异味较大不宜自食时，可将药物制成细末，混合以矫味剂（肉汤、牛奶、白糖或蜂蜜），放进乳钵内加水调和或放在调药板上制成糊状，用木棒或镊柄涂于患兽舌根或口腔上腭部，使其自行舐食。

(3) 胃管投药法 当患兽拒食时，而且水药剂量又太多，病兽又需要饮水的情况下，采用胃管投药法。由于毛皮兽体形较小，不能像家畜那样用胃管直接由鼻孔插入胃内投药，常以带孔的木棒让患兽咬住，用胃管（人用导尿管）通过小孔由口腔经食管插入胃内，另一端接上装好药液的注射器，经检查，胃管确实插入胃内无误即可将药液缓缓注入胃内。

2. 皮下注射法 对无刺激性的药物或需要药物被快速吸收

时，可采用皮下注射法。注射部位可选择皮肤疏松、皮下组织丰富而又无大血管处为宜。一般常在患兽肩胛、腹侧或后腿内侧。注射部位用酒精球消毒，用左手拇指和食指将皮肤捏起，使之生成皱襞，右手持注射器，在皱襞底部稍斜向把针头刺入皮肤与肌肉间，将药液推入。注射完毕，拔出针头立即用酒精棉球揉擦，使药液散开。在毛皮兽补液时多用此法。

3. **肌内注射法** 肌肉组织较皮下吸收力稍弱。凡是吸收缓慢，或一切不适宜皮下注射的有刺激性药物，均为可采用肌内注射。毛皮兽要选择肌肉丰满的后肢内侧、颈部或臀部。注射部位用酒精棉球消毒，以左手食指与拇指压住注射部位肌肉，右手持注射器稍直而迅速进针。此法在狐狸中最为常用。

4. **静脉注射法** 若注射药液刺激性太大，或需使药液迅速奏效时，可采用静脉注射。银黑狐、北极狐由后肢隐静脉注射。体形较大的狐可直接在后肢隐静脉部剪毛、消毒，以左手拇指固定隐静脉，使其静脉怒张，右手持注射器，将针头斜刺入皮肤和静脉，回血后方可注射。必要时可将后肢隐静脉部皮肤切开，使隐静脉暴露于外面，再行注射。静脉注射一定要严格消毒，并防止药液遗漏在血管外和注入气泡。

5. **直肠灌注法** 即将药液通过肛门直接注放入于直肠内，常用于毛皮兽麻醉、补液和缓泻。大多应用导尿管，连接大的玻璃注射器作为灌肠用具。先将肛门及其周围用温肥皂水洗净，待肛门松弛时，将导管插入，药液放注射器内推入。以营养为目的时，灌注量不宜过大，而且药液温度应接近体温，否则容易排出。以下泻为目的，则剂量可适当加大。

第四节　毛皮动物的细菌性传染病

一、李氏杆菌病

李氏杆菌病主要以败血病经过，并伴有内脏器官和中枢神经系统病变为特征的急性细菌性传染病，常给毛皮动物养殖带来很大的经济损失。

【流行病学】李氏杆菌病记载于多种家畜（猪、绵羊、马、牛）和家禽（鸡、鸭和鹅）中。在毛皮兽中以银黑狐、北极狐、兔、水貂、毛丝鼠和海狸鼠易感，特别是幼龄毛皮兽最易感。在实验动物中以豚鼠、大鼠和小鼠易感。但对鸽子无致病性。

主要传染源是病兽。通过污染的饲料和饮水，乃至直接饲喂患李氏杆菌病家畜和家禽的肉类饲料（副产品），都能使毛皮兽感染发病。另外，在毛皮兽饲养场大量栖居的啮齿类和禽类，在李氏杆菌病的传染上也有很大的危险性。

传染途径是经饲料或饮水由口腔进入机体。维生素缺乏病、蠕虫病和其他疾病致使机体虚弱，以及饲养管理不当，都是发病的诱因。李氏杆菌病没有明显的季节性，但常见于春夏季。

【临床症状】北极狐李氏杆菌病，在幼兽表现沉郁与兴奋交替进行，部分或完全拒食。兴奋时发现共济失调，后躯摇摆和后肢不全麻痹。咬肌、颈部及枕部肌肉震颤，呈痉挛性收缩，颈部弯曲，有时向前伸展或向一侧或向后仰头。部分出现转圈运动，此时病兽碰撞周围的物体。采食饲料时出现颈、颌的痉挛性运动，从口中流出黏稠的液体。常出现结膜炎、角膜炎、下痢和呕吐。在粪便中发现淡灰色黏液或血液。成年兽除上述症状外，还发现有咳嗽、呼吸困难并呈腹式呼吸。仔兽从出现临床症状起7～28天死亡。

银黑狐李氏杆菌病的成年兽和仔兽表现为全身虚弱，常隐藏于笼子内，后躯摇摆，病初食欲下降，以后缺乏。出现结膜炎、鼻炎、下痢。粪便中含有黏液和血丝。肺可听到湿性啰音，病程长达3～4天。

妊娠母水貂的李氏杆菌病。病貂突然拒食，出现运动共济障碍。常躲于小室内不出来，经6～10小时死亡。

【病理解剖变化】死于李氏杆菌病的毛皮兽，剖检时发现化脓性卡他性肺炎、急性卡他性胃肠炎，罕见出血性胃肠炎。脾脏增大，切面多汁。肾脏有特定的斑块状或点状出血。在膀胱黏膜上也发现有出血点。剖检死亡的北极狐时，发现心肌呈淡灰色，心外膜下有出血点。在心包内发现带有纤维素凝块的淡黄色液体。甲状腺增大，呈黑色，有出血。肺瘀血性充血，有时呈卡他性支气管肺炎的症状。脾脏增大、有梗塞，在被膜下有出血。肝脏呈土黄色、充血。胃黏膜有卡他性炎症，在膀胱黏膜上有出血点。脑内血管充血，脑实质软化和水肿。在硬脑膜下有点状出血。剖检海狸鼠发现心肌增大，脾增大1.5倍，在被膜下有灰白色坏死灶。肝增大，呈暗红色。水貂死后剖检，于心外膜下面发现出血点。肝脏变性，颜色为土黄色或暗红色，被膜下有点状或斑状出血。脾脏增大3～5倍，有出血斑点，肠有卡他性炎症，脑实质软化和水肿。

【诊断】根据流行病学、临床症状、病理解剖变化和细菌学检查诊断。要注意与毛皮兽巴氏杆菌病和脑脊髓炎及犬瘟热相鉴别。

【治疗】狐狸李氏杆菌病的治疗缺乏研究。水貂可在改善饲料的基础上用阿莫西林粉（每千克体重20毫克）混于饲料中，每天饲喂3次，可取得较好的治疗效果。青霉素也能有效地控制毛丝鼠的李氏杆菌病。

中药防治：

处方：柴胡150克，金银花150克，菊花150克，茵陈100克，黄芩100克，茯苓100克，远志100克，生地100克，木通100克，车前草100克，琥珀15克。

用法用量：1克中药加2毫升水，水煎成1毫升药液，供20～50只幼狐一天服用（饮水、灌服皆可），每天1次，连用3～5天。

功效：清热解毒，利水渗湿。

【防治措施】隔离所有病兽，对其污染的笼子用0.05％癸甲溴铵溶液或来苏儿、2.5％氢氧化钠或福尔马林溶液消毒。清洗土地表面，用漂白粉溶液消毒。防止啮齿类和野禽进入兽场。

为预防本病，对羊、猪副产品用前要进行细菌学检查。发现李氏杆菌病的动物产品不能喂毛皮兽。可疑饲料要煮熟后饲喂。

二、巴氏杆菌病

巴氏杆菌病又称出血性败血症，是由多杀性巴氏杆菌引起的多种毛皮兽（水貂、银黑狐、紫貂、海狸鼠、兔和毛丝鼠等）急性败血性传染病。以败血和内脏器官出血为主要特征。常呈地方性流行，给毛皮兽饲养业带来很大的经济损失。

【流行病学】水貂、紫貂、海狸鼠、银黑狐、兔和毛丝鼠等对巴氏杆菌易感。虽然各种年龄的毛皮兽均可感染本病，但以幼龄最为易感。实验动物以小鼠和鸡易感。

本病的主要传染源是饲喂患有巴氏杆菌病的家畜、家禽和兔肉及其副产品。尤其是以禽类屠宰的废弃物喂毛皮兽最为危险。被巴氏杆菌污染的其他各种饲料及饮水亦能引起本病的流行。带菌的禽类进入兽场常常是传染本病的重要原因。因此，毛皮动物饲养场养禽是不符合兽医卫生要求的。

毛皮兽通过消化道、呼吸道以及损伤的皮肤和黏膜而感染。如由饲料经消化道感染时，则本病突然发生，并很快波及大量毛皮兽。如经呼吸道或损伤的皮肤与黏膜感染时，则常呈散发流行。

本病在毛皮兽中没有明显的季节性。以春、夏和秋季多发，冬季少见。促使本病发生和发展的因素很多，凡是引起机体抵抗力下降的因素都是发病的诱因。如长期缺乏全价饲料，动物卫生条件不好，兽医卫生制度不健全，各种维生素缺乏等都会促使本病的流行。另外，长途运输和天气骤变也会使机体抵抗力降低，促进本病的发生和发展。

【临床症状】本病多呈急性经过，一般病程为12小时到2～

3 天，个别有达 5～6 天者。死亡率为 30%～90%，死亡率高低与防治措施是否及时和正确有密切关系。如果能及早发现确诊并采取有效的防治措施，可大大降低死亡率。本病流行初期死亡率不大，经 4～5 天后显著增加。超急性经过的病例临床上往往见不到任何症状而突然死亡。

银黑狐突然发病，伴随有食欲缺乏，精神沉郁，步态摇摆，有时呕吐。发现病兽下泻，在粪便内带有血液和黏膜。可视黏膜青紫，迅速消瘦，体重减轻，当神经系统遭到侵害时，伴发有痉挛和高度收缩的咀嚼运动。常在神经症状发作后死亡。还发现有心悸和呼吸加快。体温波动于 40.8～41.5℃。

水貂患巴氏杆菌病则表现突然拒食，出现渴欲增高，呼吸困难和频数，心跳加快。个别病例在头部和颈部出现水肿。常从鼻孔中流出黏液性无色或略带红色的分泌物，体温达 41～41.5℃，濒死期体温下降至 35～36℃。如通过饲料经消化道感染者，主要表现是下痢，粪便呈灰绿色液状，常混有血液和未消化的饲料。渴欲显著增加，黏膜贫血，病貂消瘦，常在痉挛性发作后死亡。

【病理解剖变化】出血性素质是本病解剖变化的主要特征，胸腔器官变化尤为明显。在肋膜、心肌、心内膜上有大小不同的出血点。肺呈暗红色，有大小不等的点状或弥散性出血斑。肺门淋巴结肿大，有针尖大的出血点。气管黏膜充血，有条状出血。胸腔有浆液性或浆液纤维素性渗出物。水貂及银黑狐发现甲状腺增大、水肿和表面点状出血。

肝脏增大，呈不均匀紫红色或淡黄色，切面外翻多汁。脾脏肿大，肾脏充血，皮质带有点状出血，常见于银黑狐。海狸鼠肾上腺增大，呈暗红色，切面多汁。银黑狐和水貂淋巴结肿大、充血，切面多汁。胃黏膜有点状或带状出血，有时出现溃疡。小肠黏膜有卡他性或出血性炎症，在肠管内，特别是水貂常混有血液及大量的黏液。常发现黏膜充血。银黑狐中有时发现显著黄疸。

海狸鼠患急性巴氏杆菌病时，常伴发有皮下组织胶样浸润，呈淡灰黄色。本病慢性经过的病例，内脏器官常发现不同程度的坏死区。

组织学变化的特征是各个器官显著充血和渗出性出血。慢性病例可见内脏器官出现坏死性和颗粒脂肪变性现象。

【诊断】根据流行病学特点，结合临床症状和病理解剖变化，只能作为预先诊断的指征，还不能最后确诊。因为毛皮兽许多疾病和巴氏杆菌病有类似症状。确定诊断必须进行细菌学检查。

做细菌学检查时，必须采取濒死期或新死的毛皮兽心脏血液、肝、脾制成涂片，用亚甲基蓝或革兰氏染色。如发现有两极浓染的革兰氏阴性球杆菌，即可初步确诊。但由于巴氏杆菌多为条件性细菌，正常动物体内多有巴氏杆菌存在，因此只发现巴氏杆菌还不能定为巴氏杆菌病，还必须进行动物实验。可将上述病料制成 10 倍稀释乳剂，给小鼠或健康家兔接种，如 18～24 小时接种动物发病死亡，并从实验动物内脏器官分离到巴氏杆菌，方能最后确诊。

【鉴别诊断】毛皮兽巴氏杆菌病与副伤寒、犬瘟热、阿氏病和肉毒中毒在某些方面相类似。但仔细分析和检查也并不难区别。

副伤寒，主要发生在仔兽，常在皮下及骨骼肌上发生显著黄疸。

犬瘟热，为高度接触性传染病，有典型浆液性化脓性结膜炎，侵害神经系统伴有麻痹和不全麻痹，水貂常发生脚掌肿胀。

阿氏病，在银黑狐中有典型头部搔伤，病兽啃咬笼网，有呕吐和流涎。水貂眼裂收缩，用前脚掌摩擦头部皮肤。用病兽脏器悬液接种家兔，经 5 天出现特征性搔伤而死亡。

肉毒中毒，病初 1～2 天发生大批死亡。内脏器官缺乏出血性变化。特征是肌肉松弛，瞳孔散大。在肉类饲料及死亡的狐狸内脏器官中可以发现肉毒杆菌毒素。

【治疗】首先要改善饲养管理，从日粮中排除可疑饲料。投给新鲜易消化的饲料，如鲜肝、乳和蛋等，以提高机体抵抗力。

特异性治疗是注射抗毛皮兽巴氏杆菌病高度免疫的单价或多价血清。成年银黑狐皮下注射血清量为20～30毫升；1～3月龄幼兽为10～15毫升。成年水貂和紫貂为10～15毫升；4月幼龄兽为5～10毫升。

早期应用抗生素和磺胺类药物具有很好的效果。阿莫西林粉，每千克体重20毫克，每天1次，连用3～5天；或氟苯尼考粉，每千克体重25毫克，每天2次，连用3～5天；或恩诺沙星粉，每千克体重15毫克，每天2次，连用5～7天；或速诺，每20千克体重1毫升，皮下或肌内注射，每天1次，连用3～5天；或拜有利，每20千克体重1毫升，皮下或肌内注射，每天1次，连用3天。

中药防治：

处方1：鱼腥草10克，金银花10克，菊花3克，栀子3克，大青叶5克。

用法用量：1克中药加2毫升水，水煎成1毫升药液，取药液灌服，每千克体重0.5毫升，每天1次，连用5天。

功效：清热解毒。

处方2：金银花、连翘、牛蒡子、蒲公英、黄芩等量。

用法用量：1克中药加2毫升水，水煎成1毫升药液，取药液灌服，每千克体重0.3毫升，每天3次，连用7天。

处方3：荆芥、防风、羌活、柴胡、独活等量。

用法用量：以上中药粉碎，每只10克混饲于饲料饲喂，每天1次，连用5～7天。

【防治措施】为预防本病的发生，在毛皮兽饲养场应严格检查饲料，特别是禽类副产品。发现巴氏杆菌污染的饲料坚决除去，对可疑饲料一定要煮熟后饲喂。同时应建立健全兽医卫生制度，定期消毒，严防猪、鸡进入兽场。

在毛皮兽饲养场周围的畜禽有巴氏杆菌病流行时，要对所有毛皮兽应进行特异性预防接种。实践证明，用抗肉毒中毒和巴氏杆菌联合疫苗接种具有良好的效果，毛皮兽每只肌内注射量为1.5毫升，幼兽在40～50日龄接种，免疫期为4～5个月。国内缺乏这方面的研究，可试用抗巴氏杆菌病疫苗接种。

当可疑巴氏杆菌病发生时，应及时对所有毛皮兽进行抗毛皮兽巴氏杆菌病血清注射，预防量比治疗量少一半。

本病发生后要彻底清除病源，除去可疑肉类饲料，换以新鲜饲料。对病兽和可疑病兽应立即隔离治疗。被污染的笼子和用具要严格消毒。病兽尸体及粪便应进行烧毁或深埋处理。

三、兔 热 病

兔热病，又称土拉伦斯病，是由土拉伦斯杆菌引起啮齿类毛皮兽、家畜、禽类和人的一种传染病。以淋巴结肿大、内脏实质器官肉芽肿和坏死为特征。

【流行病学】多种哺乳动物（40种以上）及禽类均易感兔热病。大约有60种以上节肢动物昆虫能保存并携带土拉伦斯菌传递给动物和人，最易感的动物为啮齿类动物。毛皮兽以水貂、银黑狐对本病易感。实验动物以小鼠和豚鼠最易感。

病兽和带菌动物是本病传染的来源。病兽通过排泄物将病原体排出体外，污染饮水、饲料和垫草，可以把疾病传给健康动物。吸血昆虫在传播本病上具有十分重要的作用。另外，可能随同患土拉伦斯病动物（家兔、野兔及其他）的肉传给毛皮兽。同时，也不可忽视鼠类在传染上的作用，曾发现毛皮兽垫草堆内有死于土拉伦斯病的鼠类，而引起毛皮兽的兔热病。

本病一年四季均可发生，以夏秋季多见。特别是秋季随着天气转冷，野鼠从野外迁徙到动物和人的住所附近，易造成传染的机会。

本病感染途径可能是多种多样的，任何同病原体的接触都可能感染该病。除了通过饲料和饮水经消化道感染外，吸血昆虫的刺螫及接触均能引起感染。

【临床症状】病的潜伏期为2～3天。疾病可分为急性、亚急性和慢性经过。

急性经过的病兽表现沉郁、拒食，不愿活动，被毛蓬松，步态摇摆。体温不高，特别在死前不久时，体温急剧下降。

当疾病呈亚急性和慢性经过时，除上述临床症状外，病兽皮肤出现溃疡病变，高度消瘦。黏液性化脓性结膜炎，淋巴结（咽后、肩前及其他）增大为本病的特征。有时化脓并向外排出脓块。

该病急性经过为4～5天，慢性经过为60～78天，死亡率为90%。

【病理解剖变化】亚急性和慢性经过的病例，在病理解剖上有显著的特征。营养不良、消瘦，眼、鼻和口腔黏膜苍白，带有微青色。皮下组织瘀血性充血，伴有胶样浸润，呈柠檬黄色。

在皮肤侵入部位发生坏死和溃疡，上面覆盖以淡灰黄色薄膜，其边缘隆起、肿胀和充血。

最特征性的变化是淋巴结（鼠蹊淋巴结型）及内脏器官（泛发型）病变。常两型混合发生，即干酪样淋巴结炎和内脏器官干酪样坏死灶。

对尸体进行外检时，要注意浅在淋巴结（颌下、咽后、肩前及肩下、颈等）的变化，一般增大10～15倍。皮下可摸到圆形、有弹性、轮廓显著的硬固物，在个别的地方软化。患病淋巴结部位的皮肤可以移动，其被膜肥厚几倍，无光泽，贯穿以淡灰白色小坏死灶。淋巴结表面微隆起，带有突出的软化区。切面见实质正常结构消失，充满黄色小腔洞，慢性经过病例在其内可以见到各种走向的硬固半透明的结缔组织索条。

继发性感染土拉伦斯病时常表现患部淋巴结化脓。该部皮肤及皮下组织潮红。在淋巴结本身形成瘘管与皮肤表面连通，形成干酪样坏死区。脓呈黄白色，酸奶油状，无气味，瘘管内表面粗糙、潮红。

内脏淋巴结发生明显变化，特别是肺和肠系膜淋巴结。肠系膜根部淋巴结管如蜿蜒的白色细绳，直径达 4 毫米，充满凝固物。

肋膜及腹膜常显著增厚，弥漫性潮红、粗糙，覆盖以米糠样薄膜并贯穿以刚能看得见的白色病灶或大量黏液病灶（纤维素性及纤维化脓性胸膜炎）。在胸腔和腹腔内发现有大量混浊、白色、带有纤维素絮片的渗出物。上述变化不仅位于壁层，往往也位于肺、心、腹腔器官的脏层。

土拉伦斯病的坏死病灶常发生在富有网状内皮器官，尤其是肺、脾，很少发现于肝。坏死灶呈灰白色，直径 5～10 毫米，自包膜下突出，有明显的轮廓，带有弯曲的边缘，突出于浆膜下面。肺坏死灶以圆圈形充血与周围组织分界处。呈脂状特性。除上述病理变化外，实质器官常见有营养障碍的过程和瘀血性充血。

肺呈暗红色，充血，切面流出暗樱桃红色血液，有时发现肺部瘀血性水肿。在这种情况下，压迫时从支气管排出血样泡沫液体。

心肌松弛，无光泽。在心外膜和心内膜见有无数点状和带状出血。

肝显著增大，肝表面和切面常有形形色色的"肉豆蔻"纹理。小叶中心充血呈红褐色，周围由于脂肪过多染成黄土色。

脾脏增大 2～3 倍，呈捻粉状，带有暗红蓝色。在肾内发现瘀血和充血现象及营养障碍。其他器官未见明显的变化。

土拉伦斯病的组织学检查，发现坏死灶中心有大量崩解细胞核（核碎裂）被染成浅蓝色。沿干酪化周围排列有上皮样细胞、浆细胞和淋巴样细胞。在增生细胞中间常见到崩解的中性细胞。

在淋巴结内，尤其是侵入部位的淋巴结内有比较陈旧的病变。淋巴结固有组织消失。由强有力的透明粗纤维结缔组织所组成，中间排列许多密聚的坏死灶。陈旧病变内发现营养障碍的坏死和钙化。

【诊断】根据临床症状、流行病学特点和比较典型的淋巴结肿大，以及内脏实质器官坏死性肉芽肿，可提供初步的诊断。最后确诊还需要进行微生物学诊断。

进行细菌学检查时，从淋巴结和病变内脏器官采取样本，直接培养于凝固卵黄培养基和胱氨酸葡萄糖血液琼脂，以分离纯培养，予以鉴定。最好将被检材料接种于小鼠或豚鼠皮下或腹腔，一般在2～15天死亡，再进行分离纯培养。在培养同时做成涂片，以革兰氏或姬姆萨染色，进行镜检。

血清学检查是采用人和家畜普通凝集方法进行的，这种方法在毛皮兽兔热病诊断上同样具有实践价值。

【治疗】对毛皮兽兔热病应进行对症治疗。当心血管系统破坏时，给予强心剂（樟脑油、咖啡因）。也可用胰岛素葡萄糖疗法。施行外科手术切除炎性淋巴肿块，除去患病的淋巴结，也可获得良好的效果。抗生素可用阿莫西林粉，每千克体重20毫克，每天1次，连用3～5天；或氟苯尼考粉，每千克体重25毫克，每天2次，连用3～5天；或恩诺沙星粉，每千克体重15毫克，每天2次，连用5～7天；或速诺，每20千克体重1毫升，皮下或肌内注射，每天1次，连用3～5天；或拜有利，每20千克体重1毫升，皮下或肌内注射，每天1次，连用3天。

中药防治：

处方1：龙胆草（酒炒）45克，黄芩（炒）30克，栀子（酒炒）30克，泽泻30克，木通30克，车前子20克，当归（酒炒）25克，柴胡30克，甘草15克，生地（酒洗）45克。

用法用量：1克中药加2毫升水，水煎成1毫升药液，取药液灌服，每千克体重1毫升，每天1次，连用7天。

处方2：石膏（先煎）120克，知母30克，水牛角60克

（锉细末冲服），生地 30 克，丹皮 20 克，玄参 25 克，赤芍 25 克，黄连 20 克，栀子 30 克，黄芩 25 克，连翘 30 克，桔梗 25 克，竹叶 25 克，甘草 15 克。

用法用量：1 克中药加 2 毫升水，水煎成 1 毫升药液，取药液灌服，每千克体重 1 毫升，每天 1 次，连用 7 天。

【防治措施】 为预防本病侵入毛皮兽饲养场，必须对饲料和饮水进行严格的兽医卫生监督，患兔热病动物内脏和副产品不许作为毛皮兽的饲料。在兔热病污染地区，屠宰作为饲料用的家畜（牛和马），应预先做兔热病血清学检查。因大牲畜患兔热病常为隐性经过，不易被察觉，必须用凝集反应才能发现。

定期灭鼠和扑灭昆虫，在预防传染上具有重要价值。进场毛皮兽应隔离检查 20 天方可混群饲养。

发现有兔热病时，应及时作出诊断。消灭传染源。实行综合卫生防治措施，隔离病兽和可疑病兽；进行灭鼠和扑灭昆虫，特别是防止螫刺昆虫；死亡及打死的啮齿类动物尸体应收集烧毁或深埋。因为本病也能感染人。因此，工作人员要采取防护措施，必须戴手套捕捉病兽和处理死亡动物，手发生损伤时立即用碘酊消毒并尽快进行医治。

四、炭 疽 病

炭疽病是由炭疽杆菌引起的毛皮兽的急性、热性、败血性传染病。以脾脏急性肿大、皮下和浆膜下结缔组织浆液性出血性浸润为主要特征。

【流行病学】 在自然条件下，水貂、紫貂、兔和海狸鼠易感；银黑狐和北极狐易感；貉对炭疽杆菌较有抵抗力。

毛皮兽因吞食患炭疽病死亡的动物性饲料而感染。骨粉及其他饲料被炭疽芽孢污染也是发生传染的原因，通过损伤的皮肤也可感染。吸血昆虫（蚊、跳蚤、牛虻等）以及炭疽病动物尸体接触的野禽（乌鸦、喜鹊等），有时也可能成为传染的媒介。在吸血昆虫叮咬毛皮兽或野禽采食剩食时，可将炭疽病带入饲养场。

本病没有季节性，一年四季均可发生，以夏季仔兽中多见。如随肉类饲料侵入时，可在短时期内传染很多毛皮兽，在2～3天内发生大批死亡，以后死亡率下降。如果不采取扑灭措施，可长时期在兽场传播，造成重大经济损失。

【临床症状】毛皮兽炭疽病的潜伏期很短，一般为10～12小时，个别病例为1～3天。

毛皮兽中银黑狐、北极狐的病程比较长，一般为1～2天。主要表现咽喉部浮肿，由颈部向头、四肢和躯干扩延。几乎全部死亡，罕有康复的病例。

【病理解剖变化】对死于炭疽病的毛皮兽不得随意剖检，否则易引起扩散，造成人、畜及毛皮兽大批死亡，引起更严重的后果。在万不得已的情况下，为确诊必须剖检时，方能进行剖检。剖检时要在特定的环境下，严格做好防护及各种消毒措施，不得散播传染及感染人。

死于炭疽的毛皮兽，一般营养状态良好，尸僵不全。在口腔、鼻孔和肛门处有血样泡沫流出，可视黏膜蓝紫，尸体常发生膨胀。在头、咽喉、颈及腹下、皮下组织胶样浸润。浮肿有时扩延于肌肉深层。咽后淋巴结肿胀充血，咽喉部肿胀多见于银黑狐和北极狐。

胃黏膜发现出血性溃疡。肠黏膜肿胀，个别地方充血，被覆以暗红色黏液。独立滤泡和淋巴结增大明显。肠系膜血管充盈，淋巴结肿大，切面有点状出血。

肝脏充血肿大，切面流暗红色血液。脾脏显著肿大（5～10倍），呈暗红色，髓质软化，呈稀粥状，用刀易于刮去。肾脏增大，被膜易剥离，切面髓质充血。肾上腺增大，膀胱黏膜充血，伴有出血，尿呈淡红色。

肺水肿，表面呈暗红色，有出血斑块，气管和支气管有血样泡沫。心肌松弛，心室内有不凝固的血液，在心外膜及心包上有点状出血。

【诊断】根据临床症状和病理剖检，可以做出初步的诊断。最后确诊还必须采取病理材料送实验室做细菌学和血清学检查。可采取新鲜尸体材料（心脏、脾脏和肝脏等）放封闭试管内送检。也可采取濒死期病兽血液制成涂片或放入消毒试管内封闭后送检。严格执行防护措施，防止散播传染。

当被检查材料腐败及对皮张检查时，不能进行细菌学检查，可用沉淀反应法检查（其法可见血清学检查）。

【鉴别诊断】毛皮兽炭疽病与副伤寒类似。但副伤寒主要发生于2月龄的仔兽，而且在任何情况下都没有咽喉和头颈部浮肿。病程长达5～10天。尸僵完全，血液凝固，根据细菌学可最后诊断。

【治疗】可应用抗炭疽血清进行特异性治疗。病兽皮下注射抗血清，成年兽20～30毫升，幼兽10～15毫升。预防注射的血清量可减半。

中药防治：

处方1：水牛角粉50克（冲服），生石膏60克，生地3克，丹皮10克，赤芍10克，黄连10克，黄芩10克，栀子10克，银花20克，连翘15克，知母10克，甘草5克，生大黄10克（后下），安宫牛黄丸一粒（吞服）。

用法用量：1克中药加2毫升水，水煎成1毫升药液，取药液灌服，每千克体重0.3毫升，每天4次，连用7天。

处方2：清解散：生石膏60克，藤黄10克，雄黄10克，青黛10克，生大黄10克，黄连10克，生黄柏10克，六神丸40粒。

用法用量：共研细末，浓茶水适量调药涂抹患肢肿胀部位，一日数次，以保持局部表皮湿润为度。

处方3：消黄散：知母、黄药子、白药子、黄芩、川芎、郁金、天花粉各5克，栀子、贝母、连翘、金银花、芒硝各20克，黄连、甘草各 15 克。

用法用量：共研细末，加 2 倍量开水冲。加鸡蛋清 4 个调和灌服，每千克体重 2 克，每天 1 次，连用 7 天。

处方 4：大黄、天花粉、川椒各 20 克，白及、白芷、白蔹、雄黄、姜黄各 10 克。

用法用量：共研细末，等量米醋调覆于炭疽痈处，每天两次，连用 5 天。

处方 5：野菊花 20 克，金银花 25 克，大黄 20 克，甘草 10 克，白酒 50 毫升。

用法用量：1 克中药加 2 毫升水，水煎成 1 毫升药液，取药液灌服，每千克体重 1 毫升，每天 1 次，连用 7 天。

处方 6：黄芩、黄连、栀子、木通各 12 克，连翘、双花、车前草、大黄各 16 克，芒硝 3 克，甘草 9 克。

用法用量：1 克中药加 2 毫升水，水煎成 1 毫升药液，取药液灌服，每千克体重 1 毫升，每天 1 次，连用 7 天。

【防治措施】 建立合理的兽医卫生措施，严格检查进入的肉类饲料，特别是被迫屠宰的家畜，是预防传染的重要措施。

当有炭疽病流行时（毛皮兽饲养场周围），除进行一般防治措施外，要对毛皮兽进行抗炭疽血清紧急接种。

注射抗炭疽血清 5 毫升，或做血清注射后 5 天再做疫苗接种。

当毛皮兽饲养场发生炭疽病时，应立即向上级兽医卫生部门报告。对兽场实行封锁，从最后一个病例死亡起，再经 15 天没有死亡时，方宣布撤销封锁。

对病兽和可疑病兽实行隔离治疗。死亡尸体不能打皮，一律烧毁。被病兽污染的笼子应用喷灯火焰消毒，或用 20％漂白粉溶液，或用 5％硫酸石炭酸合剂彻底消毒。被污染的无价值或价值较小的用具也一并烧毁。地面用 1 份漂白粉和 3 份土混合消毒，之后连同漂白粉一起铲掉地面土层。

饲养人员应严格遵守防护制度，以防感染。

五、大肠杆菌病

大肠杆菌病是危害幼龄毛皮兽的一种传染病。常呈败血性经过，伴有严重下痢，侵害呼吸器官或中枢神经系统。成年母兽患病常引起流产和死胎。是对幼兽危害较大的细菌性传染病之一。

【流行病学】在自然条件下，10日龄以内毛皮兽的仔兽最易感。1～5日龄仔兽患大肠杆菌病死亡占50.8％，6～10日龄仔兽患本病死亡占23.8％，日龄大的仔兽患病者很少。

以新分离的大肠杆菌培养物1毫升静脉或腹腔内注射于毛皮兽，一般于注射后24～48小时内死亡。但经口给予大肠杆菌培养物的毛皮兽很少发病。

带菌毛皮兽是本病的主要传染源。被污染的肉和乳类饲料及饮水，也同样可能是毛皮兽感染大肠杆菌病的原因。

本病常自发感染，因为毛皮兽正常机体即有大肠杆菌存在。在机体抵抗力下降的情况下，处于肠道内的细菌繁殖很快，使其毒力不断增强。破坏肠道而侵入血液，引起发病。母兽妊娠期和哺乳期饲料营养不全，使仔兽发育不良；仔兽断乳后饲料质量不良及不全价饲养；饲料种类急剧变化，使胃肠消化机能失调，仔兽育成期不卫生（小室潮湿）；缺乏垫草或垫草质量不好，不执行隔离和消毒措施等原因，都会招致机体抵抗力降低，促使大肠杆菌病的发生和发展。

【临床症状】自然感染本病，潜伏期变动范围很大。其潜伏期长短取决于动物机体抵抗力、细菌的毒力以及饲养管理等条件，一般潜伏期在1～10天。毛皮兽中银黑狐和北极狐为2～10天。

新生仔兽患病早期表现不安，不断尖叫。病兽被毛蓬乱，常被粪便污染，肛门部被毛污染尤为明显。当轻微按摩腹部时，常从肛门排出稠度不均匀的液状粪便。其颜色为绿色、黄绿色、褐色或浅黄白色。在很多病例的粪便中发现有未消化的凝乳块样饲料，或同时混有血液、气泡和黏液。在出现本病症状后1～2天，仔兽精神委靡，常躲在小室内不愿活动，生长发育明显落后。母兽常把其患病的仔兽叼出，放到外面的笼网上。当仔兽没有下痢时，多表现沉郁、兴奋或痉挛。

年龄较大的仔兽，疾病症状逐渐发生。食欲下降，表现消瘦，活动减少，多见持续性腹泻，其粪便颜色为黄色、灰白色或暗灰色，混有黏液状粪块。严重病例排便失禁，病兽虚弱，眼窝下陷，背拱起。后肢不稳，步态摇摆，被毛蓬松无光泽。

仔兽大肠杆菌病为脑炎型的少见，脑炎型的病兽沉郁或兴奋。食欲尚存，但寻找母乳和饲料的能力降低或消失。病兽额部被毛蓬松，头盖骨异常突起及容积增大。触诊确定头盖骨没有接合。后期共济失调，精神迟钝。角膜反射减少，四肢不全麻痹，发现有的动物呈持续性痉挛或昏迷状态。

母兽妊娠期患病时，发生大批流产和死胎。病兽精神沉郁或不安，食欲减退。

毛皮兽大肠杆菌病主要为急性或亚急性型，脑炎型常常为慢性，如不加治疗预后可疑，死亡率为2%～90%。

【病理解剖变化】肺颜色不一致，在玫瑰色背景上发现有轮廓不清的暗红色的水肿区。从切面流出淡红色泡沫样液体，在气管和支气管内也含有此种液体。

心肌呈淡红色，心内膜下有点状或带状出血，胸腔个别发现出血。肝呈土黄色，表面有出血点，个别病例肝内充满血液。肾呈灰黄色，有时带紫色，包膜下出血。脾通常无变化，个别情况下容积增大充血。

在肠管内发现有黏稠液体，呈黄绿色或灰白色。黏膜肿胀充血，布满出血点。但出血性肠炎比较少见。慢性经过的病例肠管变薄、贫血。肠系膜淋巴肿大，呈暗红色，切面多汁。

当解剖被细菌侵害神经系统的病例时，发现头盖骨变形。脑充血和出血，脑室常聚集化脓性渗出物或淡红色液体。许多病例在软脑膜内发现有灰白色病灶。脑实质变软，呈面状稠度，切面上见有许多软化灶。这种脑水肿与化脓性脑膜炎变化常见于毛皮兽中的北极狐和银黑狐的仔兽。

【诊断】临床症状、流行病学和病理解剖上的变化只能作为初步诊断的依据，最后确诊有待于细菌学检查。大肠杆菌病和副伤寒在很多方面有类似之处，但银黑狐和北极狐仔兽化脓性脑膜炎和脑积水病例完全可以根据临床症状特点和病理解剖变化做出准确诊断。

细菌学检查应采取未经抗生素治疗病例的材料，否则影响检出结果。可以从心脏、血液、实质脏器和脑中分离纯培养。同时必须做动物试验，检查其毒力情况，因为往往有非致病性大肠杆菌混同。

【治疗】首先应该除去不良的饲料，改善饲养管理，使母兽及仔兽能够吃到新鲜、易消化、营养全价的饲料，不断提高机体的抵抗力。

特异性治疗：可应用仔猪、犊牛和羔羊大肠杆菌病的高度免疫血清。1～2月龄银黑狐和北极狐的仔兽注射血清量为15～20毫升。有时在狐狸上效果表现不理想，这显然是与致病性大肠杆菌的血清型不相适应。

抗生素治疗主要用硫酸庆大霉素，每千克体重4毫克，皮下或肌内注射，每天2次，连用2～3天；或硫酸小诺霉素，每千克体重2毫克，皮下或肌内注射，每天2次，连用3天；或拜有利，每20千克体重1毫升，皮下或肌内注射，每天1次，连用3天。

改善饲养管理。在日粮内加入苹果，对预防大肠杆菌病有特殊重要意义。实践观察证明，苹果能降低发病率，并能减轻疾病的经过。

中药防治：

处方1：大蒜汁。

用法用量：每只5毫升，一次灌服，每天1次，连用4～5天。

处方2：党参、白术（炒）、白扁豆（炒）、薏苡仁（炒）、桔梗、茯苓、山药、莲子、砂仁、甘草、大枣等量。

用法用量：按每只每次6克，温开水冲调灌服，每天2次，连用7天。

功效：益气健脾，渗湿止泻。

处方3：党参、白术、焦山楂、茯苓、黄连各9克，乌梅、米壳、炙甘草各6克。

用法用量：加水500毫升煎成50毫升，药渣再煎汁50毫升，混合，先灌服10毫升，6小时后再服10毫升，连用7天。

功效：补中益气，利水和脾，涩肠止痛。

处方4：肉桂、炮姜、猪苓、泽泻各10克，白头翁6克。

用法用量：1克中药加2毫升水，水煎成1毫升药液，取药液灌服，每千克体重1毫升，每天1次，连用7天。

功效：温中散寒，利水止泻。

应用：本方适用于病兽寒泻伴发大肠杆菌病。寒重腹微痛者加附子、延胡索各5克。

处方5：郁金、赤芍、板蓝根各10克，大黄6克，黄芩、黄柏、黄连、山栀、诃子各5克，甘草3克。

用法用量：1克中药加2毫升水，水煎成1毫升药液，取药液灌服，每千克体重1毫升，每天1次，连用7天。

功效：清热燥湿、凉血解毒。

应用：本方适用于病兽热泻伴发大肠杆菌病。腹剧痛者，郁金增至15～20克，加延胡索、没药、乳香各5克；口渴喜饮者，加芦根50克、花粉5克、麦冬10克；体温升高者，加金银花、连翘各6克；小便短赤者，加猪苓、木通各5克；粪中便血者，加赤石脂、血余炭；体温正常仍泄泻不止者，去大黄，重用乌梅、诃子、肉豆蔻各 10 克；病后期气血双亏者，加党参、黄芪、山药、白术各 10 克；病势严重结合输液，纠正酸碱平衡、抗菌消炎等对症疗法，则效果更佳。

处方 6：枳壳、黄芩、黄连、茯苓各 10 克，大黄、白术、神曲各 10 克，泽泻 5 克。

用法用量：1 克中药加 2 毫升水，水煎成 1 毫升药液，取药液灌服，每千克体重 1 毫升，每天 1 次，连用 7 天。

功效：消食导滞，清热利湿。

应用：本方适用于病兽伤食泻伴发大肠杆菌病。初体温升高者，可重用大黄、黄芩、黄连，另加槟榔；小便短少者，加木通、车前子。

处方 7：补骨脂、吴茱萸、五味子、车前子、乌梅各 5 克，肉豆蔻 8 克。

用法用量：1 克中药加 2 毫升水，水煎成 1 毫升药液，取药液灌服，每千克体重 1 毫升，每天 1 次，连用 7 天。

功效：补肾健脾、涩肠止泻。

应用：本方适用于病兽肾虚泻伴发大肠杆菌病。久泻不止者加诃子、石榴皮；寒重体温下降者加附子、肉桂；有虚热者加生地、玄参、丹皮；如因配种过度者可加菟丝子、益智仁。

【防治措施】为预防毛皮兽大肠杆菌病，在健康兽场母兽配种前 15～20 天，发病兽场妊娠期 20～30 天，注射家畜大肠杆菌病和副伤寒病多价福尔马林疫苗，给毛皮兽自动免疫，间隔 7 天注射 2 次，健康仔兽可在 30 日龄起接种上述疫苗 2 次，虚弱仔兽可接种 3 次，每次间隔 7 天。用量按疫苗出厂说明书的规定。

除接种疫苗外，毛皮兽饲养场必须严格执行兽医卫生措施，不准用因大肠杆菌病死亡的家畜肉喂毛皮兽。同时还要实行特别的防治措施。实践证明，在被大肠杆菌污染的兽场，在毛皮兽妊娠末期及仔兽哺乳期，在日粮中加入抗生素饲料（青霉素饲料），具有良好的预防效果。必要时在日粮中可直接加入抗生素。

嗜酸菌乳对预防大肠杆菌病有很好作用。用嗜酸菌乳喂毛皮兽，可以得到较好效果。

关键性预防措施是培育健康兽群，实行综合性畜牧和兽医卫生措施具有重要意义。在留用种兽时要严格选择，淘汰流产和有仔兽死亡的母兽，有大肠杆菌病的同窝仔兽不留作种用。

当大肠杆菌病发生时，除了实行一般兽医卫生措施（隔离、消毒）外，应特别注意实行全群治疗。不仅治疗发病仔兽，也要治疗与病兽同窝或被病兽污染临床健康的仔兽以及母兽，这样才能取得满意的结果。

六、沙门氏菌病

沙门氏菌病又称为副伤寒。是毛皮兽急性传染病。本病的主要特征是发热和下痢，体重迅速减轻，脾脏显著肿大和肝脏的病变。呈地方性暴发流行，严重危害毛皮兽饲养业。

【流行病学】自然情况下，毛皮兽中银黑狐、北极狐最为易感，人工感染的毛皮兽一般 3～4 天出现临床症状，6～8 天死亡。在剖检和临床症状上与自然感染的沙门氏菌病完全相同。经皮下或口感染成功者较少，被沙门氏菌所污染的肉类饲料是毛皮兽的主要传染源。特别是患有隐性沙门氏菌病的家畜肉类饲料。常从淘汰的家畜肉中检出各种对毛皮兽致病力很强的沙门氏菌，如肠炎沙门氏菌、鼠伤寒沙门氏菌和猪霍乱沙门氏菌等。

当毛皮兽机体抵抗力下降时，容易暴发本病。在短时间内波及大量毛皮兽，并伴随有较高的死亡率。

含有沙门氏菌的牛奶同样可能成为毛皮兽的传染源。啮齿动物和蝇也能携带病原菌把本病传播到兽场。

带菌的母兽和仔兽随粪便排出病原体，在本病的传播和发生上作用较小。

流行病学调查表明，本病的发生和毛皮兽带菌有一定关系。常呈散发流行，本病发生在带菌母兽的窝内仔兽中。个别兽场沙门氏菌病每年间断延续几个月，这可能和带菌毛皮兽有关。

毛皮兽沙门氏菌病与家畜沙门氏菌病相比较，具有很多流行病学特点。本病具有明显的季节性，一般发生在 6～8 月份。常呈地方性流行。毛皮兽沙门氏菌病大多数病例是由饲料而传染。病的经过为急性，并且主要侵害 1～2 月龄仔兽，哺乳期仔兽患病少见。

成年毛皮兽对本病较有抵抗力。大多数也发生在夏季，冬季地方性流行很少。

母兽妊娠期发生本病时，由于子宫感染，常发生大批流产，或产后 1～10 天仔兽大量死亡。

密集饲养、缺乏全价饲料、天气骤变（寒冷多雨或炎热天气）、感冒及由饲料突变或质量不好引起胃肠疾病，不遵守兽医卫生制度等，都能促进本病的发生和发展。另外，仔兽换齿期发生侵袭病（蛔虫、钩虫等），仔兽断乳期饲料质量不良，使机体变弱，都可能成为发病的诱因。

【临床症状】自然感染时潜伏期为 3～20 天，平均为 14 天。人工感染时潜伏期为 2～5 天。

根据机体抵抗力及病原毒力，本病在临床上表现多种多样。大致可区分为急性、亚急性和慢性 3 种。

① 当急性经过时，病兽拒食，兴奋不久后表现沉郁。体温升高至 41～42℃，轻微波动于整个病期，只有在死前不久下降。多数病兽躺卧于小室内，走动时背弓起，两眼流泪，沿笼子缓慢移动。有时发现呕吐，常发生下痢，并在昏迷状态下死亡。一般经 5～10 小时，或延长至 2～3 天死亡。

② 亚急性经过时，主要表现胃肠机能高度紊乱，体温升高到 40～41℃，精神沉郁，呼吸浅表频数，食欲丧失。病兽被毛蓬乱无光，眼睛下陷无神，有时出现化脓性结膜炎。少数病例有黏液性化脓性鼻漏和咳嗽。病兽很快消瘦、下痢，个别病兽出现呕吐，粪便变为液状或水样流出，混有大量卡他性黏液，个别混

有血液。四肢软弱无力，特别是后肢，常躺卧，起立时后腿支持不良，时时停留，仿佛沉睡。发病后期出现后肢不全麻痹。在高度衰竭情况下 7~14 天死亡。

毛皮兽中的银黑狐和北极狐常出现黏膜和皮肤黄疸，特别是猪霍乱沙门氏菌引起时尤为明显。其他狐狸很少发生黄疸或不显著。

③当慢性经过时，病兽食欲不好。胃肠机能紊乱、下痢，粪便常混有卡他性黏液，进行性虚弱、贫血。出现化脓性结膜炎，眼下凹。被毛松乱，失去光泽及集结成团。病兽大多躺于小室内，很少走动。行走时步态不稳，缓慢前进。在极度衰竭时，经 3~4 周死亡。

在配种期和妊娠期发生本病时，母兽大批空怀和流产。空怀率为 14%~20%，流产率为 10%~16%，同时，出生仔兽在 10 天内大批死亡，死亡数占出生数的 20%~22%。多数病例在正常产仔期前 3~14 天流产。有的母兽无任何症状而流产，其他母兽发现轻微沉郁和几次拒食。

哺乳期仔兽患病时，表现虚弱，不活动，吸乳无力，常发现同窝仔兽沿整个窝分散开。有时发生昏迷或抽搐，呈侧卧、游泳样运动。个别仔兽肌肉发生抽搐性收缩，发出微弱呻吟或鸣叫，常打呵欠，无临床症状而突然死亡者很少。胎盘感染时，仔兽生下发育落后或发育不良。病程为 2~3 天，罕有达 7 天者，大多数（90%）死亡。

【病理解剖变化】病兽尸体营养程度取决于病期。毛皮兽中银黑狐、北极狐黏膜显著黄疸，而且在皮下组织、骨骼肌、浆膜和胸腔器官也常见黄疸。

大肠多有撒糠样灶状溃疡，黏膜稍肿胀，覆盖以少量黏液性渗出物及不均匀的充血。

肝脏增大，呈暗红色，带有黄疸或不均匀的土黄色，切面黏稠外翻，小叶纹理展平。胆囊增大，胆囊内膜多有出血点，充满浓稠的胆汁。

脾脏在多数病例中表现为高度肿胀，增大 6～8 倍。个别病例增大 12～15 倍。呈暗褐色或暗红色。切面多汁。

纵隔、肝门及肠系膜淋巴结显著肿大 2～3 倍和水肿，触摸柔软，呈灰色或灰红色，切面多汁。

肾脏稍肿大，呈暗红色或灰红色，带有淡黄色阴影。在包膜下有无数点状出血。膀胱常空虚，黏膜上有点状出血。

肺多数病例无明显变化，有时在肋膜面可见到无数弥漫性点状出血。心肌变性，呈煮肉状，仅见于病程长的慢性病例。

脑实质水肿，在侧室腔内有大量液体。

【诊断】根据流行病学、临床症状和病理解剖变化只能作为初步诊断。最后确诊需进行细菌学检查。可从死亡病兽的血液内或脏器内分离细菌进行纯培养和生物试验。

毛皮兽沙门氏菌病生前早期快速细菌学检查的方法是：在消毒后从病兽耳静脉或隐静脉采血，放于 3～4 支琼脂或肉汤培养基内（内添加胆汁）。培养在 37～38℃恒温箱内，经 6～8 小时有培养物生长。将其培养物和沙门氏菌特异血清做凝集反应，即可达到鉴别目的。应用该法在 1 天内就能做出细菌学诊断。

【鉴别诊断】在临床上常把与沙门氏菌病相似的钩端螺旋体病、巴氏杆菌病、犬瘟热和地方性流行性脑脊髓炎相混同。因此，必须做好鉴别诊断，才能达到正确诊断目的。

钩端螺旋体病，也有体温升高的现象，但仅在病初黄疸出现后，体温下降到正常以下（35～36℃）。临床症状的显著特点是黄疸，无论是急性或亚急性病例，80％～90％出现黄疸。钩端螺旋体病主要发生在 4～6 月龄体况良好或中等的仔兽中。

犬瘟热和沙门氏菌病不同。犬瘟热很快出现浆液性化脓性结膜炎和鼻炎，发生恶臭下痢，有时混有血液。有神经系统病变（痉挛性和强直性抽搐，不全麻痹和全身麻痹），特别是皮肤型犬瘟热出现脚掌皮肤肿胀。

脑脊髓炎特征性症状是神经紊乱。一些病例表现为癫痫性发作，波及所有毛皮兽（抽搐），而另一些病例表现为嗜眠。步态摇晃，短时或长时间不停止地做转圈运动。

巴氏杆菌病，同时罹患所有年龄的毛皮兽。巴氏杆菌病很少发生黄疸且不显著。细菌学检查可以完全排除巴氏杆菌病。

应该指出的是，鉴别诊断常发现犬瘟热和脑脊髓炎与沙门氏菌病并发。

【治疗】首先应改善饲养管理，保证病兽能吃到质量好、易消化、适口性强的饲料（新鲜的肉、肝、血、蔬菜等）。推荐用嗜酸菌乳代替牛奶。

除进行食饵疗法外，还要进行对症治疗。为维持心脏机能，可皮下注射 20% 樟脑油。毛皮兽中银黑狐和北极狐仔兽为 0.5～1.0 毫升，成年兽为 2 毫升。

抗生素主要用阿莫西林粉，每千克体重 20 毫克，每天 1 次，连用 3～5 天；或氟苯尼考粉，每千克体重 25 毫克，每天 2 次，连用 3～5 天；或恩诺沙星粉，每千克体重 15 毫克，每天 2 次，连用 5～7 天；或速诺，每 20 千克体重 1 毫升，皮下或肌内注射，每天 1 次，连用 3～5 天；或拜有利，每 20 千克体重 1 毫升，皮下或肌内注射，每天 1 次，连用 3 天。

中药防治：

处方 1：大蒜酊（取 40 克大蒜捣碎，加白酒 10 毫升，浸泡 7 天，过滤去渣即成）。

用法用量：每只 20～40 毫克，一次口服，每天 3 次，连用 3～4 天。

处方 2：穿心莲注射液。

用法用量：1 毫升 1 次后海穴注射，每天 1 次，连用 5 天。

注：重症对症强心、解毒、补液。

【防治措施】毛皮兽饲养实践证明，加强妊娠期和母兽哺乳期饲养管理，对提高仔兽对沙门氏菌病的抵抗力具有重要作用。特别是仔兽补饲期和断乳初期更应注意饲养管理，保证供给优质全价和易消化的饲料，给仔兽发育提供良好条件。

在幼兽培育期，必须喂给质量好的鱼、肉饲料。日粮内按规定标准务必含青菜、鲜果、肝、血液和牛奶。不允许急剧变更饲料，应逐渐更换。

由于被污染的饲料是本病的主要传染源，首要措施是严格检查饲料，不允许把带有沙门氏菌的饲料喂给毛皮兽。更不允许把患过沙门氏菌病的带菌毛皮兽留作种用。对可疑沙门氏菌污染的饲料（肉类及其副产品），也应煮熟后喂给成年空怀毛皮兽。奶要实行巴氏消毒后饲喂。

为预防沙门氏菌病，可在饲料中加入上述治疗药物，剂量减半。同一目的可用从毛皮兽中分离的嗜酸杆菌制成的嗜酸菌乳或纯品与饲料混同喂给毛皮兽。从补饲起到3月龄止，效果良好。

为预防沙门氏菌病，可饲喂生物制剂——丙酸嗜酸菌肉汤培养物。此物内含B族维生素和嗜酸菌培养物的综合物。每天2次，每次8～10毫升，连续5天。每隔10～12天可重复喂给。

当兽场出现沙门氏菌病时，应立即隔离病兽和可疑病兽并进行治疗。对病兽污染的笼子和用具要进行消毒。

治愈的毛皮兽由于带菌，仍然是传染的来源。因此，不能送回兽场，应一直隔离饲养到打皮为止。

在发病期为防止传播，应严格实行兽医卫生措施，禁止毛皮兽任何调动，不得称重和打号。同时进行灭鼠、灭蝇及消灭其他传染媒介。

特异性预防：毛皮兽可接种疫苗，可应用由猪霍乱沙门氏菌、肠炎沙门氏菌、鼠伤寒沙门氏菌病和普通大肠杆菌菌系制造的多价福尔马林疫苗，对5～6月龄的毛皮兽有计划地进行预防接种，30～35日龄幼兽两次皮下接种，间隔为5天，剂量为1～2毫升。接种后免疫期为7～8个月，母兽可以经奶将免疫抗体传递给仔兽。

在疾病开始期或死亡初期可用上述疫苗强制接种，也取得满意的效果。

七、布鲁氏菌病

布鲁氏菌病是人、畜和毛皮兽共患的呈潜伏性经过的慢性传染病。在毛皮兽中主要侵害母兽，使妊娠兽发生流产和产后不育以及新生仔兽死亡。

【流行病学】所有家畜和毛皮兽对本病均易感。隐喙蜱螨和壁虱螨可能是传染的宿主。

布鲁氏菌病大多数传播于成年兽中间，幼年兽发病率较低，血清学检查发现 4％成年兽呈阳性反应，幼兽阳性反应仅占3.8％。典型症状可见于妊娠母兽发生流产和产下生活力弱的仔兽。

流产母兽排出的分泌物和胎儿是最危险的传染源。患布鲁氏菌病动物的肉、乳及其副产品在传染上起着重要作用。毛皮兽饲养场曾不止一次确定患布鲁氏菌病家畜的肉和副产品饲喂毛皮兽后而发生传染的事实，曾在波斯羊羔体中分离到布鲁氏菌，同时从饲喂该种饲料死亡的水貂体内也分离到相同的羊布鲁氏菌。除了通过食饵途径感染外，发现接触方式也可传播本病。布鲁氏菌病在配种期可通过交配发生传播。

本病的经过决定于毛皮兽感染的时间。母兽在配种期和妊娠期感染，不孕率和仔兽死亡率显著增高。此期本病呈潜伏经过，不易观察出来。长期饲喂被污染的饲料，破坏毛皮兽饲养管理的兽医卫生制度，促进了病原体的传播，结果可能发生布鲁氏菌病的地方流行。

【临床症状】当毛皮兽不经肠注射布鲁氏菌时，潜伏期平均为 4～5 天。潜伏经过是毛皮兽的主要特征。母兽布鲁氏菌病的主要症状是流产、产后不孕和死胎。这时母兽食欲下降，个别病例出现化脓性结膜炎，经 1～1.5 周不治而愈。毛皮兽布鲁氏菌病常无体温升高的症状，见有脉搏和呼吸频数变化。血象变化红细胞降低到每升 5×10^{12}～6×10^{12}，长期有血红素降低和暂时性白细胞增高。白细胞分类变化不明显。

【病理解剖变化】毛皮兽中狐狸患布鲁氏菌病时内脏器官没有特征性变化。银黑狐剖检发现脾脏增大和肝脏充血，肾脏也发现出血。淋巴结肿大，有时出血。个别病例见有淡白色小结节。

北极狐剖检仅见淋巴结显著增大，其他器官未见变化。

银黑狐器官组织学检查证明，主要是发生淋巴样和多核细胞增生，此增生沿各器官结缔组织呈结节状排列。患布鲁氏菌病的狐狸特征性变化是发生大细胞聚集。

【诊断】毛皮兽布鲁氏菌病诊断比较困难。因为本病缺乏特征性临床症状，病理解剖变化也不明显，细菌学检查又需要相当长的时间（30～40 天），并且又未必有结果。因此，血清学对布鲁氏菌病检查具有十分重要意义。狐狸可用凝集反应和补体结合反应检查。除用试管凝集反应外，平板快速凝集反应也可取得很好的效果。为进行此反应，可从狐狸股静脉、耳壳静脉采血，分离血清。为避免溶血，采血后 1 天内分离血清。一般在狐狸发生流产后 1～2 周采血检查，方获得较高的阳性率。当人工感染银黑狐时，在 30～40 天后凝集反应抗体增高，到 60～70 天开始消失，有的保持最高滴度达 1～1.5 年。狐狸布鲁氏菌病的变态反应尚缺乏研究。

血液培养效果不好，因为银黑狐菌血症非常短暂。为获得布鲁氏菌纯培养，常接种妊娠豚鼠和小鼠，从实验动物中分离纯培养。实验感染后 1 年，用生物试验方法就分离不到布鲁氏菌病原体。

【鉴别诊断】布鲁氏菌病与副伤寒病有些类似，但根据细菌学检查即可鉴别。副伤寒病原体常发现于血液和内脏器官中。同时副伤寒固有病理解剖变化也很明显。

【治疗】毛皮兽布鲁氏菌病的治疗方法还没有研究出来。主要是通过血清学检查逐年淘汰阳性病兽，而使兽群健康化。

中药防治：

处方：益母草 10 克，黄芩 8 克，川芎、当归、熟地、白术、双花、连翘、白芍各 5 克。

用法用量：共为细末，开水冲服，每千克体重 1 克，每天 1次，连用 10 天。

【防治措施】严格执行兽医卫生措施，防止布鲁氏菌病传入毛皮兽饲养场。平时应仔细检查肉类和乳类饲料，所有布鲁氏菌污染和可疑饲料一律经蒸煮后再饲喂毛皮兽。

污染兽场回归健康化应采取综合措施，主要是进行定期血清学检查，隔离阳性动物，到屠宰期取皮。对病兽污染的笼子可用 0.05％癸甲溴铵溶液或来苏儿溶液消毒。用 5％新石灰乳处理地面。工作服用 2％苏打溶液煮沸。

本病能传染给人，故应特别注意。因此工作人员在必要时要实行预防措施，进行布鲁氏菌疫苗接种。

八、结 核 病

结核病是家畜、禽类、野生毛皮兽和人共患的一种慢性传染病。特征是在内脏器官内形成酪化及钙化变性的结核结节。

【流行病学】在毛皮兽狐狸中，幼龄银黑狐对结核病最易感，北极狐患病较少。

患病动物的肉类饲料是本病传染的来源。毛皮兽吞食了患有结核病的牛、猪等各种动物的副产品时发生感染。对结核菌素阳性反应的牛奶也可能是传染的来源。也不排除空气为媒介传染的可能性。开放型肺结核病在咳嗽时有大量结核病原菌随同痰滴而喷散于空气中，经呼吸道而进入健康毛皮兽肺中。同时也可能经子宫内途径感染。

当肾和肠感染结核病时，动物随粪和尿排出结核病原菌于外界环境，并可能成为毛皮兽感染的来源。

本病没有季节性，一年四季均可发生，但多见于夏秋两季。特别是笼子小，密集饲养，粪便堆积，卫生条件不好，饲料营养不全，蠕虫病和感冒等，更易引起本病流行。

【临床症状】各种症状的明显程度取决于一个或几个器官的病变程度。当任何器官病变不大时，本病可能没有临床症状。泛发性结核病例临床变化明显。

毛皮兽中银黑狐、北极狐结核病临床上表现的症状，决定于病变部位。大多数病例呈现器官衰竭，被毛蓬乱无光泽。当肺部病变时发现咳嗽、呼吸增数和困难，很少运动。实质脏器（肝、肾等）结核病常无可见临床症状。有的病兽发生腹泻或便秘，腹腔积水。银黑狐外淋巴结受到侵害时，发现长久不愈的溃疡或结节。

【病理解剖变化】病兽尸体营养衰竭，结核病变常发生于肺内。在肋膜下及肺组织深部触之如豌豆大或黄豆大的单在钙化结节，切面见有浓稠凝块和灰黄色脓样物。有的侵害气管和支气管，形成空洞。其内容物由支气管进入气管而排出体外。有的在气管和支气管黏膜上发现小的结核结节，在胸腔内混有脓样液体的渗出物。支气管周围和纵隔淋巴结增大，切面多汁，有脓样病灶。肠系膜淋巴结肿大，充满黏稠凝块状灰色物。

在腹壁浆膜上常见有结核病结节。在肠管黏膜上遇有单在如扁豆大的溃疡，呈灰白色。在网膜上也见有单个凝固状结节。

肝脏增大，散在有大小不等的灰黄色或土红色结核病灶，彼此分界不明显。脾脏增大，在其表面及深部有许多大小不一的结节，带有黏稠脓样内容物。

肾脏常受侵害。在肾包膜下见有如粟粒大或更大的灰黄色结节。慢性病例肾萎缩，结节位于深层，在肾盂附近，结核病灶破溃，其内容物进入肾盂内。

【诊断】毛皮兽结核病缺乏特征性临床症状，因此临床诊断困难。病理解剖和细菌学检查可以建立诊断。病理解剖的主要特点是在患病器官发生特异的大小不等的酪化和钙化变性的结核结节。作为细菌学检查，可将其病料保存在 40% 灭菌甘油内送往实验室。在实验室内将病料制成涂片按萋-尼二氏染色法染色，如发现在绿色的背景上有红色抗酸性结核杆菌即可确诊。为进一步证实，可将病料（内脏器官）制成乳剂，接种于豚鼠、家兔和鸡做生物学试验，根据对上述试验动物的易感性可以确定结核菌型。

变态反应诊断，P. E. 索达托夫推荐用结核菌素试验作为毛皮兽狐狸等结核病的生前诊断。可在眼睑部给银黑狐和北极狐皮下注射 0.2 毫升，经 48～72 小时发现有大量流泪和眼睑肿胀为阳性反应。此时眼裂半闭合或完全闭合。可疑反应眼睑肿胀不明显。阴性反应缺乏上述变化。

【治疗】用雷米封治疗毛皮兽结核病，用量每天每千克体重 10 毫克，共进行 3 个疗程，具有治疗和预防效果。在 1～2 月进行第一疗程，6～7 月进行第二疗程；9～10 月进行第三疗程，每个疗程 45 天。可使毛皮兽活到打皮期，获得较好的皮张。

中药防治：

处方 1：百部 10 克、地骨皮、麦冬、茯苓、党参、桔梗、丹皮各 8 克，炙甘草 5 克。

用法：1 克中药加 2 毫升水，水煎成 1 毫升药液，取药液灌服，每千克体重 1 毫升，每天 1 次，连用 7 天。

处方 2：半夏、陈皮各 10 克，茯苓 15 克，生姜、炙甘草各 8 克。

用法用量：1 克中药加 2 毫升水，水煎成 1 毫升药液，取药液灌服，每千克体重 1 毫升，每天或隔天 1 次，连用 7 天。

【防治措施】对毛皮兽结核病的特异性预防缺乏研究，为预防本病的发生，必须严格检查和控制饲料。对结核病畜（牛、猪及其副产品）的肉类不能生喂，需去掉结核病变器官，煮熟饲喂。

对结核菌素阳性牛的乳汁，必须经巴氏消毒或煮沸后才允许饲喂。屠宰前（9～10 月）在基础兽群进行结核菌素接种，将结核菌素阳性和可疑反应的毛皮兽一律打皮淘汰，留健康幼兽作种用。

对阳性和可疑反应的毛皮兽，一定要隔离饲养，一直到取皮为止。对病兽住过的笼子用火焰喷灯或 0.05％癸甲溴铵溶液消毒。地面用漂白粉喷洒消毒。

患有开放性结核病的人不得饲养健康毛皮兽。

九、秃 毛 癣

秃毛癣是由皮霉菌类真菌引起的毛皮兽皮肤传染病。特征是在皮肤上出现圆形秃斑，覆盖以外壳、痂皮及稀疏折断的被毛。常呈地方性暴发，使毛皮质量下降。

【流行病学】在自然情况下毛皮兽中银黑狐和北极狐对秃毛癣易感。

毛皮兽传染来源为病兽。由直接接触或间接经护理用具（扫帚、刮具）、垫草、工作服、小室等而发生传染，患发癣病的人也可能携带传染源到兽场。应当考虑到皮肤真菌可能繁殖于稻草、干草、粪便、青菜以及其他动物体上。啮齿动物和吸血昆虫可能是病原体的来源和传染媒介。炎热多雨和干旱气候都能促进本病的发生。

本病最常见于夏季，也能发生于冬季和春季。基本上罹患幼兽，成年兽也能发病。饲养管理不当、皮肤上出现擦伤、搔伤和抓伤时易诱发本病。

本病开始出现在一个饲养班组的兽群中。病兽被毛和绒毛由风散布迅速感染全场。也可能呈固定性，由母兽直接接触传递给后代，这样能持续很长的时间。

【临床症状】潜伏期为 8～30 天。本病在头颈、四肢皮肤上出现圆形斑块。起初斑块呈规则圆形。汇合后形成大小不等、形状不一的灰色斑块。上面无毛，或有少许折断的被毛，覆盖以鳞屑或外壳，剥下外壳露出充血的皮肤，压迫时从毛囊中流出脓样物，干涸后形成痂皮。

常在脚趾间和趾垫上发生病变。起初病变呈圆形，分界不明显。逐渐融合形成规则的区域，无痒感或不显著。如不治疗，在患兽背腹两侧形成掌大或更大的秃毛区。个别病例出现病兽整个皮肤覆盖以灰褐色痂皮。

患有本病的毛皮兽多营养不良。发病率有时为30％～40％，个别达到90％。

【诊断】 由病兽采取刮下物送实验室检查。

显微镜检查：取感染的被毛或鳞屑少许置于载玻片上，滴加10％～30％氢氧化钠1滴，徐徐加热至周围出现小白泡为止，加热目的是促使组织疏松透明，真菌结构清晰，以易于观察，然后加盖玻片，干燥后置400倍显微镜下观察。如有真菌存在，常发现不同形状菌丝体和分生孢子。但观察时应注意菌丝同纤维、孢子与气泡、血细胞和油滴的区别。

培养检查：为去掉病料污染的杂菌，可先将病料浸入2％石炭酸或70％酒精中处理数分钟，然后接种于萨布罗培养基中，根据菌落的大小和形状确定是哪种真菌。也可进行显微镜检查，根据其菌丝体和分生孢子的特性确定是哪种真菌感染。

发光检查：小孢子菌具有发光特性，借以进行鉴别。可利用装置有BByⅡ玻璃的水银石英灯（ⅡPK‐2或ⅡPK‐4）进行检查。此玻璃仅让紫外线通过而不让其余光线通过。在暗室内以紫外线透视患部被毛时，就会出现闪耀明亮的浅绿色。健康动物被毛和被其他真菌侵害的被毛都没有此种现象。

【鉴别诊断】 毛皮兽秃毛癣与维生素缺乏病，特别是B族维生素缺乏病有某种类似的地方。虽然B族维生素缺乏病也会在身体某部出现秃毛斑，但缺乏秃毛癣特有的外壳和痂皮，没有脚掌病变。在日粮中加入B族维生素，皮肤病变即停止。显微镜检查刮下物，没有真菌孢子。

【治疗】 在夏季推荐用 5％碘酊或 10％水杨酸酒精，涂擦患部连同其周围健康组织，可反复多次。

应用一氯化碘治疗秃毛癣。在发病最初 3 天每天先用 3％～5％药液浸润外壳，然后用温水和肥皂洗涤患部，当除去外壳后涂以 10％一氯化碘溶液，之后隔 5 天重复治疗，直到痊愈。

用 25％漂白粉溶液做秃毛癣治疗，术者应带橡皮手套，用该溶液涂擦患部及其周围健康皮肤，然后再涂擦过磷酸钙粉。此时发生猛烈反应并分离出大量原子氯及其他气体，能杀死真菌芽孢。在上述药物涂擦的地方形成灰色外壳，其外壳脱落，被毛迅速长出。治疗间隔 7～8 天反复一次。如发生面积较大（头、颈、脚掌、背部等），可分区治疗，防止中毒。

治疗可用伊曲康唑，每千克体重 0.02 毫升，皮下或肌内注射，7 天 1 次，连用 4～5 次。患兽皮张用 1％氟硅酸钠，0.7％硫酸及 25％食盐组成的溶液消毒。溶液加热到 35℃，把皮张浸泡于溶液内 48 小时，取出用 10％苏打溶液洗净，再用自来水冲洗，放烤箱内烘干。

中药防治：

处方 1：豆油（一定要用豆油，其他植物油效果不佳）适量。

用法用量：将豆油放铁勺或小铁盒中，加热至沸，立即用镊子夹棉球蘸涂于患部。豆油落沸时，须重新加热至沸点时再涂。每天涂擦一次，一般连用 2～3 次即可痊愈。适用于各种毛皮兽，效果显著，立竿见影。

处方 2：松节油 250 毫升，植物油 250 毫升，胡桃醌 20～30 毫升。

用法用量：充分混匀为擦剂，用时加热到 50℃以上，每天涂擦一次，严重的 3～4 次即可痊愈。

处方 3：何首乌及苍术等量。

用法用量：压为细面，混饲料中服用，每千克体重 1 克，每天 3 次，连用数天。

【防治措施】应经常检查毛皮兽，发现有本病发生，立即隔离饲养和治疗。病兽污染的笼子和用具用火焰喷灯烧灼，或用 2％氢氧化钠溶液煮沸。价值低的用具烧掉。粪便污物也一并烧毁。地面用 20％漂白粉消毒，每平方米用量为 3 升。

定期灭鼠，不允许患发癣病的人饲喂毛皮兽。

十、钩端螺旋体病

钩端螺旋体病又称出血性黄疸，是多种动物（家畜及野生毛皮兽）和人共患的传染病。特征是呈现短时间发热、黄疸、血尿、贫血、黏膜坏死、出血性素质、消瘦及四肢无力。

【流行病学】毛皮兽中银黑狐钩端螺旋体病记载于世界许多国家，常呈地方性暴发或散发。死亡率为 90％～100％。在自然条件下，银黑狐和北极狐对本病易感。

各种啮齿动物特别鼠类是本病传染的原始来源，鼠类带菌率相当高，而带菌时间也很长。

另外，家畜也是重要的传染来源。特别是猪最为危险，因为猪患钩端螺旋体病症状轻微，多为隐性传染，长期带菌，不断向外排出病菌污染环境。

带菌动物由尿向外排出钩端螺旋体，犬持续 700 天，银黑狐 514 天，猪 300 天，马 210 天，牛 120 天，绵羊和山羊 180 天。当毛皮兽吞食了被污染的饲料和饮水，或直接吃了患有钩端螺旋体病的家畜肉和器官而引起地方性流行，波及大群毛皮兽，伴有很高死亡率。带菌的鼠类常为毛皮兽所猎获，是引起传染的一个不可忽视的重要原因。

传染的途径主要是消化道。另外，也可以通过损伤的皮肤和黏膜感染。通过子宫内感染也已得到证实。直接接触感染尚未得到证实。

一般本病易发生于 7～10 月份。个别污染的毛皮兽饲养场，一年四季都可能有散发病例记载。本病地方性流行的特点是，在发病 5～10 天内罹患大量毛皮兽并平息，以后经 5～10 天以上又重复。不间断的地方流行少见。本病任何时候也不波及整个兽群，仅在个别年龄兽群中流行。多数毛皮兽轻微经过后产生较强免疫，不再重复感染。

【临床症状】 自然感染病例的潜伏期平均为 2～12 天，人工感染的潜伏期为 2～4 天。潜伏期的长短决定于动物机体全身状况、外界环境、病原体毒力及侵入途径。

由各种血清型钩端螺旋体引起毛皮兽的疾病在临床上没有重大差别。主要为急性经过，超急性和慢性经过较少，个别发现非典型病例。

超急性经过病例发现在地方流行的初期。病兽表现突然拒食，有呕吐和下泻，精神显著沉郁，心悸、频数，脉搏每分钟 105～180 次。呼吸加快，每分钟 70～80 次，仅在病的最初几小时体温升高到 40.5～41.5℃，而后下降至常温或以下。很少发生黄疸。经 12～24 小时，口吐泡沫，发生痉挛而死亡，没有康复的病例。

急性经过时，病兽突然拒食，呕吐和下泻，体温波动在正常范围内（39～39.6℃），较少有微升高者（40～40.5℃）。病兽长久躺卧，消瘦，精神沉郁，行步缓慢，出现显著黄疸。在口腔黏膜、齿龈及口唇部有坏死区和溃疡。有时舌也发现坏死和溃疡变化，常发生肛门括约肌松弛。从黄疸出现起，体温下降至36.5～37.5℃或更低。频频排尿，尿色黄红，仅有少数病例尿色暗红，有 10%～20% 病例黄疸不显著或缺乏。濒死期伴发有背、颈和四肢肌肉痉挛性收缩。剧烈流涎，口唇周围有泡沫样液体。因窒息而死亡。病程持续 2～3 天，很少康复。

非典型病例的症状是多种多样的，而且不显著。长期下泻，粪便脱色成淡污白色，带有黄色阴影。可视黏膜贫血，食欲减退或短时拒食。体温正常（39～39.5℃）或正常以下（38～38.3℃）。上述症状持续1～3天，有时8～10天后又反复2～3天。没有死亡病例。

亚急性经过的特征和急性经过的在临床上大体相同。只不过发生较缓慢，潜伏期较长。此时黄疸和消瘦十分显著。经常发现淋巴结肿大，特别是鼠蹊部和颈淋巴结。有时发生角膜炎和化脓性结膜炎，后肢虚弱或不全麻痹。病兽长期躺卧，起立时慢行、停留，仿佛沉睡。在濒死期发生类似急性经过的神经症状，死亡率为80%～90%。

慢性病例多由急性和亚急性转变而来。在较好的食欲情况下出现进行性消瘦、虚弱、贫血和定期下痢。有时在几个月内出现2～3次短期发热，在体温升高后常出现不大明显的黄疸。慢性病例转归不同，其中一些经2～3个月，在显著衰竭状态下死亡。其余活到屠宰期取皮。

【病理解剖变化】急性经过的病死兽尸体肥度良好。病程较长者尸体衰竭，尸僵显著。可视黏膜、皮下组织、脂肪组织常常染成黄色。

骨骼肌松弛、多汁、呈暗红色或苍白色带黄色阴影。在骨骼肌上常发现有斑点状或条状出血。

肋膜、腹膜、网膜、肠系膜被染成各种强度的黄色，咽喉及咽头黏膜染成黄白色。有时可以看到扁桃体稍微增大及充血。胃肠黏膜局限性充血、肿胀，常发现单个或数个连在一起的出血点或出血斑。

特别显著的变化见于肝脏。大多数病例体积增大，由于本病持续的时间不同，而呈黄褐色、土黄色或橘黄色。在包膜下有出血点，个别有斑块状出血和灰黄色坏死灶。肝组织松软，易碎裂。胆囊扩张，充满绿色黏稠的胆汁，在其黏膜上有单在出血点。

肾脏增大，被膜易剥离，组织呈退行性变化。呈淡灰红色、土红色、暗红褐色，在皮层内有局灶性出血，切面湿润，组织松软、易碎。皮质和髓质界线不清，髓质层呈淡褐红色。膀胱空虚，黏膜苍白，有出血点。

脾脏不增大，呈暗红色或深红色。在脾髓内有大小不一的出血区。淋巴结显著肿大，触之柔软，呈灰黄色或淡黄色。甲状腺增大，有点状出血。肺肿胀，实质和小叶间组织伴有显著水肿。所有病例肺肋膜面有各种形状的出血，气管和支气管含有红白色泡沫液体。心肌硬固，心外膜和心内膜有带状出血，心室内发现有疏松块状不凝固的血液。脑血管充盈，脑组织水肿。

慢性经过的钩端螺旋体病的病死兽尸体高度衰竭和显著贫血，个别病例有轻度黄疸。

当组织学检查时，在肝、肾、肺内发现特征性变化。肝细胞颗粒状变性、个别病例有以脂肪变性为特征的退行性变化，钩端螺旋体位于肝细胞之间。

肾小管上皮发现退行性坏死变化，间质非化脓性肾炎及肾小球出血，钩端螺旋体位于肾小管管腔、间质内及肾小管上皮之间。

肺可见到小叶间组织水肿，肺泡和支气管腔内伴有浆液性的渗出物，肺出血浸润，有些地方组织坏死。

【诊断】急性经过病例临床症状和病理剖检变化明显，并不难诊断。许多情况下，为最后确诊必须进行实验室检查。

生前可靠的诊断方法为血清学。用已知各种不同型钩端螺旋体的培养物作为活体抗原，去检查病兽血清。如血清中有凝集溶解抗体存在，则使抗原发生凝集和溶解现象。借助于暗视野显微镜进行观察。为了检查取得满意效果，必须在疾病的第2～3天血液内凝集和溶解抗体最高时采血分离血清。毛皮兽中狐狸血清稀释为1∶400或以上时出现凝集溶解现象为阳性反应，血清稀释为1∶200有凝集溶解现象者为可疑反应。

细菌形态学检查具有诊断价值。一般采取新鲜尸体的肝、肾组织块放于 10%福尔马林溶液中，送实验室做组织学检验。组织切片用镀银染色，可发现典型棕褐色钩端螺旋体。

本菌培养较为困难，且时间较长，一般临床诊断上少用。必要时采取发热期病兽血清、脑脊髓液和任何时期的尿，接种于含有兔血清的柯索夫培养基上进行分离培养。如采用死亡患兽器官接种，不得迟于死后 2～3 小时，否则菌体崩解，不易成功。一般需培养 20～30 天才生长，有时推迟到 90 天。

动物接种可用体重为 300～400 克的家兔（12～18 日龄）或体重为 50～60 克的幼龄金花鼠。将病料制成 10%乳剂，取离心上清液在皮下或腹腔内接种，家兔接种量为 5 毫升；金花鼠为 1 毫升。接种后室内测温观察，常在 5～8 天发生黄疸死亡。

【鉴别诊断】毛皮兽中银黑狐和北极狐钩端螺旋体病有很多地方与沙门氏菌病、巴氏杆菌病类似，在诊断时应加以区别。患沙门氏菌和巴氏杆菌病的毛皮兽体温升高保留整个病期，而钩端螺旋体病体温升高仅发现于疾病早期或体温仍然正常，出现黄疸后，很快下降至常温以下（36.5～37.5℃）。此外，钩端螺旋体病的显著特点是出现黄疸，无论是急性或亚急性经过，90%以上的病例出现于疾病的早期。患沙门氏菌病和巴氏杆菌病的少数病例出现黄疸，而且出现于疾病的晚期。患钩端螺旋体病的毛皮兽的口腔黏膜上常出现坏死性病灶，这种情况任何时候也不发生于患沙门氏菌病和巴氏杆菌病的毛皮兽。

剖检死于钩端螺旋体的病例，大多数器官和组织发生黄疸及肝、肾和甲状腺内特征性组织学变化，脾脏没有肿大现象，而沙门氏菌病兽脾脏显著肿大为其特征。

钩端螺旋体病地方性暴发大部分发生于 7～10 月；沙门氏菌病出现于 3～6 月；巴氏杆菌病任何季节都能发生。3～6 月龄幼兽易患钩端螺旋体病；1～3 月龄仔兽易患沙门氏菌病；所有年龄毛皮兽都同样易患巴氏杆菌病。最后可用细菌学检查排除沙门氏菌病和巴氏杆菌病。

【免疫】患病毛皮兽不死能产生坚强免疫力，没有重复感染发病的。但免疫期动物长期带菌，因而钩端螺旋体病可能是稳定的无菌或带菌免疫。

【治疗】早期应用抗钩端螺旋体血清进行特异性治疗可获得良好的效果。一般注射1次，个别情况下不好转时，可进行2～3次注射，间隔为1～2天。皮下注射血清用量：成年毛皮兽为25～30毫升；1～3月龄仔兽为5毫升；3～6月龄幼兽为10毫升。严重情况下可用血清半量静脉注射。

临床对症疗法推荐用泻剂、强心剂（咖啡因），静脉注射葡萄糖溶液，肌内注射磺胺甲氧嘧啶等。

中药防治：

处方1：板蓝根、丝瓜络、陈皮各5克，忍冬藤、生石膏（研末）各10克。

用法用量：前4种中药每1克加2毫升水，水煎成1毫升药液，取药液冲入生石膏粉，分3次拌料饲喂。每天1剂，每千克体重1克。连用5天。

处方2：银花藤（忍冬藤）、大青叶、和他草、田基黄、珍珠草、白茅根、一点红、鸡血树（黄牛木）叶、四方拳（四方草）、土甘草（相思藤）各5克，大果、小果各3克，1克中药加2毫升水，水煎成1毫升药液，取药液，加红土25克搅拌沉淀后去渣灌服，每千克体重1克，每天1次，连用5天。

处方3：龙葵（少花龙葵）、大青、筋榄叶各15克，银花藤（忍冬藤）、玉叶金花、漆枯（红珍珠草）、田基黄、黄栀子（山栀子）、皱面草（细叶亚婆草）、漆叶（野漆树叶）各5克，羊蹄草（一点红）5克，蜜糖5克，小芸木（小果）5克，1克中药加2毫升水，水煎成1毫升药液，取药液，加入适量蜂蜜灌服，每千克体重1克，每天1次，连用5天。同时用以下中药擦背部：毛发炭（血余炭）5克、漆叶4克、生姜6克，共捣烂，加适量山柚油（油茶油）搅拌均匀，连用5天。

处方4：珍珠草、火炭母、水割菜（异叶水车前）、一点红、地胆草（地胆头）、假黄皮各10克，冬瓜50克，共捣烂冲水50毫升去渣灌服，每千克体重2毫升，每天1次，连用5天。

功效：清热解毒、利湿、化湿健胃。

【防治措施】为预防钩端螺旋体病，除了实行一般卫生防疫措施外，应特别注意检查所有肉类饲料。屠宰家畜或进入肉类饲料都要进行兽医检查。发现有本病可疑症状（黄疸、黏膜坏死和血尿）的动物，屠宰肉必须煮熟后饲喂。对水源定期检查，用水应放在指定安全地点，水盒每5天洗刷更换一次，以防腐败和污染。防止啮齿动物污染饲料和饮水，定期灭鼠和消毒。场内设垃圾箱，经常清运到指定地点。发现本病后，应立即隔离病兽和可疑病兽于单独隔离室饲养和治疗，到打皮时淘汰，不得中途再放进兽场，因为患兽长期带菌。由于本病能传染人，所以饲养管理人员应严格遵守个人预防规则。必须在污染毛皮兽饲养场实行疫苗接种，成年兽量为5毫升，仔兽量为2～3毫升。暴发期可用抗钩端螺旋体血清对病兽和可疑病兽进行治疗。

十一、假单胞菌病

假单胞菌病又称水貂、狐绿脓杆菌病。水貂感染该病表现为出血性肺炎，狐感染该病常表现为子宫内膜炎。

【流行病学】该菌对多种毛皮兽都能致病，如水貂出血性肺炎、狐化脓性子宫内膜炎，多种家畜和家禽也都能感染本病。人对该病也易感，如外伤感染、小儿脑膜炎等。

患病动物是该病主要传染源。病原随粪便或尿液排出体外，污染饲料、饮水或垫草，经消化道或呼吸道感染。狐常经子宫感染，发生化脓性子宫内膜炎。常因人工授精器具、手臂或毛皮兽阴部消毒不严而引起子宫感染。

【临床症状】毛皮兽人工授精是从2月中旬开始至3月中旬。人工授精毛皮兽常在3月中旬至4月中旬相继开始发病。某地毛皮兽场人工授精母兽 530 只，其中 212 只发生化脓性子宫内膜炎，发病率为 40%。

毛皮兽中狐发病多见食欲下降或废绝，精神沉郁，不愿活动，常蜷缩蹲卧在小室内。病兽常从阴道内流出黄绿或黄红色黏稠分泌物，并具有腥臭味。病兽常发生胎儿吸收、流产、死胎和烂胎。

对于水貂，该病潜伏期为 19 小时，长者达 2~5 天。病貂精神沉郁，食欲废绝，呼吸高度困难，常发出如乌鸦一样的叫声。常因肺出血和败血症而死亡。

【病理解剖变化】病理剖检主要变化在子宫，剖检发现子宫角粗大肿胀，充血和出血。输卵管粗大和充血。胚胎出血、充血，切开流出黑红色或黄绿色腥臭液体。两子宫角充满大量绿色或黄绿色黏稠带有异常臭味的液体。整个子宫黏膜充血、出血和黏膜脱落。

肝脏充血，被膜下有少量出血点，微肿大。脾脏瘀血。腹腔内有少量淡黄色腹水。其他脏器未见异常变化。

【诊断】临床诊断主要表现为化脓性子宫内膜炎。病理剖检诊断主要表现子宫内膜充血、出血和黏膜脱落，胚胎糜烂，并流出黄绿色或黑绿色臭味液体。

细菌学诊断是确立诊断的依据。采取子宫脓汁，接种普通琼脂平板，放于 37℃恒温箱中培养，经 24 小时长出灰白色、微隆起菌落。经 48 小时培养，则培养基变为黄绿色，时间延长，菌落中央变成黑褐色，色素深入培养基基质中，产生黄绿色素并使培养基变成深褐色，为绿脓杆菌培养特征，具有诊断意义。

分离纯培养，做生化试验，如果为假单胞绿脓杆菌则分解葡萄糖、木糖产酸，不分解乳糖和麦芽糖，氧化酶试验阳性，精氨酸双水解酶阳性。

【治疗】在确诊为本病后应积极进行治疗，有条件地方最好先做药敏试验，确定其流行菌株对某些抗生素的敏感性，选择对其最敏感抗生素进行治疗，能取得较好效果。

一般常用氨苄青霉素，每只毛皮兽0.35克肌内注射，每天2次。同时，应用氧氟沙星氯化钠注射液冲洗子宫。治疗4～7天，可收到良好效果。

中药防治：

处方：郁金2份，白头翁2份，黄柏2份，黄芩2份，黄连1份，栀子2份，白芍1份，大黄1份，诃子1份，甘草1份（无黄连可用穿心莲2份代替）。

用法用量：共为细末。治疗按每天每千克体重2克，预防量减半。开水冲焖半小时，拌食内服。病情严重者煎汁，1克中药加2毫升水，水煎成1毫升药液，取药液灌服，每千克体重1毫升，每天1次，连用7天。

功效：清热解毒，消滞止泻。

【防治措施】

① 对有病兽和假定健康兽进行分群饲养，防止再传染。

② 全场要进行彻底清扫消毒，地面用20%石灰乳，食具清洗煮沸消毒，笼舍和小室用火焰喷灯消毒。

③ 对死亡动物尸体、流产胎儿、分泌物和排泄物及污染物、垫草等应焚烧或深埋处理。

④ 改善饲养管理，增加营养，不断提高动物机体抵抗力。

⑤ 严格执行兽医卫生措施，尤其进行人工授精时要特别注意消毒，严防污染。

十二、阴道加德纳氏菌病

【流行病学】 该病主要传染源是毛皮兽中的病兽和患有该病的动物。调查结果表明，最易感染动物为银黑狐、北极狐、赤狐及彩狐，其感染率为0.9%～21.9%、流产率为1.5%～14.7%、空怀率为3.2%～47.5%。除狐以外，貉、水貂、犬也可感染；实验动物大鼠、小鼠、地鼠、豚鼠和兔不感染。调查结果还表明，该菌能感染人，人狐间能互相感染。

本病传播方式主要是通过交配，传染途径主要经生殖道或外伤。

该病流行主要特点是狐最易感，其中北极狐较其他狐感染率高；成年狐较育成幼龄狐感染率、空怀率和流产率高；老养狐场较新建养狐场感染率高；配种后期感染率明显上升。调查某狐场发现总感染率为8.3%，其中老种狐阳性率14.79%，育成狐阳性率为3.6%。

【临床症状】母兽在配种后不久，在妊娠前期和中期出现不同程度流产，规律明显，以后每年重演，病势逐年加剧，兽群空怀率逐年增高。母兽感染本病主要表现为阴道炎、子宫炎、卵巢囊肿、尿道感染、膀胱炎、肾周围脓肿及败血症等。公兽感染常发生包皮炎和前列腺炎。因此，导致养兽场大批母兽不孕和流产，严重影响繁殖力，给毛皮兽养殖业造成重大损失。

【病理解剖变化】死亡母兽剖检发现阴道黏膜充血肿胀；子宫颈糜烂，子宫内膜水肿、充血和出血，严重发生子宫黏膜脱落；卵巢常发生囊肿，膀胱黏膜充血和出血。公兽常发生包皮肿胀和前列腺肿大。病理剖检发现，主要病变发生在生殖系统和泌尿系统，其他系统无明显变化。

【诊断】

1. 细菌学诊断　采取母兽阴道分泌物、死亡流产胎儿、胎盘等为材料进行涂片、镜检，可发现多形性革兰氏阴性球杆菌；将其病料接种于血液胰蛋白琼脂培养基内，37℃、48小时培养出现光滑、透明小菌落并呈β溶血，并进行纯培养。

为进一步证实分离细菌的致病性，需进行毛皮兽人工感染试验。取血清学试验阴性、细菌学分离阴性的青年怀孕母兽做试验用。用细菌纯培养物，制成每毫升含菌20亿，生理盐水菌液2毫升，接种试验兽皮下，单独饲养观察，同时设对照组。

试验狐接种后第 3 天体温升高至 39.9～40.5℃，稽留 3 天，同时采血分离细菌为阳性；人工感染后 7～12 天试验母兽全部流产，流产胎儿分离细菌为阳性，对照组正常，从而证明该菌为致病性的阴道加德纳氏菌病。

2. 平板凝集反应　用制备的灭活菌体抗原检测感染兽血清抗体，试验结果证明特异性好，重复性好，检出率高，其阳性检出率为 92.2％（177/192）。同时，证明动物免疫后 5 天即可发生抗体，7 天后 70％阳转，10 天后 86.5％阳转，15 天后 100％阳转，免疫 30 天抗体滴度达到最高峰，持续 1～1.5 个月，抗体转阴。

3. Dot - ELISA 诊断法　应用超声波打碎菌体细胞，再以饱和硫酸铵沉淀法，提纯蛋白抗原。经试验证明该抗原特异性强，不与大肠杆菌、巴氏杆菌、布鲁氏菌、犬瘟热和脑炎血清发生阳性反应。该法敏感性高，比平板凝集反应高 28.1 倍。检出率为 97.3％（187/192）。同时重复性好。应用该法免疫 10 天即可检出抗体，2.5 个月抗体滴度达到高峰，并持续 2～3 个月后开始下降，8 个月仍有抗体。因此，该法可作为毛皮兽阴道加德纳氏菌病特异性血清学诊断方法。

【治疗】硫酸庆大霉素，每千克体重 4 毫克，皮下或肌内注射，每天 2 次，连用 2～3 天；或硫酸小诺霉素，每千克体重 2 毫克，皮下或肌内注射，每天 2 次，连用 3 天；或拜有利，每 20 千克体重 1 毫升，皮下或肌内注射，每天 1 次，连用 3 天。

【防治措施】用人工制备的灭活菌苗，含菌量为每毫升 40 亿。试验证明该菌苗安全可靠，平均保护率 92％。

免疫毛皮兽 2、4、6 个月后，分别用强毒攻击，均得到 100％保护。8 个月用强毒攻击，保护率仍达 90％，因此该苗的免疫期定为 6 个月。该苗在 4～6℃条件下可保存 10 个月。通过吉林、辽宁、山东等 6 万头份毛皮兽试验证明，该苗具有安全和免疫效果好的特点，应用该苗后有效控制了狐、貉、貂的加德纳氏菌引起的空怀和流产。

第五节　毛皮动物的病毒性传染病

一、犬　瘟　热

犬瘟热是由病毒引起的高度接触性传染病。除犬患本病以外，多种肉食性毛皮兽几乎都可感染。其主要特点为发热、眼结膜炎、鼻炎及消化道炎症，也常发生卡他性肺炎、皮肤和神经变形。幼龄动物具有较高的死亡率。

【流行病学】在自然条件下，犬、狼、银黑狐、北极狐、貉、水貂、鼬鼠、獾及豺狼对犬瘟热病毒易感。在笼养的毛皮兽中，以貉、银黑狐和水貂最易感，北极狐次之。所有年龄的肉食毛皮兽均易感，但以2.5～5月龄幼兽感染性最大。患过犬瘟热或注射该疫苗的母兽所产生的仔兽，在哺乳期里不患本病，因为此期仔兽从母兽乳中得到抗体，从而获得坚强的被动免疫。

在毛皮兽饲养场内，犬瘟热常在一种毛皮兽中间流行，经过一定时间传染给另外一种毛皮兽。这说明犬瘟热病毒适应一定种类的毛皮兽；另外也说明犬瘟热病毒可以由一种动物传染给另一种动物，常在犬科动物（银黑狐、北极狐和貉）继代后增强其毒力，而侵害抵抗力较强的鼬科毛皮兽（紫貂和水貂）及其他毛皮兽。

传染源主要是病犬和病兽以及带病毒的动物。国内一些饲养场发生犬瘟热，多数都是由周围居民区的犬发生犬瘟热而传染给饲养动物的。主要是通过接触传染，也可通过传递物或传递者传染。饲养人员的衣服和靴可将本病带入场内。在毛皮兽配种期，由于动物频繁接触，由一个笼子到另一个笼子；护理不当或不遵守兽医卫生规则等，都能促进本病传播。在饲养场经常栖居的禽类、家鼠等，可能同样传播该病。

本病没有季节性，一年四季均可发生。病的经过和严重程度，取决于动物机体的抵抗力、病原体毒力特性、饲养管理条件及病原体对该种动物的适应程度。

病的初期，可能在一个饲养班组内的动物发生。随着毒力增强，很快波及其他兽群和整个饲养场。在夏季，犬瘟热常暴发于断乳的幼兽中，开始不易被发现，直到秋季大批动物发病时方可获得诊断，而造成严重损失。配种期也特别危险，起初症状不明显，难于发现，由于公兽流动而促进病的传播。公兽配种能力下降，母兽大批空怀及胚胎被吸收。有的母兽产生死胎，吃掉仔兽。分窝后死亡率显著增高，从8月至11月达最高峰。多数研究者研究了犬瘟热的带毒问题，发现患兽带毒时间多为5～6个月。

【临床症状】 自然感染时，毛皮兽中银黑狐、北极狐及水貂的潜伏期通常为9～30天，个别长达3个月。此后，在一些病例中出现本病特征性临床症状，也有些病例症状不明显。

银黑狐和北极狐开始时体温升高至40～41℃，持续2～3天。一些45日龄前的仔兽体温表现在正常范围内或以下。以后体温的波动取决于疾病经过的严重性和并发症。病兽开始拒食和吃少量食物，有的出现呕吐。鼻镜干燥，鼻部皮肤出现龟裂并被覆以干燥痂皮，有时发现鼻肿胀。出现犬瘟热特征性临床症状是在疾病最初的2～3天，先是浆液性，以后是黏液性，最后是化脓性结膜炎，此时眼裂周围被毛脱落。角膜炎很少发生。同时出现浆液性鼻炎，定期或不断地从鼻腔内排出透明液体，有时转为黏液性或化脓性鼻炎。

当肺被侵害时，出现咳嗽症状，起初为干咳，以后变为湿咳。特别是春秋季节发生时，常侵害呼吸器官。同时，消化器官发生卡他性炎症，腹泻有时混有血液，北极狐常常发生脱肛，而银黑狐此种现象少见。皮肤病变很少发生且不明显，仅出现于后脚掌和尾尖皮肤上。

当神经系统被侵害时，主要表现为病的初期或末期病兽出现咀嚼肌、头肌和四肢肌肉痉挛性收缩、麻痹或不全麻痹，癫痫性发作，阵挛性强直等。出现某肌群有节律的抽动，一般为进行性，起初后肢，而后前肢导致完全麻痹。银黑狐常突然视觉丧失，瞳孔高度散大，虹膜呈绿色。本病持续时间一般为2～3天，有的达30天以上。

【病理解剖变化】 眼睑肿胀，眼、鼻呈卡他性或化脓性炎症。

胃肠黏膜呈卡他性炎症，胃覆盖以黏稠呈暗红褐色液体，常见有出血和带有边缘不整齐的糜烂和溃疡。小肠有卡他性炎症病灶，大肠的病变在直肠黏膜上见有无数点状或带状弥漫性出血。

肝呈暗樱桃红色，充满血液。胆囊伸展。急性经过者脾脏微肿大，呈暗红色。慢性病例脾缩小。肾被膜下有点状出血，切面纹理消失，膀胱黏膜充血，常带有点状和条状出血。心肌扩张，肌肉松弛，呈红色，有浅灰色病灶，心外膜下有出血点。脑膜血管显著充血，水肿或无可见变化。

【诊断】 根据流行病学和临床症状可以做出初步诊断。为了最后确诊，必须在病的初期取病料做生物学试验和特异包含体实验。为了进行流行病学调查，发现可疑传染病源可应用血清中和鸡胚接种试验。

生物接种检查：生物接种试验是确定诊断的重要依据。为获得准确结果，选择动物十分关键。应选用断乳15天后的幼龄兽，不能用哺乳期仔兽，因为此期仔兽从母体中获得相应抗体而形成被动免疫，更不能选用1年以上的老龄动物，以及与该病（包括其他传染病）可疑的动物。应由濒死期或新死亡的毛皮兽中以无菌手术采取肝、脾、脑等组织块，用灭菌生理盐水做10倍稀释，各种组织分别研磨。如混浊有微生物污染时，可加适量的青霉素和链霉素。放无菌试管中离心30分钟，取上清液供感染用。感染的剂量，脑内为0.2毫升，皮下或肌内为3～5毫升。感染后的动物放于专门地点饲养管理，注意观察。一般在10～14天，有时长达1～2个月，出现明显拒食、体温升高、结膜炎、鼻炎和下痢等犬瘟热典型症状。也可采用孵化7日龄鸡胚绒毛尿囊接种，如混悬液中有犬瘟热病毒，接种后数天，在接种的地方出现水肿，7天后出现菌落似的灰白色不透明隆起物。但病毒量少时不易成功。

包含体检查：检查细胞内包含体，是诊断犬瘟热的重要辅助方法。已经证明，犬瘟热的包含体具有特异性，而且检出率也很高，银黑狐和北极狐比水貂高。包含体主要存在于膀胱、气管、胆管、胆囊、肾和肾的上皮细胞内。检查包含体多用涂片的方法，取清洁消毒去脂玻片，滴加生理溶液1滴，用小外科刀在膀胱黏膜上取刮下物（注意要轻轻刮取）少许，小心接触滴加的生理溶液，逐渐将细胞洗在生理溶液里，然后轻微涂制成片。在自然条件下干燥，甲醇溶液中固定3分钟，晒干后染色。如涂片放置1天以上，须在染色前滴加生理溶液，作用20分钟，倒去生理溶液再进行染色。可在固定的涂片上先加苏木紫液，再加温染色20分钟。用蒸馏水冲洗，如涂片厚时可用0.1%的盐酸溶液分化2～3分钟，水洗后再用1%浓度的伊红水溶液染色5分钟，干后在油浸镜下检查。用组织切片时，用HE染色效果比涂片好。

用上述染色法，细胞核被染成淡蓝紫色，细胞质被染成均匀的淡红玫瑰色，而包含体则被染成鲜艳的深红色。通常包含体在细胞质内，一个细胞内能发现1～10个多形性包含体，一般呈圆形或椭圆形。还发现有紧贴在核上的镰刀形包含体，核内包含体少见。包含体具有清晰的边界和均质的边缘，与杂质较易区别，但要注意与红细胞区别。在临床症状显著时死亡的动物中包含体较多，否则较少。混合感染的材料同样能检出包含体。在冷冻条件下保存的膀胱，可以提供作包含体检查，一般保存于冰箱（4℃）2～3天，再检查时效果也很好。时间再长则有其他微生物发育，包含体染色不清。

血清中和鸡胚接种试验：本法是利用已知抗原（犬瘟热病

毒），去检查未知抗体（动物血清），借以确定动物血清中是否存在犬瘟热抗体，从而达到诊断本病的目的。但试验前必须了解动物是否进行过犬瘟热疫苗接种，以免误诊。具体操作方法：采被检动物血适量，离心分离血清，然后把分离的血清加温至56℃30分钟灭能，稀释后与有恒定数量犬瘟热病毒混合，犬瘟热病毒数量不少于接种100个鸡胚的半数致死量的数量。把这种血清病毒混合物放于5℃下孵育24小时后，取出0.1毫升接种于孵化7天的鸡胚绒毛尿膜上再孵育6天。如在绒毛尿膜上出现菌落似的不透明隆起物，试验为阳性结果，表明被检动物血清中不含有犬瘟热病毒抗体。

目前应用较广的是抗原胶体金检查和犬瘟热抗原一步检查试剂盒，该方法具有快速和准确的特点。

【鉴别诊断】首先应排除脑脊髓炎、副伤寒、巴氏杆菌病、维生素 B_1 缺乏症和病毒性肠炎。

脑脊髓炎，具有同犬瘟热类似的神经症状，都有癫痫性发作，但脑脊髓炎与犬瘟热不同之处为固定性疾病。此外，脑脊髓炎在各地区饲养场个别窝的幼兽中间经常出现单个病例。

副伤寒具有明显的季节性（6～8月），而犬瘟热一年四季均可发生；副伤寒病死亡动物的脾显著肿大（5～10倍），而犬瘟热则不肿大或仅轻度肿大。

巴氏杆菌病，一般是突然发生，很快发生大批死亡，并在死亡动物材料中分离出巴氏杆菌。

维生素 B_1 缺乏症，特征是急性经过（1～2天）。主要症状为食欲丧失，急剧衰竭，肌肉痉挛性收缩，一天重复几次发作，并发出强烈呻吟。

病毒性肠炎，主要表现为下痢。缺乏犬瘟热特有的临床特征：结膜炎、鼻炎、皮炎和神经性发作。

【免疫】耐过犬瘟热的动物获得坚强的免疫，没有发现重复发病。因此，可以人工制备各种疫苗接种动物，以保护不受犬瘟热侵袭。

【治疗】犬瘟热具有高度接触性传染，又无特殊有效的治疗药物。因此，唯一的措施是及时隔离病兽，加强饲养管理。降低谷物饲料的比例，增加易消化的新鲜肉、肝、蛋、乳，以保证病兽的营养需要和良好的卫生条件。

磺胺制剂和抗生素仅仅对由细菌引起的犬瘟热并发症有作用，能延缓病程，促进痊愈，因此要及时实行对症治疗。当发生浆液性和化脓性结膜炎和鼻炎时，可用青霉素（10万国际单位青霉素溶于10毫升生理溶液中）做结膜和鼻腔滴注。

当消化系统受侵害时，随同饲料喂给青霉素粉，每天2～3次。每只剂量：仔兽为0.25克，成兽为0.5克。羧基苯甲酰磺胺噻唑或爱他唑尔也可随饲料一起喂给，成兽剂量为0.2～0.3克。

当呼吸器官受侵害时，用磺胺二甲基嘧啶磺胺噻唑，每天2～3次。每只剂量：成兽为0.5～1.0克；青霉素静脉注射每天3～4次，每只每天总量：成兽为400万国际单位。

有神经症状时，用苯巴比妥。4月龄前的仔兽量为0.02～0.1克，4～8月龄的仔兽量为0.15克，成兽为0.2克。

中药防治：

中兽医学认为本病为外感热毒疫疠之邪所致，病初为气分邪热证，后期为营分邪热证，治疗以清热解毒为主，辅以止泻、镇吐药物，可选用以下药方：

处方1：病初、中期　银花、大青叶、生石膏、黄芩、柴胡、生地、连翘、生甘草各6克，黄连、升麻各3克，水牛角9克。后期病兽：青蒿、黄芩、丹皮、黄芪、甘草各6克，黄柏、知母、丹参各3克，生地、大青叶各9克。呕吐重者加吴茱萸3克；肌肉震颤重者加僵蚕3克；神经症状重者加郁金、胆南星、石菖蒲、礞石各3克，朱砂0.5克；下痢脓血者加大黄6克，木香3克，侧柏炭6克或焦槟榔3克；呼吸道症状明显时加知母、法夏、苍术、苏子各3克。水煎2次，1克中药加2毫升水，水煎成1毫升药液，取药液，每千克体重1毫升，分2～3次灌服或直肠内灌注，每天1剂，连用3～5天。

处方2：病初、中期　银花、连翘、黄芩各9克，葛根、山楂、山药各6克，甘草3克。后期：紫草、红藤、山栀、丹皮各9克，花粉、山楂、山药各6克，甘草3克。用法同处方1。

处方3：板蓝根、栀子、黄芩、黄芪、竹茹、生地榆各7克，贯众、黄柏、山药各5克，黄连、当归、苍术、枳壳、姜半夏、木香各4克，甘草3克，便血重者改生地榆为地榆炭。用法同处方1。

处方4：黄芩、黄连、连翘各15克，知母、龙胆草、生地、当归、栀子、白芍、桔梗、竹叶、甘草各10克，石膏50克，水牛角20克，贯众3克，全蝎2克，僵蚕5克。用法同处方1，此方适用于病中后期。

处方5：银花、黄芩、连翘、板蓝根、黄柏、大青叶、甘草各10克，生石膏20克。诱发肠炎者加白术、白头翁各10克，伴发肺炎者加贝母、百合各8克。诸药研末，每千克体重1克，每天1次，连续用药至痊愈。

处方6：金银花8克，连翘6克，淡豆豉6克，桔梗4克，荆芥穗5克，薄荷4克，牛蒡子4克，芦根10克，大青叶5克，黄连须4克，黄芩5克，白头翁5克，天花粉6克，栀子4克，甘草3克，1克中药加2毫升水，水煎成1毫升药液，取药液灌服，每千克体重1毫升，每天1次，连用3天。

处方7：对于神经型犬瘟热，宜滋阴降火，镇静安神，药用：知母6克，黄连3克，黄芩6克，连翘6克，黄药子6克，浙贝母3克，冰片1克，朱砂0.6克，天麻3克。除冰片、朱砂外，水煎2次，1克中药加2毫升水，水煎成1毫升药液，取汁加入冰片、朱砂，每千克体重1毫升，分3次灌服，每天1剂，连用3天，另外配合应用维生素B$_1$、恩诺沙星、氨苄西林钠等西药，连用 3 天。

处方 8：注射用双黄连粉剂 600～1 000 毫克，10％葡萄糖稀释，腹腔注射，配合板蓝根、生石膏、黄柏、大青叶和甘草各 5 克。如诱发肠炎者加白术、白头翁 8 克，伴发肺炎加贝母、百合各 5 克，以上诸药研末，每千克体重 1 毫升，拌料饲喂，每天 1 次，连用 7 天。

处方 9：石膏 20 克，知母 40 克，生地 50 克，丹皮 15 克，赤芍 15 克，黄连 15 克，桔梗 15 克，黄芩 15 克，玄参 20 克，栀子 20 克，连翘 20 克，水牛角 10 克，甘草 25 克，竹叶 100 克。如有便血者加炒大黄、炒白及各 15 克。1 克中药加 2 毫升水，水煎成 1 毫升药液，取药液灌服，每千克体重 1 毫升，每天 1 次，连用 7 天。

处方 10：黄芩 10 克，黄柏 10 克，秦皮 20 克，芍药 15 克，银花 10 克，连翘 15 克，板蓝根 20 克，甘草 20 克。1 克中药加 2 毫升水，水煎成 1 毫升药液，取汁灌服或直肠深部给药，每千克体重 1 毫升，每天 1 次，连用 7 天。

处方 11：对高热不退，可用板蓝根 20 克，双花 10 克，连翘 10 克，黄芪 10 克，茯苓 10 克，麦冬 8 克，大黄 8 克，黄芩 8 克，冬花 8 克，白术 7 克，半夏 7 克，甘草 7 克，石膏 40 克。1 克中药加 2 毫升水，水煎成 1 毫升药液，取药液灌服，每千克体重 1 毫升，每天 1 次，连用 5～6 天。对后期食欲不振和废绝的病兽可用：黄芪 15 克，山楂 15 克，神曲（后下）15 克，白术 10 克，茯苓 10 克，青皮 8 克，半夏 8 克，甘草 6 克。1 克中药加 2 毫升水，水煎成 1 毫升药液，取药液灌服，每千克体重 1 毫升，每天 1 次，连用 5～6 天，并结合用清瘟败毒饮煎剂进行深部保留灌肠，药用：生石膏 50 克，知母 5 克，玄参 5 克，生地 5 克，丹皮 5 克，桔梗 5 克，连翘 5 克，下痢带血者加白头翁、仙鹤草各 5 克。肺热咳喘加麻黄、紫菀、冬花各 5 克。

【特异性预防】众所周知，耐过犬瘟热的动物能获得稳定的牢固免疫。这是研究犬瘟热疫苗的依据，从 20 世纪 40 年代以来的研究表明，病毒能培养在鸡胚绒毛尿膜上和组织细胞内，能获得足够量的病毒，为制造疫苗奠定了基础。

在疫苗的研究方面进展很快，以往应用福尔马林灭活苗。近年来普遍改用鸡胚绒毛尿膜或鸡胚细胞及幼兽肾细胞培养驯化的弱毒苗。驯化代数一般在 100 代以上，据几年来的效果统计比灭活苗好。活苗接种后 2 天出现干扰现象，10～30 天产生抗体，30 天后达到 90% 以上。免疫期达 6 个月，未见重复感染。孕兽也可接种，对胎儿无不良影响。对接种前 3 天感染的动物则无保护力。发病饲养场毛皮兽可紧急接种，效果也很好。5 周龄的仔兽由于存在被动抗体，接种效果明显下降。所以 5～10 周龄时进行第一次接种，4 个月以后进行第二次接种，才能收到良好效果。

接种方法包括皮下注射、肌内注射和喷雾。目前多用喷雾免疫，其效果较好。

目前世界各国研制成功的犬瘟热活毒弱毒疫苗很多，我国已研制成功犬瘟热活毒弱毒苗。

【防治措施】为预防和控制本病的发生，必须采取如下措施：

① 接种疫苗是预防和控制本病的根本办法。健康动物应在 12 月至翌年 1 月，幼龄动物在 2 月龄时普遍接种。发病兽场进行紧急接种，幼兽在 45 日龄接种，年底再接种 1 次。接种疫苗要及时，否则会加剧病情，造成死亡。

② 建立健全严格的兽医卫生制度，是预防本病的重要保证，因本病传染源主要是病兽和带毒动物。具有特殊意义的是，应严格控制流散的犬和猫进入兽场，对疑似患犬瘟热的犬要及时扑杀。严禁从犬瘟热疫区调入饲料，犬肉必须熟喂。兽场工作人员要有专用工作服和用具，用后放专用房间内保管。禁止从犬瘟热的兽场调入毛皮兽。对新进场的毛皮兽，隔离检疫 30 天后方可入场。

③ 及时隔离病兽，有效封锁兽场是控制本病蔓延的重要措施。在发生犬瘟热时，对病兽和可疑病兽一律隔离，严格封锁。由专门饲养人员管理，保证给以优质、全价、新鲜饲料，并进行对症治疗。被病兽分泌物和排泄物所污染的笼子，要用喷灯火焰消毒；食具用4%氢氧化钠溶液煮沸消毒，地面用3%漂白粉溶液消毒。此期禁止进行称重、打号和品质鉴定等一系列畜牧学措施，尸体要烧毁，皮张放专门房间晾干。先在25～33℃下经3天，后放18～20℃条件下经10天方可处理。

④ 彻底淘汰带毒病兽是保证兽场健康化的关键。犬瘟热痊愈后至少仍能自然带毒6个月，因此，6个月内兽场禁止动物输入和输出。特别在年末发病时，已迫近配种期，最好不留作种兽，打皮期一律取皮淘汰。

二、狂 犬 病

狂犬病是多种家畜、毛皮兽和人共患的以中枢神经系统活动障碍为主要特征的急性病毒病。病毒通过咬伤传递给毛皮兽，最终通常以呼吸麻痹而死亡。

【流行病学】在自然条件下，所有毛皮兽和畜禽对狂犬病均易感。人也容易感染。本病还记载于狼、豺、狮、熊、鹿、貂、貉、兔、羚羊、红狐和银黑狐。在实验动物中以家兔、豚鼠、鼠类较为易感。

家兔脑内或皮下接种病毒，于12～25天（个别43天）发生麻痹死亡。连续通过兔脑接种病毒，则潜伏期缩短，在5～6天即发病，经1～2天死亡。巴斯德将此病毒称为"固定毒"，把没有固定的天然发生的病毒称为"街毒"。

患有本病的犬和野生动物是狂犬病的天然宿主。这些患病动物的唾液中含有大量的病毒，在兴奋期跑到居民点及牧场或兽场咬伤人、家畜和毛皮兽会引起发病。

在笼养条件下的毛皮兽，多半是通过跑到兽场内的患狂犬病的野生动物或犬，经笼壁咬伤毛皮兽而发生散发病例。

狂犬病在野生肉食动物中广为传播。特别是银黑狐可能为家畜中本病的经常传播者。与动物发情、猛禽回游等有密切的关系，因而有很明显的季节性。在毛皮兽中无论幼兽或成年兽均能感染发病。

【临床症状】毛皮兽患狂犬病与犬一样，经过多为狂暴型。大体分为 3 期。

1. 前驱期　毛皮兽发现短时间沉郁，运动有限制，此期不易察觉。

2. 兴奋期　毛皮兽兴奋，呈现攻击性增强，病兽不觉胆怯，猛扑各种动物，撕扯遇到的一切物体。发现狂暴期反复。病兽损伤自己的舌、齿、齿龈，折断下牙。病兽拒食，不饮水，常常吞咽投入笼子内的各种物体，在发病期病兽呻吟。发现流涎增强，腹泻有时延长到死亡。有时发生下颌麻痹，犬多见。

3. 麻痹期　此期麻痹过程增强，表现后躯摇晃以及后肢麻痹。体温下降。病兽不能站立，无意识躺卧，在痉挛和抽搐中死亡。病期为 3～6 天。

【病理解剖变化】狂犬病的病理解剖变化是无特征性的。变化主要见于胃肠和大脑内。

胃肠黏膜充血或出血。这可能是在兴奋期吞下异物刺激的结果。肝呈暗红色，松弛，脾微肿大，有时比正常大 2～3 倍。肾内发现贫血，皮层和髓层界限消失。有的病例肺内出血。在大脑内由于血管被血液高度充盈及扩张而呈现出血。脑室内液体增多，脑组织常发现点状出血。

【诊断】在临床上诊断狂犬病并没有困难。高度兴奋，食欲反常，后肢麻痹；病理解剖学检查发现胃内有异物；在本地区动物中有狂犬病流行，并发现有疯犬和野生动物狂犬病例与饲养毛皮兽接触，即可确定狂犬病。

在死后的诊断中，检查包含体（Negri）最有诊断的价值。

利用钱柯氏液（升汞 5 克，重铬酸钾 2.5 克，蒸馏水 100 毫升）固定大脑海马角组织块作组织学检查。福尔马林固定液不宜做包含体检查。

组织切片可用苏木伊红染色，可以发现包含体。

检验包含体的简便方法是用触片法。用脑刀将海马角切断，用载玻片轻轻压于断面上做触片数块，用 Manm 法、Giemsa 或 Sellers 等染色法染色，也可检查出包含体。有 10％～15％动物狂犬病不能检出包含体。因此，当包含体检查呈阴性时，有必要再进行生物学试验。

为了进行生物学试验，可将死亡动物的脑或唾液制成悬液，按每毫升悬液加 1 000～5 000 单位链霉素或青霉素，离心后取上清液 0.2～0.3 毫升于小鼠脑内接种（5～6 只）。如有狂犬病毒存在，小鼠在接种后 6～9 天表现麻痹委靡和脱水症状，在症状出现后 1～2 天死亡。个别在 14～18 天表现出症状，因此必须在观察 21 天后做最后判定。

【鉴别诊断】狂犬病麻痹期的症状常与神经型犬瘟热和中毒相类似，必须认真加以鉴别。

神经型犬瘟热病兽无论在什么情况下都无攻击性和狂暴。幼龄兽对犬瘟热最易感，而狂犬病任何年龄的毛皮兽均易感。当检查犬瘟热毛皮兽的脑时没有包含体，而在膀胱黏膜上皮细胞内发现犬瘟热特征性包含体时即可确诊。

当怀疑为中毒时，必须立即化验前几天喂过的饲料。如为狂犬病，在饲料中无化学毒物和生物学毒素。同时，中毒缺乏攻击性和食欲反常的症状，常见到呕吐，给予消毒药和轻泻药后能缓解症状。

中药防治：

处方 1：延胡索、金银花、知母各 15 克，细辛 10 克，白芷、川芎、天冬、麦冬、花粉、黄柏、黄芩、玄参、芍药、贝母、前胡、甘草各 10 克。

用法：1克中药加2毫升水，水煎成1毫升药液，取药液灌服，每千克体重1毫升，每天1次，连用7天。

处方2：白芷、石菖蒲、南星、僵虫、杏仁、桔梗、法夏、全虫、防风、秦艽各15克，细辛10克，广香16克。

用法：1克中药加2毫升水，水煎成1毫升药液，取药液灌服，每千克体重1毫升，每天1次，连用7天。

处方3：菊花15克，天麻25克，法夏15克，钩藤30克，杭菊15克，竹黄10克，僵虫15克，黄连35克，广皮10克，防风15克，焦栀子15克，枳壳15克，木香15克，茯苓15克，胆草15克。

用法：1克中药加2毫升水，水煎成1毫升药液，取药液灌服，每千克体重1毫升，每天1次，连用7天。

【防治措施】 为预防毛皮兽饲养场发生狂犬病，应坚决防止犬、猫及野兽进入兽场，可用较高的篱笆或围墙使饲养场与外界隔离。不允许将从森林里抓来的野兽直接放入兽场内。

毛皮兽饲养场的工作人员（工人、职员、兽医、技术人员）都要进行狂犬病疫苗的接种。

如毛皮兽饲养场有狂犬病发生时，要实行封锁，并及时向上级有关卫生部门报告疫情，杜绝病兽跑出兽场。对死于狂犬病的病兽尸体，以及可疑患病的尸体一律烧毁，还要严格遵守个人防疫措施。禁止从尸体上取皮。对所有兽群应仔细观察，及时发现患病和可疑病的毛皮兽。对临床上健康的毛皮兽，一律接种疫苗或免疫血清。被患兽咬伤的毛皮兽，不超过8天的允许接种。

从毛皮兽患狂犬病死亡的最后一个病例算起，经2个月后取消封锁，一切预防措施应按国家兽医条例规定执行。

三、伪狂犬病（阿氏病）

伪狂犬病又称阿氏病，是多种毛皮兽常发生的急性病毒性传染病。其特点是侵害中枢神经系统和使皮肤显著发痒。本病在肉食毛皮兽中多见，给毛皮兽饲养业带来很大的经济损失。

【流行病学】在自然条件下，除牛、羊、猪、马、犬、猫及啮齿类之外，毛皮兽以水貂、银黑狐、北极狐易感。鸡、鸭、鹅及人均可感染轻度的伪狂犬病。实验动物家兔、豚鼠和小鼠也易感。

病兽和患过病的家畜副产品饲料是毛皮兽的主要传染源。猪是本病的主要宿主，其临床症状不明显（无瘙痒和抓伤），多呈隐性经过，生前诊断很困难。患过本病的猪能自然携带病毒6个月以上。

病毒侵入机体的主要途径是胃肠道。在实验条件下，给毛皮兽喂给有病毒的材料，特别是当口腔黏膜划破后，易于感染伪狂犬病，也可能通过损伤的皮肤招致感染。接触感染在阿氏病流行病学上无实践意义，但还不排除啮齿类对毛皮兽传染来源上的作用。

在毛皮兽中，本病没有明显的季节性，但以夏、秋季为多见。常呈暴发流行，初期死亡率高，当从日粮中排除污染饲料后，病情很快即可得到控制。

【临床症状】毛皮兽中银黑狐、北极狐和貉的潜伏期为6～12天。银黑狐、北极狐和貉出现本病时，主要表现为拒食、常发生流涎和呕吐，精神沉郁，对外界刺激反应增强。各种毛皮兽伪狂犬病的特征为眼裂及瞳孔高度收缩。用前脚掌搔抓颈、唇部的皮肤。由于病兽瘙痒增强，因此常用前脚掌抓破头及颈部的皮肤。搔抓发作经1～2分钟反复一次，病兽呻吟，辗转反侧，用后脚掌跳起，又重新躺下。抓伤部位不仅损害皮肤，而且也损伤皮下组织及肌肉，发现损伤组织出血性水肿。兴奋性显著增高的病兽常咬笼子。由于中枢神经系统损伤严重及脊髓炎症，常引起四肢麻痹或不全麻痹。从疾病出现临床症状起1～8小时，病兽在昏迷状态下死亡。

有些病例出现呼吸困难，浅表，呈现腹式呼吸，呼吸运动增强，每分钟达 150 次。这是因为肺受到严重侵害的结果。

有的病兽取坐姿，前肢叉开，颈伸展，咳嗽声音嘶哑及出现呻吟。在后期由鼻孔及口腔流出血样泡沫。这种经过很少出现搔伤，病程为 2～3 小时，个别病例可达到 24 小时。

【病理解剖变化】 死亡病兽的尸体营养良好，在鼻及口腔内和嘴角周围出现多量粉红色泡沫样液体。

患病器官普遍呈现瘀血。心扩张，冠状血管充血，心包腔内有少量渗出物。心肌呈煮肉状。

眼、鼻、口和肛门黏膜呈青紫色。大多数死亡的毛皮兽在搔抓部的皮肤上无被毛，并发现有损伤。其内部皮下组织及肌肉肿胀，多见出血性渗出物，常伴有撕裂。腹膨胀，腹壁紧张，尸僵不明显，血液呈黑色，凝固不良。

肺塌陷，呈暗红色或淡红色。在胸部下深部有时见到斑点状出血，从切面流出黑紫色静脉血液或带有泡沫样淡红色血液。在瘀血性充血的底面上能辨认出较硬固的稍突出切面的暗红色或黑红色部位。此病变组织无气体，取该病变组织放于水中常会沉于水底。支气管和纵隔淋巴结微红。甲状腺水肿，呈胶质样，有点状出血。

较为特征性的变化是胃肠膨胀，胃黏膜常常充血并覆盖以暗褐色煤焦油样液体，小肠黏膜为急性卡他性炎症，表现肿胀、充血及覆盖少量的褐色黏液。

肾增大，呈樱桃红色，松弛，切面多血。脾稍微肿大，瘀血性充血，呈斑点状。包膜下可见到点状出血，切面湿润，构象清楚。

大脑血管充盈，脑实质稍呈面团状。

当组织学检查许多内部器官时，局部血液循环障碍可视为本病组织学变化的特点。这些器官呈现充血，血管周围水肿及血细胞渗出性出血。血管内腔空泡变性，浆液性出血性肺炎，浆液性脑膜炎及大脑神经细胞变性。

【诊断】根据流行病学、特征性临床症状、病理解剖及组织学变化进行综合分析，可以做出诊断。为证实其诊断，可用家兔、豚鼠和小猫，最好用毛皮兽做生物学试验检查。

为了进行生物学试验，可采取病兽死后的脑、肺、脾制成1∶5稀释的乳剂。为防止污染，可按1毫升混悬液加入500～1 000单位的链霉素和青霉素。离心后取上清液1～2毫升给试验动物做皮下或肌内接种。家兔接种后1～5天出现明显的瘙痒症状，搔抓头部，造成脱毛和损伤，最后死亡。

【鉴别诊断】伪狂犬病与狂犬病相类似，特别是以神经系统症状为主而又无皮肤痒觉和搔伤的病例更难区别。但仔细分析与狂犬病不同可发现，阿氏病突然发病，迅速波及大批毛皮兽并伴有高度死亡率。如北极狐、银黑狐常出现皮肤瘙痒和搔伤，而且病程短，几小时内即死亡。特别用家兔做生物学试验，出现典型的瘙痒和抓伤。

毛皮兽中银黑狐阿氏病与脑脊髓炎有些类似之处。但后者病程较长，呈地方性暴发。

毛皮兽神经型犬瘟热与阿氏病相似。但不同的是犬瘟热呈慢性经过，高度接触性传染而无皮肤的瘙痒和抓伤。当患犬瘟热时在眼睑黏膜、膀胱黏膜和气管黏膜上皮细胞内可检出特征性胞浆内包含体。

巴氏杆菌病与阿氏病也有相似之处，但巴氏杆菌病潜伏期为3～5天，慢性经过的为10～21天。患巴氏杆菌病的病兽体温升高到41.5～42℃，皮下组织水肿，淋巴结炎，卡他性出血性胃肠炎和肝脂肪变性。细菌学检查可以检出巴氏杆菌。

【治疗】目前尚无特效的治疗方法，用丙种球蛋白治疗毛皮兽阿氏病，获得了满意的效果。

发现本病后，应立即排除伪狂犬病毒污染的饲料，更换新鲜、易消化、适口性强和营养全价的饲料，同时应用抗生素控制继发感染。

【防治措施】为了预防本病的发生，必须对饲料进行严格的检查，特别是猪的副产品应当煮熟后喂给。当兽场出现阿氏病时，应立即排除可疑的饲料，对病兽进行隔离饲养观察，对污染的笼子和用具要进行彻底消毒。

四、传染性肝炎

毛皮兽传染性肝炎是急性病毒性疾病。特征是体温升高，呼吸道和肠道黏膜卡他性炎症及脑炎症状，实质器官特别是肝脏内发生炎性坏死变化及脑膜炎变化。

【流行病学】长期认为肉食动物传染性肝炎病毒仅仅对犬有致病力，但以后的许多研究证明，对银黑狐、北极狐、狼、豺、家兔、豚鼠及鼠均易感。

所有年龄的毛皮兽都能感染传染性肝炎，而3～6个月龄的幼兽最为易感。幼兽发病率为40％～50％。在2～3岁的毛皮兽患病率为2％～3％，年龄较大的毛皮兽患病者很少。

在毛皮兽饲养场，病毒性传染性肝炎常由明显临床症状的病兽和带毒的犬而传染，伴有大批的毛皮兽发病和死亡。有的场仅仅呈散发病例，病的初期死亡率高，中期和后期死亡率则逐渐减少。

本病常呈地方性流行，其患病率和死亡率不依季节为转移，但夏秋季节对本病的传播最为有利，因为此期幼兽多，饲养密集。

病毒通过呼吸道、消化道及损伤的皮肤和黏膜而侵入机体，在子宫内及哺乳期也可以使其毒力增高，引起成年毛皮兽发病。由于患兽带毒及排毒，能使健康动物发病，这可能是兽场暴发流行的原因。

【临床症状】毛皮兽传染性肝炎症状多种多样。在无实验室检查情况下很难确诊，但依据典型病例可以辨别本病。

自然条件下感染本病时，潜伏期为10～20天。人工感染时，潜伏期为 5～6 天。根据机体抵抗力和病原体的毒力，可将本病区分为急性、亚急性和慢性经过 3 种。

① 急性经过的病例，首先表现拒食，精神迟钝，体温升高到 41.5℃以上，并一直保持到死亡。患兽出现呕吐，渴欲增高。病程 3～4 天，常常无任何症状而突然死亡。

② 亚急性的病例，表现为精神抑郁，出现弛张热，病兽躺卧，起来后站立不稳，步态摇晃，后肢虚弱无力。其特征性临床症状为迅速消瘦，眼结膜和口腔黏膜苍白并出现黄染，后肢不全麻痹或麻痹。个别病例出现一侧或两侧性角膜炎，发病期体温升高到 41℃以上。从体温升高时起，查明心血管系统障碍。心跳每分钟为 100～120 次，脉搏无节律，虚弱。上述症状可能在一段时间内消失后再重新出现，症状加重。尿呈暗褐色，兴奋和抑郁交替进行。病兽常隐卧于笼子的一角，喂食时表现攻击性，发现个别肌群痉挛，兴奋不久而变为沉郁，表现明显脑炎症状。病程延长约 1 个月，最终死亡或转为慢性经过。

③ 传染性肝炎慢性经过的病例，大部分见于被污染的兽场，罕有记载于新发病的兽场，此时临床症状表现不显著和不定性。病兽常表现拒食，有时出现胃肠道障碍（腹泻和便秘交替）及进行性消瘦。出现短时的体温升高。在不良因素影响下，常造成死亡。一般慢性经过的病例能延长到屠宰期。

【病理解剖变化】死亡的毛皮兽，发现有轻微的病理解剖变化。急性经过的特征为各种内脏器官出血，出血常见于胸腔和腹腔的浆膜以及胃肠道的黏膜上，稀有在骨骼肌和膈内出现点状单在性出血。肝增大充血，呈淡红色至淡黄色，切面多汁，发现大脑半球血管充血。其他器官无可见变化。

亚急性经过的病例，尸体营养状态良好，可视黏膜贫血，个别的出现黄染，骨骼肌呈淡红色至淡黄色。胸部、鼠蹊及稀有腹部皮下组织有显著胶质浸润和出血。在胸腔内发现少量的染成淡玫瑰色带淡黄色的液体。肝脏显著增大，表现实质变性。胆囊充满黄色的胆汁，脾肿大，呈樱桃红色，充血，脾髓切面多汁。肾脏容积增大，被膜紧张，实质贯穿以点状或带状出血，切面纹理展平，皮质与髓质界限消失，呈瘀血性充血，髓层呈暗红色。

胃肠黏膜潮红，肿胀，常有多数条状出血。胃内常混有凝固煤焦油样液体。在胃皱襞顶上有时在其间见到各种形状和大小不等的溃疡。肠黏膜肥厚，常被覆以黏液，见有单个或多数条状出血，肠内容物稀薄，呈咖啡色。胃下腺增大，充血，呈淡灰色至黄色或灰褐色，在其表面上有点状出血。通常沿表面侵害到组织深部，脑呈非化脓性脑炎变化。

甲状腺增大 2～3 倍，有出血。周围可以见到胶状水肿，有的无可见变化。

其他器官病变的程度，决定疾病经过的期限。例如，心脏血管系统可发现浆液状心包炎；肺可发现单在气肿区；脑可发现显著的充血或出血。

慢性经过时较显著的变化是消瘦和贫血，在肠黏膜上及皮下组织内常发现单在出血。除新的出血外，还发现有陈旧的出血，呈有色素沉着斑点。

实质脏器变化表现多种多样，主要特征是脂肪变性。脂肪变性常在心、肝、肾及骨骼肌的个别区域特别显著。肝肿大、硬固，带有特殊的豆蔻状纹理。

【病理组织学变化】传染性肝炎首先表现病理变化的器官是肝脏，急性经过的病例，肝脏充血，大血管高度扩张，血管内腔发现红细胞和其他成分（增大的内皮细胞，凝固的纤维素）。肝的病变区肝小梁被破坏，大多数细胞容积增大，其胞浆稀薄，含有大小不等的脂肪滴。个别细胞容积缩小，带有坚固的显著的嗜酸性细胞浆和固缩的细胞核。同样发现肝细胞弥散性营养变性变化。在小叶中心和中部出现坏死。当经过的时间长时，出现高度营养障碍。严重变化时，肝组织贫血。除灶状坏死外，实质大区广泛坏死。颗粒性脂肪变性，细胞崩解或溶解现象的坏死。

在肝细胞核内和脑神经细胞核内发现有包含体，可作为毛皮兽传染性肝炎的特征。包含体的形状、大小和犬的相似。位于核的中心，为核内包含体。大小为 0.5～0.75 微米。大而圆的嗜酸性包含体几乎与整个细胞核大小相等。发现有包含体的细胞核增大，被膜肥厚，由于细胞核染色质的位置移行，在包含体周围出现透明带。

【诊断】根据流行病学材料、临床症状和病理解剖变化，可以做出预先诊断。用带有典型肝炎症状死亡的动物材料可感染健康动物，从而做出最后诊断。为此，可用肝脏制备 1∶5 稀释的生理溶液混悬液，用每分钟 3 000 转离心沉淀 15～20 分钟，取上清液（细菌学检查阴性）给健康幼兽（2～2.5 月龄）眼前房及腹腔接种。

眼前房感染时，应将动物保定牢固，先用几滴 1%地卡因溶液麻醉角膜。用眼科钳子挟住结膜，于边缘处把细针头刺入角膜内，并向中心方向推进针头，直到从其内出现眼前房液体以后在针头上连接注射器，并注入含病毒的材料 0.2 毫升于眼前房内，同时注射同样材料 0.5 毫升于腹腔内。在感染后的第 4 天，眼角膜出现混浊，体温升高至 41～41.5℃。在感染后的第 8 天到第 9 天出现传染性肝炎特征性症状及病理解剖变化而死亡。

在疾病临床症状出现期或动物死亡后，为了确定诊断，可用琼脂沉淀扩散反应检查动物血清。

琼脂扩散沉淀反应方法如下：把溶解的 1%琼脂按 20 毫升倒入培养皿内。用带有 5 个中空管形的特制压模挤出小圆穴，从中排出琼脂。用巴斯诺夫斯基吸管在顺圆周排列的小孔内灌注健康毛皮兽的血清、抗传染性肝炎免疫血清和实验血清，而中心小圆穴内灌注由死于传染性肝炎的毛皮兽或犬的肝脏制备的抗原。把填满小圆穴的培养皿放入 37℃恒温箱内，经 24～48 小时检查反应。阳性反应在琼脂内实验血清和抗原之间出现乳白色沉淀带（条纹），根据条纹强度，按 4 个交叉系评定反应。

本法简便易行，特异性强，敏感性高，现广泛应用于诊断传染性肝炎。

组织培养是诊断传染性肝炎的最佳方法，实践证明，利用该法能够准确地建立诊断。但必须在实验室条件具备的情况下才能开展此项工作。一般利用犬或猪肾细胞单层培养作为毛皮兽传染性肝炎病毒分离培养。

采取被感染的毛皮兽肝脏或血清作为组织培养材料，最初继代移植时，在第二至第三天能够形成肝炎病毒特征性病毒变化，如出现单个的成圆形折光细胞，此细胞能从单层中分离。遭到侵害变性的细胞逐渐增加，并在单层中出现空泡，沿边缘留下呈小岛样病变细胞堆积成较大的团块，如葡萄串样。当单层破坏时，1毫升培养液中的病毒滴度达 $10^{-5}\sim10^{-4}$ 时细胞即呈现显著的病理变化，通常可用中和反应检查。中和的结果可用病毒致细胞病变作用的抑制现象来确定。

补体结合反应，可以作为传染性肝炎的诊断，就是用患病兽补体结合抗体（血清）和病兽肝内的病毒抗原（利用患传染性肝炎毛皮兽肝的提取物或培养3、4、5天的培养液），当不出现溶血时判定为阳性。

组织学检查是死后诊断的一种补充方法。通过组织学检查发现核内包含体、颗粒性脂肪变性和坏死等变化，主要是检查肝组织。可分别从肝右叶和左叶采取几块厚不超过1～2厘米的组织块，把它固定于10％的福尔马林溶液中1～2天，之后切成薄片，用苏木紫染色5分钟，水洗10～15分钟，再用0.2％伊红-橙黄溶液染色1～2分钟，取出后不洗，通过浓度上升的酒精（70°、90°、无水酒精），保留在酒精-二甲苯内6～7分钟。用油浸镜检查。当发生传染性肝炎时，在肝内发现与犬传染性肝炎相似的核内包含体，呈圆形或卵圆形。

【鉴别诊断】毛皮兽传染性肝炎与某些疾病（脑脊髓炎、食肉毛皮兽犬瘟热和钩端螺旋体病）有相似的地方，必须加以鉴别，以防误诊。

传染性肝炎与脑脊髓炎最为相似，但也有不同。传染性肝炎广为传播，而脑脊髓炎常为散发，局限于兽场内一定地区。传染性肝炎不论是成年和幼年毛皮兽均能发生，而脑脊髓炎常侵害8～10月龄的幼兽。银黑狐易感脑脊髓炎，北极狐较少发生。而传染性肝炎常罹患于北极狐，银黑狐发病率低。

传染性肝炎与食肉毛皮兽犬瘟热不同，后者为高度接触性传染，迅速广泛传播；传染性肝炎则相对比较缓慢。犬瘟热特征性临床症状为浆液性化脓性结膜炎和胃肠道障碍，而传染性肺炎则少见。

患钩端螺旋体病时，死亡兽显著黄疸及肝内特别明显的变化与传染性肺炎很相类似。但传染性肝炎黄疸不是经常性的症状，且不显著。钩端螺旋体的特点，该病在5～10天内会传染很多的毛皮兽，以后症状减轻，但经5～15天又重复出现，病兽口腔黏膜上发现溃疡坏死灶；而传染性肝炎则不出现这种变化。最后可用血清学和细菌学检查排除钩端螺旋体病。

【免疫】患过传染性肝炎的毛皮兽产生稳定的终生免疫。实验检查证明，患病第17～21天血内出现抗体，经30～35天抗体达最高峰。中和抗体于动物体内终生保存。自然感染和实验材料表明，本病为带毒免疫。患过本病的毛皮兽可以成为散播传染的来源，使健康动物感染发病，在兽场内重复感染，但本身却有显著的抵抗力而不发病。

【治疗】目前还没有特异性治疗办法。提倡给病兽注射维生素 B_{12} 和叶酸，可获得良好效果。毛皮兽肌内注射维生素 B_{12}，每只量为350～500微克，而给幼兽每只量为250～300微克，持续3～4天。同时随饲料给予叶酸，每只量为0.5～0.6毫克，持续10～15天。

用犬和马获得的超免疫血清治疗传染性肝炎得到满意结果。其注射用量每千克体重0.5～1.0毫升。用组织细胞（犬肾和猪肾）培养继代方法制得的活毒弱毒疫苗作特异性预防。在国外，也有用食肉兽犬瘟热病毒和传染性肝炎病毒制成的弱毒活毒冻干联合疫苗。

中药防治：

中兽医学认为本病为外感六淫、疫疠之邪，湿热、疫毒内阻中焦，脾胃运化失常，湿热交蒸不得外泄，重于肝胆，以致肝失疏泄而成。治疗原则是清热利湿、疏肝利胆。

处方1：茵陈、板蓝根、大黄各15克，栀子、龙胆、茯苓、黄芩各10克，黄柏、泽泻各8克，甘草6克。1克中药加2毫升水，水煎成1毫升药液，取汁灌服或直肠灌注，每千克体重1毫升。每天1次，连用7天。适用于肝炎症状明显的病例。

处方2：对顽固高热不退病兽，除用西药外，配合中药治疗：板蓝根20克，银花、连翘、黄芪、茯苓各10克，麦冬、大黄、黄芩、冬花、知母各8克，白术、半夏、甘草各7克，石膏40克，1克中药加2毫升水，水煎成1毫升药液，取汁灌服，每千克体重1毫升，每天1次，连用7天。

处方3：茵陈、栀子、车前草、败酱草、大青叶各15克，生地、茅根、木通各10克。1克中药加2毫升水，水煎成1毫升药液，取汁灌服，分上、下午两次灌服，每千克体重1毫升，连用5～6天。

处方4：茵陈40克，栀子35克，白芍30克，当归25克，茯苓25克，大黄15克，穿心莲40克，柴胡25克，龙胆草30克，郁金15克，黄连20克，滑石15克，甘草10克，1克中药加2毫升水，水煎成1毫升药液，取汁灌服，每千克体重1毫升，每天1次，连用5～10天。

处方5：茵陈10克，栀子3克，大黄3克，海金沙5克，板蓝根5克，滑石3克。1克中药加2毫升水，水煎成1毫升药液，取汁灌服，每千克体重1毫升，每天1次，连用4～5天。

处方6：①发病初期采用龙胆泻肝汤加菊花、猪苓、茯苓、

1克中药加2毫升水，水煎成1毫升药液，取汁灌服，每千克体重1毫升，每天1次，连用5～7天。②病程中后期伴有明显角膜混浊者则用：龙胆草、石决明、草决明、夜明砂、白蒺藜、木通、猪苓、茯苓、甘草各10克，1克中药加2毫升水，水煎成1毫升药液，取汁灌服，每千克体重1毫升，每天1次，连用5～7天。另外口服鱼肝油滴剂，每次2滴，早、中、晚各1次，连用3天。

处方7：用小宽针或三棱针在水肿或浮肿部位乱刺引流黄水，术前和术后消毒，每隔3～5天针刺1次，针刺时应避开血管。

【防治措施】当发生传染性肝炎时，将所有病兽和可疑病兽一律隔离治疗，直到屠宰期为止。对被污染的笼子和小室应进行彻底消毒。用10％～20％漂白粉处理地面。

在被污染的兽场里冬季打皮期应进行严格兽医检查，精选种兽。对患过本病或发病的同窝幼兽以及与之有接触的毛皮兽一律屠宰取皮，不能留作种用。

五、地方流行性脑脊髓炎

地方流行性脑脊髓炎为毛皮兽急性经过的病毒病。特征是中枢神经系统受损害，伴发兴奋性增高和癫痫发作。

【流行病学】在自然条件下8～10月龄的幼兽易感，死亡率为10％～20％。成年兽较有抵抗力，但在不全价饲养和慢性疾病等降低机体抵抗力的条件下，成年兽的死亡率也很高。

在自然条件下，发病毛皮兽分离的病毒不能感染豚鼠、家兔、小鼠及家鼠。

带毒病兽的鼻、咽分泌物，通过喷嚏、咳嗽散播病毒于外界是兽场病原体的主要来源。

在自然条件下，以空气为媒介（飞沫感染）可感染毛皮兽。特别在冬季，脑脊髓炎病毒污染的用具和笼子，可以使病毒传播。发情期的公兽也可能传播感染。

流行范围和死亡率是由多方面因素决定的。当饲养管理条件好、机体抵抗力强时，通常仅仅发现散发病例，反之则会暴发流行而造成大批死亡。

固定性是本病的流行特点。在许多年内，可能在被污染的兽场内发生该病于个别窝内的幼兽中。

本病多发生于夏、秋季节（7～10月）。发病周期的曲线延长及轻微接触感染，可作为疾病的特征。

【临床症状】本病症状主要是神经系统障碍。在地方流行初期见到疾病的急性经过，病兽兴奋性增高，短时间癫痫性发作，出现临床症状1～2天内死亡。以后急性经过的病例减少。疾病的特征性临床症状是癫痫发作，发作后个别肌群发生痉挛性收缩，步态摇晃，瞳孔扩大。在发作时常出现痉挛性咀嚼运动，从口内流出泡沫样液体。银黑狐有时大声鸣叫。发作延长3～5分钟，之后患兽死亡或平息，然后仍躺卧，对刺激、饲料、呼唤均无反应。发作前后有时出现转圈运动，病兽沿笼子走动、徘徊，不断咀嚼，眼睛发直，有时见有视觉丧失。也有不典型症状，仅出现拒食、精神沉郁或委靡。

疾病经过为2～3天，在地方流行末期病程较长。伴有消瘦、消化机能障碍（腹泻，有时粪便混有血液）。很少见有结膜炎及鼻炎。疾病慢性经过时，引起母兽流产、难产和产后最初几天仔兽死亡。

当实验感染时，疾病的特征是精神沉郁，部分拒食，共济失调，流涎。股部肌肉感染时，常可引起后肢麻痹。

【病理解剖变化】急性经过的病例，尸体营养良好。病理解剖特征性变化是各内脏器官大量出血，特别是在心内膜下、甲状腺上、肺内、肾上腺、脑及脊髓内。有时出血发现于胃肠道黏膜上、膀胱黏膜上、肾包膜下面。肝呈樱桃红色。脾脏容积在正常范围内。

由于病毒的高度亲神经性，因此不论肉眼或组织学观察，在脑内均能发现实质性变化。剖检时见到脑水肿，脑室内蓄积液体，脑膜和脑干血管高度充血。有时脑膜血管破裂，在表面见到凝血块，特别是在血管丛处。在脊髓和延髓内见到广泛性出血。

慢性经过的病例，尸体营养中等或以下。发现胃肠机能障碍时，出现胃肠黏膜炎症过程，在并发其他疾病时，病理解剖变化显著改变。

【诊断】根据临床症状和病理解剖变化，诊断脑脊髓炎并没有困难。疾病轻微接触感染，突然发病，1～2天后死亡。特征性癫痫发作，各器官内有大量出血，即可诊断为脑脊髓炎。

中枢神经系统组织学检查可提供辅助诊断。在中枢神经系统内三个主要的变化为脑脊髓炎特征性变化：一是渐进性坏死（小坏死灶和脱髓鞘）；二是血管炎（血管周围炎）；三是增生（间质，大神经胶质，组织细胞灶状性增生）。当细菌学检查为阴性时，上述特征性变化也是提供诊断的依据和必要的补充。

【鉴别诊断】脑脊髓炎应与神经型犬瘟热相鉴别。神经性犬瘟热为高度接触传染，在3～4个月内可使50%～60%的毛皮兽卷入病程；而脑脊髓炎是轻微接触传染，在多数情况下，多年内只出现于个别窝内。

【免疫】患过脑脊髓炎的毛皮兽可获得坚强的带毒免疫。但是曾发现经轻微症状之后（自然感染或人工感染的）又很快恢复健康，在6～8个月内不出现任何临床症状。而经过若干时候处在隔离条件下，有的动物仍死于急性经过的脑脊髓炎。这可能是患过病的动物由于饲养不良，引起机体抵抗力降低，使体内病毒活化而导致疾病恶化。

毛皮兽对脑脊髓炎的抵抗力，决定于感染的方法。现已确定，用脑脊髓炎野外毒株皮下注射很少引起发病；但皮下和肌内同时注射时，有5%～10%的毛皮兽出现明显的临床症状；而脑内感染发病达30%。同时与动物年龄有关，2岁以上的毛皮兽很少发病。

【治疗】 应用药物治疗没有获得好的结果，一般采用对症疗法，可以应用麻醉药，引起深度睡眠 20～25 小时。但用药过后，大多数病例重新发作，最终死亡。

中药防治：

处方：安宫牛黄丸。

用法用量：安宫牛黄丸内服，体重 2 千克的毛皮兽每次 1/4 丸，成兽每次 1/2 丸，每天早、晚各服 1 次，连服 2 天。

功效：清热解毒，开窍醒神。

【防治措施】 由于主要传染源是带毒病兽，因此在污染兽场要经常检查兽群，发现食欲不好，胃肠机能紊乱，特别是有脑脊髓炎轻微症状者，应一律隔离饲养观察到打皮期。

在屠宰期对所有病兽和可疑病兽包括这些母兽的仔兽在内，一律打皮淘汰。在一窝内出现一个病兽，其余的兽也一并淘汰。对流产、难产和生下仔兽死亡的母兽也应取皮，不得留作种用。

养兽场为消灭本病，必须实行综合性兽医卫生措施，定期对地面、笼子、用具及工作服实行消毒是非常必要的。被污染兽场的饲养管理人员必须遵守个人卫生措施，在护理、治疗之后应仔细洗净及消毒手臂、工作服、靴鞋、护理用具等。

六、自 咬 病

自咬病是肉食毛皮兽的一种慢性经过的疾病。患兽定期兴奋，兴奋期咬自体一定的部位。

本病在国内外一些毛皮兽饲养场都有发生。我国 1967—1970 年的发生率较高，由于近年来饲养管理水平提高，加之采取一系列措施，发病率大大降低。但在不少的毛皮兽饲养场仍有散发病例存在。在俄罗斯本病较为严重，造成毛皮质量低劣，母兽空怀和不护理仔兽（咬死或踏死）较多。

【流行病学】 自然条件下，毛皮兽中银黑狐和北极狐患病较少。

本病任何季节都能发生，以春、秋两季为常见。仔兽从30～45日龄即可感染发病，有时在兽场波及大量毛皮兽。

传染源主要是患病母兽，其产的仔兽发育落后。接触传染表现不明显。本病感染途径及发病机理还没有研究清楚。

【临床症状】潜伏期为20天到几个月。一般为慢性经过，反复发作，急性者少见。

病兽常在一个地方旋转，咬自己身体某一部位，并发出刺耳的尖叫声。咬掉被毛，破坏皮肤的完整性，严重者咬掉尾巴尖，撕破肌肉，从自咬部位流出鲜血。兴奋反复发作，对外界刺激敏感，常因外界刺激引起高度兴奋发作。有时咬破尾根、膝关节、脚掌及腹部组织，由于严重外伤的感染而招致死亡。个别兴奋时咬笼网。

急性病例持续1～20天，死亡率20％。慢性病例多呈良性经过。兴奋发作经过不同的间隔（5、15、19、21天及以上）再发作，在间隔中断期病兽在临床上表现健康。

【病理解剖变化】除了发现有咬伤部位以外，病兽不表现任何特征性病理变化。1965年A. B. 阿枯洛夫等用组织学检查本病，曾发现弥漫性脑膜炎变化。

【诊断】根据典型临床症状确诊并不困难，不需要进行其他辅助诊断。

【治疗】该病尚无特异性疗法，目前多采用体壮同笼法，即将病兽和正常的体格强壮的毛皮兽关到一个笼子里，经过一段时间，病兽的自咬症状就会逐渐减轻直至痊愈。

我国在毛皮兽饲养场内曾做过许多试验，效果较好的还有如下几种方法：盐酸氯丙嗪25毫克，乳酸钙0.5克，复合维生素B 0.1克，葡萄糖粉0.5克，将上述药物研碎混合，分成2份，混入饲料中喂给，每天2次，每次1份。局部咬伤涂以碘酊，撒布高锰酸钾粉少许。

另外，有学者提倡用盐酸氯丙嗪 0.5 毫升，维生素 B_1 注射液 1 毫升，青霉素 40 万国际单位，烟酰胺 0.5 毫升，1 次肌内注射。咬伤局部擦敷以 5％普鲁卡因、45％消炎粉、50％凡士林混合调制成的软膏。

目前自咬病药物治疗不够理想。最好的方法是病初用齿凿或齿剪断掉病兽的犬齿。这种方法可以使病兽维持到打皮期，使皮张不受损伤。同时适当应用中药药物进行治疗，能够缓解症状。

中药防治：

处方 1：猪胆汁 10 克，氯化钠 4 克。

用法用量：加注射用水 10 毫升，调匀，涂于患处（涂药面积大于创面），每天 2 次，连用 3 天。

功效：清热解毒，止血收敛。

处方 2：乌蛇 1 条。

用法用量：洗净，浸于 500 毫升 60％酒精中，7 天后使用。每次取 3 毫升混于饲料中喂服，每天 1 次，连服 3～5 天。

功效：祛风活血，通经活络。

处方 3：苦参 25 克，黄连、茵陈、香橼皮、猪苓、野菊花、甘草各 18 克。

用法用量：1 克中药加 2 毫升水，水煎成 1 毫升药液，取汁加入 50 度白酒（或 75％消毒酒精）10～15 毫升，混匀，将仔貂臀部及尾部浸入药汁内 3～5 分钟。药渣捣碎后拌入饲料内喂服，每天 1 次，连用 4 天。

功效：清热燥湿，健脾开胃。

处方 4：苦参 15 克，百部 15 克，猪苓 15 克，黄连 10 克，黄芩 10 克，陈皮 10 克，甘草 10 克。

用法用量：1 克中药加 2 毫升水，水煎成 1 毫升药液，取汁加等量 40～50 度白酒，候温，将患部浸入药液中 10～15 分钟，每天 1 次，连用 3 天。

【防治措施】迄今对自咬病的特异性预防方法还没有研究进

展。为了控制本病的发生，必须实行综合性措施，一方面加强饲养管理，以提高机体的抵抗力；另一方面实行严格的兽医卫生制度。对病兽要及时隔离治疗。到取皮期彻底淘汰病兽及其双亲（公、母）和同窝仔兽，对病兽和可疑病兽住过的笼子要彻底进行清扫和消毒。只要遵守上述措施，在几年内会使本病在养兽场得以净化。目前我国的实践证明，有很多毛皮兽饲养场已基本消除了自咬病。主要原因是改善了饲养管理，保证饲料多样化和品质新鲜。因此，该病是否属于营养代谢性疾病还有待深入研究。

第六节　毛皮动物的寄生虫病

一、弓形虫病

弓形虫病是由一种称为龚地弓形虫的原虫所引起的人、畜及毛皮兽共患的寄生虫病。目前本病在世界各国广为传播，其感染率有逐年上升的趋势，给人畜健康和毛皮兽饲养业带来很大威胁。

【流行病学】弓形虫病广泛传播于世界各国的多种动物中间。许多研究者在不同的国家内，在人、家畜和野生动物及禽类中发现了弓形虫。现在发现有 40 种以上的哺乳动物患有本病。

在自然条件下弓形虫病发现于毛皮兽中银黑狐、北极狐等。本病在毛皮兽中间可能引起地方流行，给毛皮兽饲养业带来相当大的经济损失。

俄罗斯学者经血清学调查表明，毛皮兽弓形虫阳性率为10%～20%。

每种动物弓形虫病的传染来源是不一样的。正因为弓形虫病广泛传播于毛皮兽中间，所以利用这种以自然界捕获的动物体饲喂毛皮兽，可能成为传染源。另外，家畜和家禽的胴体和内脏也可能是肉食毛皮兽的感染来源。

患病的毛皮兽可以通过与健康毛皮兽的接触，经正常黏膜或损伤黏膜及空气飞沫途径而感染，也可通过子宫内感染。肉食毛皮兽通过饲料经消化道感染的可能性最大。利用未经处理的患有弓形虫病动物的肉及副产品喂毛皮兽是最主要的传染途径。此外，毛皮兽饲料被患有弓形虫病的动物（鼠类）粪尿污染，也可发生感染。因为患病动物随粪尿、唾液、泪液及奶排泄病原体。

目前对弓形虫病侵袭的认识还不够充分，许多问题还没有被阐明。大多数感染都是隐性感染。这种疾病仅在一定条件下出现，这些条件多数尚处于不明确状态。

弓形虫后天感染可侵害任何年龄和性别的毛皮兽。先天感染可通过母体胎盘，发生于妊娠的任何时期。当妊娠初期感染时，可能招致胎儿吸收、流产和难产。当妊娠后期感染时，可产生体弱胎儿，在仔兽哺乳期发生急性弓形虫病。

【临床症状】 不同病例潜伏期不同，一般为 7～10 天或几个月。弓形虫病呈现不同型，主要侵害胃肠道、呼吸道、中枢神经系统及眼等。急性经过 2～4 周死亡，慢性经过可持续数月转为带虫免疫状态。

成年毛皮兽患病后，食欲消失，呼吸困难或浅表频数，由鼻孔及眼内流出黏液，腹泻带有血液，四肢不全麻痹或麻痹。骨骼肌痉挛性收缩，心脏活动障碍，体温升高到 41～42℃，呕吐。死亡前神经兴奋，沿笼子旋转并发出叫声。

公兽患病不能正常发情和交配，偶尔发现严重病兽恢复完全健康状态，但不久又呈现神经紊乱而死亡。

母兽患病所产的仔兽，在出生后 4～5 天死亡。常产在笼壁上，而不产于小室内，这样的仔兽常出现体躯变形，多数头盖骨增大，最终死亡。

当实验感染时，经口、腹腔、皮下均能使幼兽发生急性感染，成年兽则呈慢性经过。

【病理解剖变化】 剖检毛皮兽发现肝肿大，呈淡黄褐色，在其表面布满点状坏死区，绕以红褐色出血带。胃黏膜充血，常发现灰白色小坏死灶。在小肠黏膜内发现小溃疡。于胃肠腔内发现有血块。肺有水肿和气肿。于胸腹腔内发现有淡黄色渗出液。

组织学检查发现，毛皮兽患部器官有特异性和非特异性变化。在胃肠黏膜溃疡和健康组织交界处有严重的细胞浸润、充血及水肿。并发现含有 4～20 个弓形虫的单个圆形假包囊。还发现肠管黏膜下层水肿及炎性反应，并发现弓形虫的存在。

肝的组织学检查看到无数的坏死区和炎性出血的扩散区。在坏死灶周围存在大量单独在的弓形虫，也遇见假包囊，在其内发现圆形或稍呈圆形的小体聚集。

肺组织结构内发现带有充血和出血的坏死过程。于坏死结节周围肺泡内发现游离存在的弓形虫或假包囊。

脾组织发现炎症现象，在巨噬细胞内见到弓形虫假包囊。

在并发犬瘟热病例中，从气管和膀胱的黏膜上皮细胞内发现有包含体。

【诊断】根据临床症状、流行病学和非特异性病理解剖及组织学变化是不能做出弓形虫病正确诊断的，上述变化只能提供怀疑本病的依据。如毛皮兽的急性发热，呼吸、消化及神经系统的障碍，以及妊娠病（流产、早产、死胎及畸胎）。作为本病的确切诊断还必须依靠实验室检查。

1. 病原体（弓形虫）的分离　弓形虫为专性细胞内寄生，用普通人工培养基是不能增殖的，因此必须接种于小鼠、组织培养和鸡胚等进行分离。其中以小鼠接种最为适用，此法简而易行，便于推广应用。可将病理材料（肺、淋巴结、肝、脾或慢性经过病例兽的脑及肌肉组织）用 1 毫升含有 1 000 国际单位青霉素和 0.5 毫克链霉素生理盐水做 10 倍稀释，各以 0.5 毫升接种于 5～10 只小鼠的腹腔内。如接种材料有弓形虫存在时，则小鼠于接种后 2 周内发病，此时采取腹水或腹腔洗涤液 1 滴，滴于载玻片上，加盖片后，放显微镜下检查，可发现典型弓形虫。若初代接种小鼠不发病，可于 1 个月后采血杀死，检查脑内有无包囊。包囊检查阴性，可在采血同时做血清学检查，只有血清学检查也呈阴性时，方可判定该毛皮兽为阴性。

2. 弓形虫检查　由于某些原因限制，分离弓形虫往往不易成功，同时需要较长时间。为迅速获得正常诊断，检出弓形虫是非常好的办法。为此可将病理材料切成数毫米的小块并用滤纸除去多余水分后，放载玻片上按压，使其均匀散开和迅速干燥。标本用甲醇固定10分钟，以姬姆萨液染色40~60分钟后干燥、镜检，可发现月牙形或半月形弓形虫。

目前应用较广的是弓形虫抗原一步检查试剂盒，该方法具有快速和准确的特点。

用组织切片方法也可检出弓形虫和弓形虫的包囊及假包囊。

3. 血清学检查　本病血清学反应主要有色素试验、补体结合反应、血细胞凝集反应及荧光抗体法等。其中色素试验由于抗体出现早，持续时间长，适合于各种宿主检查，特异性高，所以世界各国广为利用。其原理是当新鲜弓形虫在补体样因子（健康人血浆）作用下，使之与抗血清作用后，引起虫体细胞变性，结果虫体对碱性亚甲基蓝不着色。如果被检血清中没有这种抗体，那么渗出液中的弓形虫就会被染色。

【鉴别诊断】弓形虫病的临床症状是非特异性的，因此常与犬科毛皮兽代表者银黑狐和北极狐的犬瘟热相混同；也易与鼬科毛皮兽代表者水貂的犬瘟热、病毒性肠炎、阿留申病、脑病和布鲁氏菌病相混同，所以必须进行实验室检查加以认真区别，但还应该指出，弓形虫病可常与犬瘟热、副伤寒和阿留申病等混合感染。

【免疫】患弓形虫病后的毛皮兽获得带虫免疫，而保持机体与寄生虫间的平衡。但这种动力学平衡当机体过度寒冷、炎热、不全价饲养、并发细菌和病毒传染（副伤寒、钩端螺旋体、犬瘟热、传染性肝炎等）以及螨虫侵袭等，可减弱或破坏这种平衡。

【治疗】对其他动物弓形虫病治疗，仍以磺胺类和乙胺嘧啶并用较好。而对毛皮兽等治疗尚缺乏经验，目前主要应用青蒿素注射液，每千克体重5毫克，肌内注射，每天1次，连用3天；

或三氮脒，每千克体重 3 毫克，临用时配成 5％～7％水溶液，肌内注射，48 小时 1 次，连用 2 次；或咪唑苯脲，每千克体重 3 毫克，皮下注射，每次间隔 12 小时，连用 3 次。

维生素治疗能促进治愈，特别是注射 B 族维生素、抗坏血酸及叶酸。同时可使用 40％葡萄糖溶液。

中药防治：

处方：黄蒿 20 克，知母、双花、大青叶、大枣各 15 克，生地、柴胡、熟地、丹皮、炙黄芪、党参、酒当归，常山、炙甘草各 10 克。

用法用量：1 克中药加 2 毫升水，水煎成 1 毫升药液，取汁灌服，供 5～10 只毛皮兽内服，每千克体重 1 毫升，每天 2 次，连用 5～7 天。

功效：清热解毒，杀虫消积。

【防治措施】因为多种哺乳动物及禽类对弓形虫均易感，所以常通过饲喂患有本病的生肉而使毛皮兽感染。国外曾报道水貂饲喂海狸鼠感染弓形虫，以及牛头和其内脏喂兽而发生感染的病例。冷冻和解冻可破坏弓形虫，因此利用可疑的肉及其副产品，必须在－15～－20℃下将肉冻透，解冻后加工饲喂，这就可以消除感染弓形虫的危险。

对患有弓形虫病的毛皮兽及可疑的毛皮兽进行隔离和治疗。死亡尸体及其被迫屠宰的胴体要烧毁或消毒后深埋。

取皮、解剖、助产及捕捉用具要进行煮沸消毒，或以 0.05％癸甲溴铵溶液、5％来苏儿溶液等处理其表面。

二、梨浆虫病

梨浆虫病是毛皮兽比较少见的寄生虫病。本病由血孢子虫目的梨浆虫所引起，是毛皮兽的一种血液寄生虫病。

秋季袭击毛皮兽的边缘革蜱是梨浆虫病的媒介物。颈及胸部皮肤是其多吸附的部位。

【症状】潜伏期为 5～20 天。本病多为急性经过，病兽突然死亡。急性经过的毛皮兽拒绝吃饲料，体温升高到 41～42℃，巩膜黄染。尿液呈红色。病程为 10～14 天，并常以死亡而告终。

慢性经过的毛皮兽表现食欲不好，腹泻，可视黏膜贫血，在少数病例有黄疸，病程为 6～8 周，经治疗可以转为健康。

【病理解剖变化】剖检尸体发现黏膜黄染。肾脏增大，呈樱桃红色，纹理展平。膀胱充满红色的尿液，在其黏膜上有点状或带状出血。肝脏呈淡红色，实质变硬。脾脏显著增大。切开心脏血液呈漆黑红色，不凝固。

【诊断】根据血液涂片显微镜检查可以确诊。

【治疗】推荐给毛皮兽皮下注射 1% 台盼蓝溶液，剂量为 20～40 毫升；根据年龄和体重有所不同。

中药防治：

处方 1：鲜青蒿 30 克。

用法用量：切碎，30 毫升冷水浸泡 45 分钟，连渣灌服，每千克体重 2 毫升，每天 1 次，连用 3 天。

处方 2：常山 5 克，过江龙、山豆根、龟板、叶下花、青天地红、龟石兰、接骨草、双钩藤各 3 克，续断、金丝、杜仲、茜草、牛膝、五味子各 2 克，胡椒 1 克，桂皮 4 克，白酒 5 毫升，恶寒重时，加升麻、柴胡、防风、葱白各 2 克。

用法用量：1 克中药加 2 毫升水，水煎成 1 毫升药液，取汁灌服，每千克体重 1 毫升，7 天 1 剂，连用 3 次。

【防治措施】主要措施是将毛皮兽饲养在离开地面的笼子里。在本病污染的毛皮兽饲养场实行定期的灭蜱措施。

割去场区周围杂草，将笼子底下周围地面挖掉一层后，喷洒 20% 漂白粉溶液。

三、后睾吸虫病

本病主要侵害毛皮兽中的银黑狐、北极狐。吸虫主要存在于肝脏的胆管和胆囊内。当后睾吸虫高度侵害时,可寄生于胃下腺与小肠内。

【临床症状】被后睾吸虫高度侵害的毛皮兽发生黄疸,消化机能紊乱(下痢和便秘交替进行),食欲不好,精神沉郁,逐渐消瘦。体温正常。触诊肝脏容积增大,有时表面粗糙。本病由几个月持续到2~3年。

【病理解剖变化】尸体消瘦,皮下组织黄染。有时发现腹腔积水。肝脏增大,边缘钝圆。胆管壁结缔组织增生肥厚,如白色索条状突出于肝脏包膜上。胃下腺增大发炎。在胆管及胃下腺管腔内有黏液,于其内可发现无数后睾吸虫。

【诊断】检查粪便发现后睾吸虫卵可建立生前诊断。此外,死后根据胆囊、胆管及胃下腺管的剖检发现后睾吸虫而建立诊断。

【治疗】六氯乙烷,剂量每千克体重为0.4~0.5克。六氯对二甲苯作为毛皮兽的驱虫药,剂量每千克体重0.3克。上述药物在动物停食18小时后,混于适口性强的饲料内喂给。丙硫苯咪唑驱除蓝狐华枝睾吸虫效果显著。

中药防治:

处方1:绞股蓝,黄芪,槟榔,使君子各25克。

用法用量:药物混合粉碎。按每千克体重0.5克1次口服,隔25天服药1次,共服3次。

功效:驱虫散积,健脾益气。

处方2:大黄20克,槟榔、皂角、苦楝根皮、牵牛子各10克,雷丸、木香、沉香各5克。

用法用量:共为末,温水冲调灌服,每千克体重1毫升,7天1次,连用2次。

功效:攻积杀虫,行气利水。

【防治措施】在本病流行地区,不能用生鲤鱼作为饲料,蒸熟后方能饲喂。为使鱼免除后睾吸虫侵害,将鱼放冷库或冬季自然条件下冻透,一般后睾吸虫于-2~-12℃、4~5天死亡。冷冻的大鱼中囊蚴在-8～-12℃时，需2～3周死亡。

另外，彻底阴干饲料（50～55℃）同样可使后睾吸虫死亡。

为防止粪便中的后睾吸虫卵进入水池内，毛皮兽粪便应经常打扫，运至堆积场进行生物热发酵。为避免雨、雪水将虫卵带走，粪便堆积场应远离江河、湖泊及其他水源地。

四、次睾吸虫病

次睾吸虫在养兽场内主要侵害毛皮兽中的银黑狐和北极狐，它主要寄生于胆管与胆囊内。

【临床症状】临床症状基本与后睾吸虫病相同。

【病理解剖变化】尸体消瘦、黄疸。胆管突出于肝脏卵包膜，形如白色索条。胆囊容积增大，其壁结缔组织增生变肥厚，在混有黏液胆汁内发现无数次睾吸虫。

【诊断】采取与后睾吸虫病相同的办法可以确定次睾吸虫病的诊断。

【治疗】对毛皮兽次睾吸虫病还没有较好的驱虫方法。

中药防治：

处方：使君子12克，槟榔18克，乌梅5枚（去核），苦楝根皮（先煎）、榧子肉各15克。

用法：1克中药加2毫升水，水煎成1毫升药液，取汁灌服，每千克体重1毫升，7天1次，连用2次。

护理预防：对毛皮兽应定期预防驱虫。一般于生后20天开始驱虫，以后每月驱虫1次，8月龄以后每季度驱虫1次。对兽粪应进行无害化处理。兽舍与兽笼应经常用火焰（喷灯）或开水烧烫，以杀死虫卵。

【防治措施】用熟鱼饲喂毛皮兽。其他预防措施同后睾吸虫病。

五、假端盘吸虫病

假端盘吸虫主要寄生于毛皮兽的胆管和胆囊内。

【临床症状】 其临床症状与后睾吸虫及次睾吸虫病一样。

【病理解剖变化】 由于纤维组织增生，胆管变肥厚，沿其通路形成刷子状扩张，充满黏液，内有无数吸虫。

【诊断】 应用后睾吸虫病诊断方法同样可以建立假端盘吸虫病诊断。

【治疗】 笼养毛皮兽对本病驱虫尚无好的驱虫方法。

中药防治：

处方：苏木、肉豆蔻、茯苓、厚朴、龙胆草、木通、泽泻各24克，甘草20克，贯众60克，槟榔30克。

用法用量：共为末，开水冲调，候温灌服，每千克体重1克，7天1次，连用2次。

功效：驱虫利水，行气健脾，主治吸虫病。

【防治措施】 笼养毛皮兽应全部熟喂鲤科的鱼类。其他预防方法同后睾吸虫病。

六、裂头绦虫病

裂头绦虫属绦虫，主要侵害毛皮兽中的肉食狐狸，常寄生于银黑狐、北极狐的肠道中。

【病理解剖变化】 尸体贫血、消瘦。于小肠内发现有无数成团的绦虫，有时引起肠阻塞。小肠黏膜充血，绦虫头节固着部分呈卡他性炎症。

【诊断】 生前可检查粪便中绦虫卵，同时在粪便中或笼壁上发现绦虫节片或链体即可确立诊断。死后剖检，在小肠内发现有绦虫寄生也可建立诊断。

【治疗】 毛皮兽常用氢溴酸槟榔碱粉驱除裂头绦虫。用药前需停食16～18小时，然后将药剂按每千克体重0.01克，混于饲料中喂给。此药常引起毛皮兽呕吐，为防止呕吐，可用0.5％普鲁卡因溶液将氢溴酸槟榔碱粉溶解，使之成为1％溶液，按每千克体重1毫升混于饲料中投给，可大大减少毛皮兽的呕吐。一般于驱虫后 30～45 分钟开始随粪便一起排出带有头节的绦虫链体。于驱虫后 6～8 小时方可喂给饲料。

中药防治：

处方 1：常山、白头翁、仙鹤草各 15 克，柴胡、茯苓、六曲各 10 克。

用法用量：1 克中药加 2 毫升水，水煎成 1 毫升药液，取汁灌服，每千克体重 1 毫升，待凉时拌入饲料喂给，每天 1 次，连用 3 天，未发病毛皮兽则连服 2 天。

功效：治宜镇痛解痉、凉血止痢、升阳举陷、健脾和胃。

【防治措施】 在污染地区，不生给受侵袭的鱼。必要时对鱼实行消灭阔节裂头绦虫的幼虫（全尾蚴）。其方法是将鱼蒸煮、阴干、真空干燥、冷冻或化学贮藏等。

对被污染的毛皮兽饲养场，应实行与防治后睾吸虫病相同的措施。

第七节　毛皮动物的其他疾病

一、卡他性支气管肺炎

卡他性支气管肺炎，又称大叶性肺炎。其特征是整个肺叶的炎症，肺泡腔内充满含大量红细胞、一定量的纤维素、少量嗜中性粒细胞和巨噬细胞的渗出物。炎症过程不仅限于肺内，也发生于支气管内。是一种急剧的比较典型的疾病。主要罹患断乳后不久的仔兽，成兽患病者比较少。

【病因】 卡他性支气管肺炎作为独立性疾病，一般是由呼吸道微生物区系代表菌（肺炎球菌、链球菌、葡萄球菌等）所引起的。本病为滤过性病毒所致。但应强调指出，在致支气管黏膜血液和淋巴循环紊乱的诱发因素影响下才会发病。

过度寒冷，小室保温不好引起仔兽感冒，或过度炎热、小室通风不良、潮湿等，都会促进卡他性支气管肺炎的发生。

毛皮兽的不正规投药，由于误投引起异物性支气管肺炎。

继发性卡他性支气管肺炎，继发于多种传染病，如肉食毛皮兽的犬瘟热、巴氏杆菌病及其他疾病等。

【症状】病兽精神沉郁，鼻镜干燥，可视黏膜潮红或发绀。常卧于角落，蜷缩成团。体温升高 1～2℃，呼吸困难，呈腹式呼吸，每分钟 60～80 次，脉搏每分钟 200 次。食欲减退或废绝。人为驱赶时，病兽沿笼缓行，出现骨骼肌松弛及显著的呼吸困难。

仔兽卡他性支气管肺炎症状不明显，多半呈急性经过。仔兽表现委靡，触摸发惊，在窝内向各方爬散，发出尖叫声。呼吸动作伴有拍水音或啰音。指垫水肿，呈紫红色，食欲减退或废食。

病程持续 8～15 天，慢性支气管肺炎拖延数月（达 5 个月）。如不采取必要措施，死亡率很高。

肋膜、纵隔也可能出现炎症过程，原发性支气管肺炎预后常常良好。

【病理解剖变化】肺个别区域变硬固，呈暗红色或浅灰红色。如用刀或剪切取一块放入水中，不漂浮。有时，在肺内可看到小化脓灶。

气管黏膜充血、水肿。在支气管腔内含有大量炎性渗出物。有些病例在肋膜、心包内发现与肺炎症相同的变化。

【诊断】成兽卡他性支气管肺炎主要根据特征临床症状，即呼吸困难、浅表、鼻镜干燥和体温升高等，可获得诊断。对仔兽该病诊断有些困难，因往往呈急性经过。所以必须收集病史材料，如母兽的母性如何，产箱是否保温等情况进行综合判定。

【鉴别诊断】必须排除支气管肺炎伴发或并发的传染病。只有在相应的实验室检查之后，才能最后确定诊断。

【治疗】应用抗生素治疗具有良好效果。阿莫西林粉，每千克体重20毫克，每天1次，连用3～5天；或氟苯尼考粉，每千克体重25毫克，每天2次，连用3～5天；或恩诺沙星粉，每千克体重15毫克，每天2次，连用5～7天；或速诺，每20千克体重1毫升，皮下或肌内注射，每天1次，连用3～5天；或拜有利，每20千克体重1毫升，皮下或肌内注射，每天1次，连用3天。

也可应用磺胺噻唑，每千克体重0.05～0.1克，每天2次，连用3天。

在进行抗生素疗法的同时，可根据病情进行相应的对症疗法。如心力衰竭时注射维他康夫；体温升高时，注射安痛定；拒食时，可用10%葡萄糖加维生素C进行补液。

中药防治：

处方1：鱼腥草注射液。

用法用量：1毫升1次肌内或肺俞穴注射，每天2次，连用2～5天。

功效：清热解毒，消痈排脓。

处方2：生地、玄参、麦冬、花粉、桔梗各8克，杏仁2克，生石膏30克，麻黄、甘草各5克。

用法用量：1克中药加2毫升水，水煎成1毫升药液，取汁灌服，每千克体重2毫升，每天3次直肠投药，连用5天。

功效：清热解毒，止咳平喘。

【防治措施】在产仔前要消毒小室，并垫以清洁干燥的垫草。天气骤变时，要增加垫草，防止感冒。在不良的天气不要检查仔兽。

在检查仔兽时，要安排有经验的饲养员值班。准确判定窝内污染情况及不要仔兽的原因，采取相应措施。

二、渗出性肋膜炎

渗出性肋膜炎的特征是在肋膜腔内聚集炎性液体。按其渗出物的性质区分为浆液性、浆液纤维素性、出血性、化脓性及腐败性肋膜炎。

【病因】原发性肋膜炎的病原学基本与卡他性支气管肺炎所提到的因素相同。继发性肋膜炎多为致病性微生物（巴氏杆菌、双球菌及结核杆菌）所引起。肋膜炎病变常侵害肺及其他邻近器官。

【症状】该病症状与卡他性支气管肺炎类似。特点是胸腔疼痛及运动时毛皮兽咳嗽。肋膜炎一般以死亡告终。这可能与轻型经过的病兽不易被察觉而康复有关，仅仅于迁延性和并发型病程的病例才被人们所发现。

肋膜炎并发症多为心包炎、膈和纵隔的炎症。该病预后不良。

【病理解剖变化】主要表现肋膜表面充血，粗糙不光滑。常见到弥散性和点状出血，被覆有纤维素性物质。在肋膜腔内含有大量浆液性、浆液纤维素出血性、化脓性纤维素性渗出物。导致肺膨胀不全。这种病例的肺部呈硬变及萎缩状。其颜色不定，有些带有玫瑰的浅灰颜色。

【诊断】临床上肋膜炎与肺炎有共同的症状，区别比较困难。毛皮兽听诊和叩诊操作较为困难，常得不到本质的认识。通过 X 光透视能得到正确诊断。

【鉴别诊断】在剖检时，发现毛皮兽渗出性肋膜炎病变，应当注意某些传染病。毛皮兽突然发生渗出性肋膜炎，当剖检发现浆膜和黏膜有出血时，可认为是典型的巴氏杆菌病。

双球菌败血症起初罹患场内仔兽，在许多病例引起化脓性或出血性肋膜炎、心包炎、腹膜炎。当仔细收集病史进行分析时，不难发现饲养管理失误、兽医卫生规则被破坏等因素。

毛皮兽的结核病通常是慢性经过的疾病。病兽逐渐消瘦，长期应用广谱抗生素之后自身症状仍没有改善。

对上述传染病，须在细菌学检查之后，才能最后确诊。

【治疗】同卡他性支气管肺炎进行同样治疗。如在 1 周之内仍不见效，则应改变抗生素种类或抗生素与其他药物配合应用。

改善饲养管理，饲喂的饲料要适口性强，新鲜易消化和营养丰富，以不断提高机体的免疫力，对疾病的治愈很有帮助。

中药防治：

处方：黄芩 10 克，杏仁 3 克，桔梗 9 克，枇杷叶 6 克，苏子 5 克，桑白皮 15 克，麻黄 3 克，石膏 9 克，车前子 5 克，甘草 6 克。

用法用量：1 克中药加 2 毫升水，水煎成 1 毫升药液，取汁灌服，每千克体重 0.5 毫升，每天 3 次，连用 7 天。

【预防】原发性肋膜炎与肺炎采取同样措施进行预防。继发性肋膜炎的预防以病原不同而转移。

在屠宰期，必须从兽群内把患过本病的母兽及其同窝仔兽和一切肋膜炎病兽淘汰掉。

三、口　　炎

口炎即口腔黏膜的炎症。根据炎症性质区分为卡他性、水疱性、结节性、溃疡性及坏疽性几种。

【病因】口腔黏膜炎多由机械性损伤，如饲料尖锐、异物、骨片、未粉碎谷粒硬壳、捕捉时外伤，或药物如钾肥皂、氢氧化钠作用而引起，称为原发性口炎。当发生某些传染病如钩端螺旋体病、阿留申病或非传染病如胃肠炎、皮炎时，也可继发本病。

【症状】主要表现为口腔疼痛。根据病程及性质发现充血，覆盖以淡黄白色薄膜或单个水疱及溃疡。以后感染时，并发黏膜及黏膜下组织化脓性炎症，也可能发生坏疽或崩解。病兽出现流涎或血样液体排泄物，原发性口腔黏膜炎预后良好。

【诊断】根据病的临床症状建立诊断。但必须把死于口炎的病兽送实验室进行检查，以排除传染病。

【治疗】从口腔排除异物。用 3% 过氧化氢或 1% 高锰酸钾溶液洗涤口腔。当继发性口炎时，实行相应的病原疗法。

中药防治：

处方1：枯矾 20 克，冰片 2 克。

用法用量：共研成极细末，用 1％食盐水冲洗口腔后，在溃烂处撒布 1～3 克，每天 2 次，连用 5 天。

功效：敛疮消肿。

处方2：青黛 10 克，黄连 10 克，黄柏 15 克，薄荷 15 克，桔梗 15 克，冰片 5 克。

用法用量：共研成极细末，1％食盐水冲洗口腔后，喷撒口内，并用纱布卷药于口内，每天 3 次，连用 7 天。

功效：清热消肿，敛创生肌。

处方3：冰片 30 克，硼砂 30 克，朱砂 30 克，玄明粉 30 克，黄药子 20 克，白药子 20 克。

用法用量：共研成极细末，每次适量，用 0.1％的高锰酸钾溶液冲洗口腔后喷入口腔内，每天 3 次，连用 5 天。

功效：清热解毒，消肿止痛。

处方4：石膏 9 克，黄柏 5 克，青黛、硼砂、蛤粉、龙骨各 3 克，轻粉 2 克，冰片 0.3 克。

用法用量：共研成极细末，每次适量，用白矾水冲洗口腔后撒布，每天 3 次，连用 5 天。

功效：清热解毒，敛疮生肌。

【防治措施】捕兽时严禁用粗硬器具，应采用柔软的器具（手套、捕网）。在饲料调制过程中，力争将骨骼粉碎（细孔绞肉机），合理调制谷物饲料（谷物应粉碎）。

四、卡他性胃肠炎

卡他性胃肠炎即胃肠黏膜的炎症，主要表现为胃肠分泌和运动机能紊乱。本病常出现腹泻。

【病因】主要原因是饲喂的问题，如饲喂了质量不好的饲料，或由一种饲料转为另一种饲料或过量饲喂，饲料中有异物（如沙子、泥土、玻璃碎片等），经常用粗硬植物饲料。仔兽胃肠炎常因喂饲与胃肠机能不适应的饲料引起。

长期（持续1昼夜以上）的饥饿对胃肠炎发生具有很大作用，其结果使胃肠腺分泌机能严重紊乱。

继发性卡他性胃肠炎多发生于某些传染病，如大肠杆菌病、副伤寒、犬瘟热、病毒性肠炎、蛔虫病等，同时某些生命重要器官肝、肾的病变也能引起该病。

【症状】 在病的初期食欲减退，有时出现呕吐。后期食欲丧失，精神沉郁及腹泻。粪不成形，为液体，含有未消化的饲料，颜色异常，呈灰色、浅红色或绿褐色。排粪动作呈喷射状，伴有恶臭气体。长期腹泻并出现直肠脱出。病兽被毛蓬松，弓腰，消瘦。原发性卡他性胃肠炎预后良好，继发性胃肠炎症状复杂，当脱水、中毒时预后不良。

卡他性胃肠炎常并发溃疡性胃炎、肠套叠及腹膜炎。

【病理解剖变化】 主要表现胃肠黏膜肿胀、充血，覆盖以黏稠液体，有时出现出血或溃疡。其他器官如肝充血或营养障碍、肺水肿等变化不定。

【鉴别诊断】 该病主要是根据粪便黏稠度及颜色变化来确诊，有时卡他性胃肠炎容易与某些传染病相混淆，必须加以鉴别。

大肠杆菌病，主要侵害1～10日龄仔兽，且对断乳或稍晚些的仔兽最危险，成年兽有抵抗力。

副伤寒，主要罹患3周龄及3周龄以上的仔兽，成年兽很少发生腹泻。

犬瘟热，该病仅从个别窝仔兽开始。除腹泻外，经1周后必然出现其他症状，如结膜炎、鼻炎等。分窝仔兽及成兽胃肠炎病例很少记载。

蛔虫病，仅个别病例出现胃肠炎，一般不发生典型卡他性胃肠炎。

对于与传染病的鉴别，最终必须通过病理化验和微生物学诊断加以区别。

【治疗】当大量毛皮兽患病时，首先应从日粮中排除质量不好的或可疑的饲料及富于脂肪和纤维性饲料。在饲料内加嗜酸菌乳、苯甲酸、对氨基甲酸可收到良好的效果。

对个别重症毛皮兽的治疗，可内服水杨酸酯、羧苯甲酰磺胺噻唑，剂量为每只 0.1～0.2 克。阿莫西林粉，每千克体重 20 毫克，每天 1 次，连用 3～5 天；或氟苯尼考粉，每千克体重 25 毫克，每天 2 次，连用 3～5 天；或恩诺沙星粉，每千克体重 15 毫克，每天 2 次，连用 5～7 天；或速诺，每 20 千克体重 1 毫升，皮下或肌内注射，每天 1 次，连用 3～5 天；或拜有利，每 20 千克体重 1 毫升，皮下或肌内注射，每天 1 次，连用 3 天。当病兽脱水和衰竭时，皮下注射 20% 葡萄糖溶液 100～200 毫升、樟脑油 0.5～1 毫升、生理溶液 100～180 毫升，每天 1～2 次，连用 3 天。

中药防治：

处方 1：穿心莲注射液。

用法用量：一次注射后海穴 1 毫升，每天 1 次，连用 2～3 天。

处方 2：党参 8 克，紫苏、陈皮、法半夏、旱莲草各 5 克，生姜 3 克，黄连 1 克。

用法用量：1 克中药加 2 毫升水，水煎成 1 毫升药液，取汁灌服，每千克体重 1 毫升，每天 1 次，连用 7 天。

功效：清热燥湿，理气止泻。

处方 3：白头翁 7 克，黄连、黄芩、黄柏、连翘、金银花、鱼腥草、秦皮、赤芍、丹皮、茯苓、苦参各 5 克，知母 3 克。

用法用量：1 克中药加 2 毫升水，水煎成 1 毫升药液，取汁灌服，每千克体重 1 毫升，每天 1 次，连用 7 天。

功效：清热解毒，燥湿止痢。

处方 4：紫参 2 克。

用法用量：1克中药加2毫升水，水煎成1毫升药液，取汁灌服，每千克体重1毫升，每天1次，连用5天。

功效：活血祛瘀，凉血消痈。

处方5：马齿苋30克。

用法用量：洗净、切碎，拌料喂服，治愈为止，每千克体重1克。

功效：清热解毒，凉血止痢。

处方6：黄芩15克，黄柏15克，白头翁15克，苦参10克，郁金10克，地榆15克，蒲公英30克，白芍30克。

用法用量：研末服，每天1剂，每千克体重1克。连用4剂。

功效：清热解毒，凉血止血。

处方7：制附子100克，党参200克，白术（炒）150克，干姜100克，甘草100克。

用法用量：粉碎成细粉，过筛，混匀。每100克粉末用炼蜜35～50克加适量的水泛丸，干燥，制成水蜜丸；或加炼蜜100～120克，制成9克大蜜丸。

功效：温中健脾。

处方8：天台乌药50克。

用法用量：加水500毫升，煎成250毫升，口服，每天1剂，每千克体重1毫升，连服2～3剂。

功效：行气疏肝，散寒止痛。

【防治措施】为预防毛皮兽胃肠炎，应建立饲料调配室，进行兽医卫生检查，禁止使用发霉变质和不易消化的饲料及不全价的饲料。饮水应保持清洁。

五、出血性胃肠炎

出血性胃肠炎是一种胃肠黏膜或胃肠腔内伴发出血的胃肠黏膜炎症。常突然发病，治疗不及时常致大批死亡。

【病因】毛皮兽出血性胃肠炎是由饲喂质量不好的肉、鱼饲料而引起的，或者为卡他性胃肠炎延续而发生。而继发性出血性胃肠炎的患兽多是由于犬瘟热、副伤寒等引起的。

【症状】出血性胃肠炎发生猛烈并伴随有大量的腹泻。粪内混有血液和黏液，常呈煤焦油状。全身症状明显，患兽精神极度委靡，喜卧于小室内，强行驱赶，步法蹒跚，体温升高，鼻镜干燥，拒食。后期腹痛剧烈，出现神经症状，贫血或可视黏膜发绀，渴欲增强，体温降至常温以下，惊厥痉挛而死。多呈急性或超急性经过。预后不良，多在发病后1昼夜内死亡。

【病理解剖变化】胃肠黏膜高度水肿，呈暗红色，常出现大量点状或条状出血。胃肠道内容物被染成红色。有时胃肠道黏膜下层出现变化，可见胃肠黏膜有溃疡及坏死灶。

【诊断】根据临床症状可确立诊断。但对出血性胃肠炎综合症状的毛皮兽患病死亡的所有的病例，必须把病理材料送实验室检查，排除传染病。

【治疗】治疗同卡他性胃肠炎。

中药防治：

处方1：穿心莲注射液。

用法用量：一次注射后海穴1毫升，每天1次，连用2～3天。

处方2：黄连、黄柏、黄芩各10克，板蓝根、地榆、米壳各20克，苍术、当归、黄芪、木香、枳壳、半夏、竹茹各5克，甘草4克。

用法用量：加水600毫升，煎汁400毫升。体重3千克以内，日服10～12毫升；3千克以上，日服12～16毫升，每天2次灌服，连用7天。

功效：清热解毒，凉血止血。

处方3：白头翁20克、黄连15克、黄柏15克、黄芩15克、秦皮20克。

用法用量：1 克中药加 2 毫升水，水煎成 1 毫升药液，取汁灌服，每千克体重 1 毫升，一般 1 剂即愈，重症可连用 1 剂。

功效：本方以白头翁为主药，可清热、解毒、凉血而治痢。配伍黄连、黄柏、黄芩苦寒燥湿、清热解毒，秦皮清热湿肠止痢。

处方 4：诃子 20 克，云南白药 2 克。

用法用量：诃子打碎去核，以少量水浸泡 1 小时后煎 2 次，1 克诃子水煎成 1 毫升，趁热下入云南白药粉。分 10 份，每份 2 毫升左右。体重 3 千克左右的毛皮兽用注射器接塑胶软管深部灌肠，每天 2 次，7 天为 1 疗程。

功效：收敛止血，涩肠止泻。

处方 5：黄连 12 克，黄芩 12 克，黄柏 12 克，白头翁 21 克，枳壳 9 克，厚朴 9 克，砂仁 6 克，苍术 9 克，猪苓 9 克，泽泻 9 克。

用法用量：1 克中药加 2 毫升水，水煎成 1 毫升药液，取汁灌服，每千克体重 1 毫升，每天 1 次，连服 3 天。

功效：清热燥湿。

处方 6：白头翁 15 克，甘草 6 克，阿胶 9 克，秦皮 12 克，黄柏 12 克，黄连 6 克。

用法用量：1 克中药加 2 毫升水，水煎成 1 毫升药液，取汁灌服，每千克体重 1 毫升，每天 1 剂，分上、下午 2 次内服，连用 5 天。

功效：益气清热，止血止痢。

处方 7：黄连 6 克，黄柏 4 克，白头翁 15 克，大黄 5 克，乌梅 15 克，党参 15 克，三七 3 克（另包）木香 6 克（另包）。

用法用量：三七、木香研末，余药混合煎汤，1 克中药加 2 毫升水，水煎成 1 毫升药液，取汁加入三七粉与木香粉混合，灌服，每千克体重 1 毫升，每天 1 次，连用 5 天。

功效：清热凉血，活血理气，止血止痢。

处方 8：葛根 6 克，黄连 3 克，黄芩 3 克，甘草 3 克。

用法用量：1 克中药加 2 毫升水，水煎成 1 毫升药液，取汁灌服，每千克体重 1 毫升，分 2 次灌服，连用 5 天。

功效：清热祛湿，泻火解毒，补脾益气。

处方 9：蒲公英各 8 克，诃子、米壳、半夏、槐花炭、侧柏炭、地榆炭、甘草各 5 克。

用法用量：1 克中药加 2 毫升水，水煎成 1 毫升药液，每千克体重 0.3 毫升，每天 3 次，连用 5 天。

功效：清热燥湿，涩肠止泻。

处方 10：炒大黄、炒黄连各 70 克，白及 140 克，乌贼骨 210 克。

用法用量：研末混合，过 100 目筛，分 10 次用凉开水冲调。灌服或用胃管投服，每天 2 次，每千克体重 1 克，粪便潜血检验转阴即可停药。

功效：活血祛瘀，清热燥湿，收敛止血。

处方 11：黄连 10 克，黄柏 10 克，黄芩 10 克，白头翁 15 克，竹茹 15 克，郁金 15 克，诃子 15 克，白芍 10 克，枳壳 10 克。

用法用量：水煎 30 分钟，过滤去渣，浓缩至 250 毫升。每次 5 毫升用注射器或洗耳球接导尿管灌入肠道，每天 1 次，连用 3 天。

功效：清热利湿，理气活血，涩肠止泻。

处方 12：大黄、黄连各 20 克，丹皮 10 克，败酱草、蒲公英、冬瓜子、赤芍、鸡内金各 15 克，金银花 30 克，甘草 10 克。

用法用量：1 克中药加 2 毫升水，水煎成 1 毫升药液，取汁灌服，每千克体重 1 毫升，每天 1 次，连用 5 天。

功效：清热解毒，燥湿止痢。

处方 13：云南白药 4 克。

用法用量：云南白药 2 克，口服或深部灌肠，每天 1 次，连用 3 天。

功效：活血止痛，解毒消肿。

治疗和预防基本与卡他性胃肠炎相同。

六、肠 梗 阻

毛皮兽肠梗阻，即肠管内腔变狭窄或被异物阻塞。最常见于成年母兽。

【病因】肠梗阻为吞食异物所致，常为绒毛球、绒毛辫条及橡皮块等。

在母兽产仔准备期会出现绒毛梗阻，因为此时母兽以牙齿拔掉乳腺周围的被毛。除去乳腺周围的绒毛和被毛是正常生理功能。此时母兽不可避免会吞下一些绒毛。大多数情况下，吞下的绒毛可以由粪便中排出。有的毛则不排出而滞留于肠管或胃内。

【症状】患兽食欲完全丧失及进行性消瘦，在产仔后母兽不采食。发现从口腔内排出污白色泡沫，流涎。常常发现呕吐或呈现要排粪的动作，严重时出现腹痛，时时以腹部摩擦笼网。

【病理解剖变化】当剖检时，在肠管内发现异物和出血性炎症。局部（覆盖异物肠管区）发生浸润，呈暗紫色，严重者肠管坏死、破裂。

【诊断】根据特殊临床症状，再加以触摸检查可以确诊。如果异物锐缘很大，那么治疗通常无效。

【治疗】用食管探子投给病兽加温至与体温相同并混有 0.2 克氨苄西林钠的凡士林油 150 毫升，每天 1 次。此法反复 3～4 次，常可见效。当病兽出现食欲，并在笼子下面发现覆以黏液的结实粗硬的被毛形成物时，表明已经治愈。严重者可实行剖腹术。

中药防治：

处方 1：植物油 50～100 毫升。

用法用量：胃管投服，每千克体重 2 毫升。主要用于小肠结（继发大肠结时，先导出胃内容物后再服），也可用于大肠结。

处方 2：槟榔、大黄各 5～10 克，芒硝 25～40 克（另包冲服）、枳实、厚朴、牵牛子、木香、郁李仁各 5 克，山楂、火麻仁各 10～20 克。

用法用量：水煎，大黄后下，加芒硝温服。本方加水量要大（一般应加水 500～800 毫升，使芒硝的浓度为 5%～8%）。主要用于大肠结，继发肚胀时，先穿肠放气后再服，每千克体重 1 毫升。

处方 3：当归 20 克，肉苁蓉 10 克，番泻叶、六曲各 6 克，广木香、瞿麦各 2 克，厚朴、炒枳实、醋香附各 3 克，通草 2 克。

用法用量：1 克中药加 2 毫升水，水煎成 1 毫升药液，取汁，候温加麻油 25～50 克，同调灌服，每千克体重 1 毫升。体瘦气虚者加黄芪，孕兽去瞿麦，通草，加白芍，用于老弱久病，体虚患兽之结症。

处方 4：食盐 20～30 克，加温水 500～800 毫升。

用法用量：胃管投服，用于大肠结，每千克体重 1 毫升。

处方 5：深部灌肠，经直肠灌入大量（150～300 毫升）微温水（按 1% 的比例加入食盐，效果更好）以软化结粪和促进肠蠕动，并补充水分，用于缓解大肠便秘。

以上处方根据病情可连用 1～3 天。

【防治措施】必须保证在产仔准备期母兽不拒绝饲料，保持良好的食欲，并保证完全温暖的饮水。

饲料严加检查，除去夹杂物如橡皮块、包装用纸等。

七、肠 套 叠

肠套叠为一段肠管缩入自体肠管内，缩入部的静脉血管瘀血肿胀，致使该部肠管狭窄，出现疼痛现象。常在毛皮兽仔兽中发病。

【病因】多因肠蠕动过度或逆蠕动而引起，如肠炎、肠梗阻、异物刺激作用、肠寄生虫等。毛皮兽惊扰后剧烈运动等也有引起该病的可能。

【症状】本病出现食欲废绝，排粪停滞，有时从肛门内排出血样粪便，气味恶臭。小肠套叠，很快继发胃扩张，体温升高，初期脉搏加快，以后逐渐变弱。

当腹部触摸检查时，常摸到圆柱状物体，坚固有弹性，而且敏感性高。

【防治措施】加强饲养管理，不喂发霉变质的饲料及含纤维素多的饲料，防止肠蠕动加快。不惊扰毛皮兽，在某种意义上对预防本病发生是有益处的。因本病生前常不易被确诊，来不及治疗。如能早期发现，可实行剖腹术。直肠部套叠脱出时，实行直肠切除术，可获得较高的治愈率。

八、幼兽消化不良

哺乳期毛皮兽消化不良，乃是原因不明的胃肠机能紊乱综合征。

【病因】一般消化不良主要发生于初生后 1 周以内的仔兽。主要原因是由于母兽肠道疾病或乳腺疾病；用劣质饲料饲喂泌乳期母兽；小室潮湿不卫生，垫草缺乏；母乳为病原菌所感染或母兽乳房被污染。

【症状】患兽肛门部被粪便污染。被毛蓬松，缺乏正常光泽。开始仔兽吸吮，运动，发育无大异常。病程拖延时，仔兽消瘦及发育落后。粪便为液状，呈灰黄色，含有气泡。口腔恶臭，舌苔灰色。

本病具有局部发生的特点，即在个别饲养场中，甚至一定颜色的仔兽群中患病。本病持续 4～7 天并最终转归痊愈。

【病理解剖变化】在肠管中发现大量黄色液状内容物。于胃内发现有未消化的食物残渣或乳块，胃肠道充满气体，其胃肠壁变薄。慢性病例尸体消瘦，贫血，肝脏常常呈黄色。

【诊断】根据下痢特有的临床症状和发病年龄的统计（3 周

龄仔兽患病）即可建立诊断。必要时对死亡仔兽的内脏器官及胃肠内容物进行细菌学检查，即可排除脓毒性经过的细菌传染及厌氧菌中毒传染。该病发生是否有病毒参与，现尚未被阐明。

【治疗】本病虽然无高死亡率，但也应注意护理和治疗。一般情况下，投给适量促进消化的药物即可。但病情较重者可应用青霉素，每次 5～10 毫克，链霉素每次 500～1 000 单位。

颈部皮下注射 10％葡萄糖或生理溶液，同时肌内注射维生素 B_1、维生素 B_6、维生素 B_{12}。维生素 B_1 注射量为 0.5 毫升，维生素 B_6 为 0.2 毫升；维生素 B_{12} 为 5 微克；10％的葡萄糖 6 毫升，生理溶液 50 毫升，皮下多点注射。这样治疗可缩短病程，不治疗 7～10 天才能痊愈，应用上述方法，4～7 天即可治愈。

中药防治：

处方 1：葛根 20 克，黄芩 15 克，黄连 12 克，车前子 12 克，半夏 6 克。

用法用量：水煎成 250 毫升，每千克体重 1 毫升，取汁灌服，每天 1 次，连用 7 天。

功效：清热燥湿，利水止泻。

处方 2：乌药、木香各 50 克，丁香 25 克，鸡内金 45 克。

用法用量：共研细末，每千克体重 1 克，每天 1 次，连服 5～7 天。

功效：消积导滞，理气和胃。

处方 3：党参 15 克，白术 10 克，茯苓 10 克，甘草 9 克，山药 10 克，白扁豆 15 克，莲肉 9 克，薏苡仁 10 克，砂仁 10 克，桔梗 10 克。

用法用量：1 克中药加 2 毫升水，水煎成 1 毫升药液，取汁灌服，每千克体重 1 毫升，每天 1 次，连服 3～4 天。

处方 4：党参 9 克，山药 9 克，白术（炒）9 克，茯苓 9 克，白豆蔻 5 克，莲肉 6 克，甘草 6 克，紫苏 6 克。

用法用量：1 克中药加 2 毫升水，水煎成 1 毫升药液，取汁灌服，每千克体重 1 毫升，每天 1 次，连服 4～5 天。

【防治措施】加强母兽泌乳期的饲养，保证给予优质、全价和易消化的饲料，用氨基苯甲酸，每次 2～5 毫升，5～8 天 1 次，具有预防的效果。

注意产箱和小室卫生，要经常打扫，保持清洁干燥。如笼网眼大，防止仔兽掉下来放上底板时，更应随时刷洗，随着仔兽逐渐长大，及时撤除底板。母兽发生乳房炎时，应将仔兽给健康的母兽代养。

九、幼兽胃肠炎

【病因】幼兽胃肠炎多发生于断乳期，此期仔兽断乳开始独立生活，其胃肠机能很弱，一旦饲养上发生问题，就会引起发病。如饲喂质量不好的饲料（带有分解、自体溶解、酸败、发霉及脂肪或纤维素过多），或饲喂和幼兽生理要求不相适应的饲料（化学保存的饲料、酵母粗淀粉、蚕蛹及发芽的马铃薯等）。另外，日粮比例不当，调制方法不好，卫生条件不良，都会引起胃肠炎。继发性胃肠炎可能发生于某些传染病如大肠杆菌病、副伤寒、球虫病等。

【症状】毛皮兽幼兽胃肠炎表现出高度的发病率和死亡率。病兽精神高度沉郁，食欲减退或废绝，可视黏膜贫血，被毛焦躁，逐渐消瘦。病兽排出白色或咖啡色黏液样粪便，肛门及尾毛被粪便沾污不洁。在粪便中常发现未消化的饲料残渣，严重的混有血液。口腔恶臭，舌苔灰白色。重者有时虚脱。

【病理解剖变化】尸体消瘦，可视黏膜苍白，皮下无脂肪。急性经过者胃肠黏膜稍有增厚，有皱褶，常有点状或带状出血。肝脏稍肿胀，质地脆弱，捏之易碎，胆囊增大并有多量黄绿色胆汁。慢性经过者，胃肠壁变薄，黏膜脱落，在胃黏膜上出现许多大小不等的糜烂面和溃疡灶。

【诊断】根据发病特点、临床症状及病理剖检不难建立确诊。

应与一般消化不良加以区别，比较起来消化不良症状轻微，很少死亡。除此之外，病理材料应进行细菌学检查，排除传染病继发的胃肠炎症。

【治疗】本病主要发生于毛皮兽仔兽，现将治疗方法介绍如下：

1. 萨罗 0.02 克，次硝酸铋 0.2 克，制成舐剂，一次口服，连用 7 天。

2. 氨苄西林钠，每千克体重 50～100 毫克，肌内或皮下注射，或每千克体重 100～200 毫克，静脉注射，每天 1 次，连用 3 天。

3. 黄连素 0.5 毫升，维生素 B_1 0.5 毫升，每天 1 次，肌内注射，连用 5 天。

4. 复合维生素 B 0.2 克，合霉素 0.25 克，每天 2 次口服，连用 5 天。

5. 20% 葡萄糖 50 毫升，皮下或直肠一次补液，每天 1 次，连用 3 天。

【防治措施】仔兽断乳期给予的饲料一定要新鲜、易消化，饲喂的次数和时间要固定。不宜多只幼兽放在一起饲养，防止强弱抢食造成饥饱不均。笼子、小室经常打扫，保持清洁、干燥。

日粮中每只幼兽平均加入黄连素 0.2 克，具有预防胃肠炎的良好作用。

十、膀胱麻痹

膀胱麻痹是由膀胱括约肌高度紧张而引起的疾病，并伴发有排尿困难。在哺乳期北极狐母兽中间常发现该病。

【病因】主要发生于泌乳量高而且母性强的母兽中间，这种母兽往往拖延排尿时间，特别是在夜间睡眠时更是如此。如果兽场产仔期保持安静，邻近小室仔兽也发育良好，没有不良刺激时，则该病的发生就大大减少。反之，使母兽经常处于惊扰状态，对排尿中枢产生抑制影响。长期过度充盈与括约肌持续性紧张不开会导致膀胱颈出现比较牢固的闭锁，在一定阶段母兽不能单独完成排尿动作。

【症状】最初母兽在给食时不出小室。其后母兽腹围逐渐增大，触摸膀胱显著变大有波动。此时病兽呼吸困难，腹壁非常紧张。大多数病例为急性经过（1～2 天），并发症常常是膀胱破裂。如能及时急救，则预后良好。

【治疗】根据特有临床症状建立诊断。如果病兽无窒息症状，可将母兽从小室内驱赶出来，让其在笼子内运动 20～40 分钟，使尿液从膀胱中排空。如还不能达到目的可将母兽放到兽场院内 10～20 分钟，使其把尿充分排出。如上述方法依然无效可实行剖腹术，经膀胱壁把针头刺入膀胱内使其尿液排空。

中药防治：

处方：熟地 60 克，山药 60 克，朴硝 60 克，红茶末 60 克，黄芪 30 克，肉桂 30 克，车前子 30 克，茯苓 15 克，木通 15 克，泽泻 15 克。

用法用量：共为细末，加竹叶、灯心草为引，2 倍量开水调，每千克体重 1 毫升，1 次灌服，每天 1 次，连用 7 天。

【防治措施】哺乳期要合理饲养，保持兽场安静。饲养人员在喂饲时如母兽不从小室内出来，可把这样的母兽赶出小室，插上挡板让母兽把尿在外面排出后，再打开挡板放回小室内。应用这种简单方法，即可有效预防膀胱麻痹病。

十一、尿 结 石

尿结石是在肾脏、膀胱及尿道内出现矿物质沉淀。主要罹患毛皮兽中的狐狸。

【病因】该病的病因至今尚未完全被阐明，但多数研究者将本病列为代谢疾病。促使本病发生的因素为饲料内矿物质含量增高和维生素 A 含量减少，以及机体酸碱平衡和胶体理化状态破坏、维生素 D 过多等。

【**症状**】常不出现任何症状而突然死亡。有时病兽做频频排尿动作，有的病兽尿成点滴状而不能随意排出，因而经常浸湿腹部的绒毛。妊娠母兽肾和尿路结石妨碍子宫的正常收缩，常是造成难产的原因。病的经过通常为慢性。

【**病理解剖变化**】当剖检时常在肾脏和膀胱内发现大小不等的结石，在公兽的尿道内也同样发现有结石。膀胱增大如鸡蛋大，呈紫红色并带有出血，其内充满混浊的黏液和带血液的尿。肾增大，被膜下有斑点状出血。肾盂扩张，充满黏稠的尿液，贯穿以炎性出血。

尿结石坚硬光滑，带有研磨的侧面，呈淡黄色。分析表明，大多数结石为镁-钙磷酸盐。结石数量为 1～8 个，重量 0.1～10 克。

【**诊断**】根据病兽行为观察、尿液尿盐分析结果及其化学反应建立诊断。触诊膀胱是较好的诊断方法，甚至细小的结石和尿沙都能被发现。

【**鉴别诊断**】尿结石常与尿湿症（湿腹，酸中毒）在表面上有相似之处，特别是尿湿症和尿结石，都有下腹部被毛不断被排泄的尿液所浸湿的症状。但尿湿症多发生于 2～4 个月龄的幼兽，并绝大多数病例见于公兽。而成年毛皮兽患尿结石比较多，并且主要是母兽。

【**治疗**】由于结石为碱性尿液中形成，因此改变日粮使之成为酸性反应，同时应使饲料为液状并保持足够的饮水。

中药防治：

处方 1：鸡内金 4 克，海金沙 5 克，滑石 10 克，芒硝、火硝、硼砂、车前子、茯苓各 3 克，琥珀 2 克。

用法用量：滑石及海金沙用布包，与鸡内金、琥珀、车前子、茯苓同煎，1 克中药加 2 毫升水，水煎成 1 毫升药液，去渣后加入芒硝、火硝、硼砂，每千克体重 1 克，1 日 2 次喂服，连用 7 天。

功效：清热利尿，化石通淋。

处方2：金钱草10克，木通9克，车前仁9克，滑石9克，石韦9克，瞿麦6克，冬葵子6克，甘草梢3克，草薢6克，茵陈6克，菖蒲3克，肉桂3克，桔梗6克，威灵仙6克，酒知母3克，榆白皮3克，尿珠子根9克。

用法用量：1克中药加2毫升水，水煎成1毫升药液，取汁灌服，每千克体重1毫升，每天1次，连用5天。

为达到预防目的，必须在饲料中添加氯化铵或磷酸化学纯品。

十二、尿 湿 症

尿湿症是临床上表现泌尿障碍的一种病。本病广泛分布于世界许多国家，给毛皮兽养殖带来很大的经济损失。

根据流行病学、临床及解剖症状的研究，以及实验检查结论，尿湿症为细菌性病原的独立性疾病。从尿湿症死亡的病兽肾脏和膀胱内分离出化脓性微生物区系。分离出链球菌、葡萄球菌和绿脓杆菌，并对狐狸有高度致病性。

尿湿病与遗传因素有关，且主要发生于8～9月，饲料腐败和氧化变质及维生素 B_1 缺乏能诱发和促进该病的发生。

【症状】发现病兽不随意地频频排尿。会阴部、腹部及后肢内侧被毛高度浸湿，之后上述被毛胶着。皮肤逐渐变红及显著肿胀，不久在浸湿部出现脓疱，脓疱破溃形成溃疡。当病程继续发展时，被毛脱落，皮肤变硬固、粗糙，以后在皮肤和包皮上出现坏死变化。坏死扩延侵害后肢内侧及腹部皮肤。常常发生包皮炎，包皮高度水肿，排尿口闭锁，包皮囊内有尿液潴留，病兽表现高度疼痛。

有的病例仅在会阴和腹部被毛呈现局部浸润症状轻微，此症状仅发现2～5天后，泌尿功能即恢复正常，被毛逐渐变干燥，病兽康复，尿液透明。

当存在有化脓性膀胱炎时，尿液混浊，带有很多沉淀，含有大量的血液有形成分及膀胱黏膜上皮。

与尿结石不同，尿湿症的尿呈酸性反应。

有时化脓性膀胱炎的炎症过程可能转移至腹部，引起化脓性腹膜炎而很快死亡。

【病理解剖变化】尸体营养状态良好，衰竭者较少。会阴部被毛多表现硬固的胶着状，很多地方被毛脱落，在脱毛部皮肤变肥厚。触摸硬固，有时发生坏死。坏死和溃疡常常发生于会阴及腹部，胸部较少见。

内脏器官变化极其复杂。肺内常发生不同程度出血和肺炎病灶。肝变性呈泥土色及轻度松弛。脾轻度肿胀，偶尔发现有坏死灶，淋巴结特别是肠系膜淋巴结肿胀增大，有时表面发现点状出血。肾增大，常出现包膜肥厚，肾表面颜色不一，在褐红色底上见有淡黄色小区，有时有斑点状出血，肾盂扩张，含有污灰色脓汁或血样液体。输尿管肥厚。经常发现化脓性膀胱炎，膀胱内很少有结石。

【诊断】泌尿障碍是提供诊断的充分依据。为确立诊断，必须进行实验室检查。为此目的，采取新排出的尿、脓疱及坏死性溃疡物。将其培养于陈肉汤内，或采取死亡毛皮兽的肾、肝、脾、心血及膀胱等材料做细菌学检查。

在尿接种时，大多数病例分离出混合微生物，即球菌、双球菌、大肠杆菌、绿脓杆菌等。应当指出，疾病不同时期分离出微生物区系不同，起初可能为大肠杆菌或绿脓杆菌，以后可能为球菌。

【治疗】改善病兽的饲养管理，从日粮内排除质量不好的饲料，换上易消化和富于维生素成分的饲料（牛奶、鲜鱼或鲜肉）。注意给予清洁、足够的饮水。

中药防治：

处方1：鲜车前草 25～30 克。

用法用量：1 克中药加 2 毫升水，水煎成 1 毫升药液，取汁灌服，每千克体重 1 毫升，每天 1 次，连用 7 天。

功效：利水渗湿。

为消除病原，同时配合抗生素（青霉素、氨基苄、链霉素等）疗法，收到良好效果。

十三、创　　伤

机体的组织或器官受到某种锐利物体的刺激，使皮肤及黏膜发生破裂的机械损伤，称为创伤。

根据创伤引起的原因不同，可分为刺伤、切创、砍创、撕创和咬创等。又根据微生物感染与否区分为感染创和无菌创。

【病因】在养兽业生产实践中常会遇见这样或那样不同程度的撕创、咬创、切创及感染创。

咬创最为常见，由于牙齿作用使皮肤造成无菌的损伤，并常发生感染。延误治疗的情况下，会并发蜂窝织炎，引起脓毒败血症而死亡。特别是密集饲养的幼兽（每个笼子 3～4 只）最易发生。在配种期，成年毛皮兽也常在头部、颈部出现咬创，少有胸、背、腹及腰部发生咬伤。笼子有间隙，毛皮兽企图从中出来，此时发生脚掌钳闭，毛皮兽为了挣脱常发生软部组织外伤及骨折。此时也会被相邻毛皮兽咬伤。

【症状】创伤的主要症状是出血、疼痛、撕裂及机能障碍。出血量决定于受伤血管大小、受伤面积、部位及组织深度。随着出血的发生伴有疼痛的感觉，毛皮兽表现比较剧烈，在笼子内翻转运动。创伤裂开程度，决定于创伤方向、长度和深度，也决定于创伤周围组织的弹性和收缩性。严重的创伤常引起机能障碍，如四肢创伤会引起跛行。创伤感染或化脓，则会出现体温升高、精神不振和食欲减退。

【治疗】无菌创（手术创）治疗，在停止出血后，对创伤实行缝合，并打无菌防腐绷带。使毛皮兽保持安静。当良性经过时，术后 2～3 天换一次绷带，经 8～9 天后取下绷带及缝线，创伤上再装以纱布，即可治愈。当毛皮兽不安时，绷带可用火棉胶粘贴。绷带一经破坏，可按感染创治疗。

为预防术后感染，毛皮兽应用阿莫西林粉，每千克体重 20毫克，每天 1 次，连用 3～5 天；或氟苯尼考粉，每千克体重 25毫克，每天 2 次，连用 3～5 天；或恩诺沙星粉，每千克体重 15毫克，每天 2 次，连用 5～7 天；或速诺，每 20 千克体重 1 毫升，皮下或肌内注射，每天 1 次，连用 3～5 天；或拜有利，每20 千克体重 1 毫升，皮下或肌内注射，每天 1 次，连用 3 天。为预防毛皮兽术后不安，破坏绷带，在最初 4～5 天内可内服催眠药，投药过程要间断进行，以保持毛皮兽采食。应用催眠药和止痛药能加速创伤愈合过程。

感染创治疗方法，决定于组织损伤程度、创伤时间及创伤感染程度。在感染创伤治疗时首先实行外科处理，清除创内坏死组织和脓汁及血块。为此目的，应用 3%～5%过氧化氢溶液洗涤。在其周围 3～4 厘米剪毛或剃毛。用酒精-乙醚合剂消毒皮肤，随后涂以 5%的碘酒。根据创伤性质及解剖部位实行创伤部分或全部切除。如有可能的话，进行创缘缝合，并留有渗出物排泄口。在创内可填塞浸润樟脑酒精纱布引流，此时可打防腐绷带或实行开放治疗。

如遇创伤化脓性感染要彻底清除形成的创囊，除去可能的异物和坏死组织，保证渗出物的排泄。

在治疗创伤过程中，要经常观察患兽的精神状态，必要时实行全身治疗。

在创伤的第一期应用多黏菌素、抗生素、高渗氯化钠（10%～20%）、硫酸镁或硫酸钠溶液。

在感染创愈合第一期用紫外线照射可获得良好效果。在愈合第二期为加速再生及上皮的形成，可应用樟脑油和维生素性鱼肝油。当幼芽创生长迟缓时，可按下方配制的乳剂进行治疗：结晶碘 0.2 克，医用乙醚 8 毫升，精制樟脑 1 克，鱼肝油 22 克，蓖麻油 22 克。

当毛皮兽衰弱时，在全身治疗中可应用强心剂，异种血液疗法（肌内注射由猫、家兔或犬采取的血液，剂量为 1~3 毫升）、牛奶疗法（肌内注射灭菌脱脂牛奶，剂量为 1.0~1.5 毫升），肌内注射维生素 B_{12}，静脉注射葡萄糖溶液、葡萄糖酸钙及给予多种维生素。

中药防治：

初期：

1. 止血　根据创伤发生的部位和出血程度的不同，施以不同止血法。一般轻微渗血可用灭菌纱布填塞伤口，严密包扎，压迫止血即可。如渗血较多可配合药物止血。

处方 1：陈石灰 500 克，大黄片 90 克。陈石灰用水泼成末，与大黄同炒，至石灰变粉红色为度，去大黄，将石灰研为细粉状，撒于创面，外用灭菌纱布包扎紧。

处方 2：老松香、煅枯矾各 30 克。共研成极细粉，撒于伤口，外用灭菌纱布包扎。

处方 3：苏铁叶适量晒干，放在洁净的瓦钵中以火烧成炭，待冷将炭研成极细粉，撒于伤口，外用灭菌纱布包扎。如出血鲜红呈喷射状，应迅速结扎血管。四肢出血，可于伤处上方用绳索紧扎止血。

2. 局部处理

（1）清理创围　先用灭菌纱布将创口盖住，剪除周围被毛，并用消毒液将周围清洗干净，后涂 5% 碘酊进行创围消毒。

（2）冲洗伤口　揭去覆盖纱布，除去伤口内异物，用生理盐水或防腐液反复冲洗伤口。

（3）修整伤口　对伤口浅小，创面整齐，无坏死组织的可不必处理。组织破损严重的伤口应行修整创缘，扩大创口，消除创囊，清理挫灭组织、异物及凝血块，最后用防腐液清洗创腔。

（4）缝合　对于伤口比较整齐、清创比较彻底或污染不严重的创伤应及时缝合。对伤口裂开过宽，不能施行全缝合时，可缝合两端，中部任其开放；组织损伤严重或不便于缝合时，应行开放疗法。

（5）撒布药物　行开放疗法的创伤，应撒布桃花散或蒲黄散（地榆、蒲黄、白芷各 10 克共研细面）；或用血余 15 克，三七、海螵蛸各 10 克，共为末，撒布创内；或用冰片 5 克，白矾、冰糖各 10 克，共为末，涂于创内；或用雄黄 2 份，章丹、枯矾、松香、官粉各 3 克，共研细面，撒于创内；或用白糖适量，撒于创内。

（6）包扎　伤口不大或不容易包扎的创伤，可不必包扎；伤口大或易污染的创伤、四肢下部创伤应行包扎。

3．内治　如创伤严重并伴有体温升高、口色偏红，脉数者，除外治以外，尚需内服清热泻火、消肿止痛方剂，或配合应用抗生素。

处方 1：知母、贝母、黄芩、黄柏、栀子、连翘、大黄各 30克，郁金、黄药子、白药子各 25 克，芒硝 45 克，甘草 15 克，共为末，每千克体重 1 克，候温灌服，每天 1 次，连用 7 天。

处方 2：五味消毒饮。

如创口经久不愈，脓水清稀，肉芽生长不良，为气血虚少之证，应配合强心补液，内服八珍汤。

处方 3：消炎汤。

乳香、没药、红花、赤芍、桃仁各 25 克，金银花、连翘、栀子、当归各 30 克，土虫 50 克。1 克中药加 2 毫升水，水煎成 1 毫升药液，加黄酒 200 毫升，每千克体重 1 毫升，候温灌服，每天 1 次，连用 7 天。

中期：

为生筋接骨期，相当于骨痂形成期，此期局部肿痛减轻，断骨开始愈合，治宜和营通络生新为主。

处方1：乳香、没药、红花、土虫、血竭各20克，当归、丹参、续断、骨碎补各30克，炒黄瓜籽60克，螃蟹120克，炙马钱子5克。1克中药加2毫升水，水煎成1毫升药液，加黄酒120毫升，每千克体重1毫升，候温灌服，每天1次，连用7天。

处方2：接骨木、土虫、牛膝各50克，黄瓜籽100克，红花40克。前四味炒，等量开水冲，加黄酒200毫升，每千克体重1毫升，候温灌服，每天1次，连用7天。

处方3：螃蟹250克（炒研），炙马钱子5克，黄瓜子75克。共为细末，每千克体重1克，1次灌服，每天1次，连用7天。

后期：

断骨逐渐愈合，关节活动功能尚未恢复，患肢肌力软弱，治宜以和营通络、强筋壮骨为主。可用四物汤加强筋壮骨药：当归、川芎、白芍、续断、骨碎补、怀牛膝各25克，白术、熟地、黄芪各30克，共研末，开水冲，加黄酒120毫升，每千克体重1毫升，候温灌服，每天1次，连用7天。

外用药：

处方1：白及150～250克，乳香、没药各30克，研成细末，醋约500毫升。先将醋适量放入锅内加热，后加入白及粉，将白及熬制成黏稠的糊膏状，待冷却到不烫手的适当温度后再加入乳香、没药，搅拌均匀即成。用时将药膏均匀涂于纱布上，然后贴敷患处。

处方2：乳香、没药、煅自然铜、生半夏、生南星、胡椒、土虫、五加皮、陈皮各等份。共为细末，用鸡蛋清调成糊状，涂于纱布上，敷于患处。

处方3：猪板油500克，熬油去渣，加入净松香120克，樟脑60克，黄蜡180克，再溶化过滤。于滤液中徐徐加入乳香末、没药、血竭末各12克，儿茶末、黄连粉各30克，待冷却至

40℃以下时再加麝香 1.5 克，冰片 12 克，搅拌即成。将药膏涂于纱布上，贴敷患处。

对开放性骨折，应配合应用抗生素，并应注射破伤风抗毒素。

【防治措施】 治疗骨折的最终目的，不仅是促使断骨愈合，更重要的是恢复其固有的机能，避免后遗症。在治疗过程中的适当时期进行一定量的运动可以加速肢体的血液循环，促进骨折愈合，防止后遗症。因此，根据患兽体质、骨折愈合情况，可在整复固定后 3～4 个星期进行适当运动，每天 1～2 次，每次 10～30 分钟，待患肢能踏着负重后，要增加运动量。

治疗过程中要加强护理，毛皮兽如不能站立应保定在笼内，加上吊带，防止发生褥疮。注意观察固定绷带装着情况，如发现松动或滑脱，应及时调整，加强饲养管理，喂饲富有营养的饲料，增喂骨粉量，或加喂蛋壳粉、牡蛎粉等富含钙的饲料。

解除固定绷带的时间一般在患肢能负重时，需 30～40 天，如患肢发软，再等待些时间。解除固定绷带后，患部仍应缠绕绷带至 2 个月左右，以使肢体保温。

十四、骨　折

【病因】 根据骨折来源分为先天性（子宫内）骨折，后天性（外伤性）骨折及自发性（骨疾病、软骨病、佝偻病、结核）骨折。按骨折性质有全骨折、不全骨折（骨裂）、闭锁性骨折和开放性骨折。

笼养毛皮兽常发生与饲养管理条件相联系的外伤性骨折。特别是笼子和小室质量不好、粗暴捕捉及其他原因均能引起不同程度的骨折。

【治疗】 毛皮兽前臂骨、上臂骨、小腿骨常发生闭锁性骨折，而股骨、肩胛骨、掌骨及指骨较少。

单纯性闭锁骨折不加固定绷带即可愈合。但能引起四肢弯曲或缩短，甚至形成假关节。对于前肢生理上的缺陷，不影响毛皮兽的繁殖和利用；但后肢的同样缺陷会使公母兽在配种期发生困难。两肢同时骨折时，必须装着固定绷带，否则愈合困难。

毛皮兽开放性骨折通常伴发有软部组织重大外伤、血液循环障碍和骨粉碎。因此，在固定绷带的条件下，愈合也是不大可能的。在这种情况下，必须立即实行断肢术。一般来讲，发生骨折后手术进行越快，创伤愈合越迅速。在延误情形下，外伤常化脓，使断肢手术复杂化。这时毛皮兽可能发生全身症状，如拒绝饲料，精神委靡，体温升高，应用麻醉药和止疼药困难。如果这时实行断肢手术，常易引起毛皮兽死亡。

欲行断肢的毛皮兽，必须应用催眠药或在局部应用麻醉与止痛药（普罗梅多尔、鸦片全碱、吗啡）或神经麻醉药（氯丙嗪、米巴嗪），否则，常引起休克和死亡。

对大失血和衰弱的毛皮兽，术前静脉注射 5%～20%葡萄糖溶液，皮下注射樟脑油。为提高血液的凝固性，可肌内或静脉注射葡萄糖酸钙及肌内注射维生素 K。麻醉前毛皮兽要绝食 12～18 小时。

术野皮肤剃毛，以酒精-乙醚涂擦，然后涂布 10%碘酊，术部盖创布。

毛皮兽常以环状方法断肢，此法先向上掀开皮肤，在骨的锯开部位以下 2 厘米处做环状切开，同时切开皮肤、皮下组织及腱膜，遇大血管时实行结扎止血；在血管区两侧（上面和下面）结扎好并在其间做肌肉分层切开，直达骨为止。遇有小血管出血时，用纱布块填塞或以止血钳止血。在肌肉切口稍上方用骨锯或骨剪（幼龄兽）把骨锯断或剪断。在完全止血后，对创伤进行缝合。肌肉用 3、4 号肠线做结节缝合，皮肤用 3、4 号丝线做结节缝合。

在皮肤实行缝合之前，用多黏菌素或青霉素灌注创伤。皮肤要进行全层缝合，用碘酊涂布创缘皮肤，于断端装上无菌纱布绷带。在整个操作过程中，要严格遵守无菌规则。假如毛皮兽最初的 4～5 天不破坏绷带，可在第 8～9 天拆线，创伤在第 12～14 天会出现第一期愈合。

中药防治：

处方 1：青麻根 30 克，铁线草 10 克，透骨消 10 克，自然铜 13 克。

处方 2：三棱、莪术、自然铜、怀牛膝、红花、桃仁、白芷、当归、厚朴各 6 克，郁金 4 克，红牛膝 5 克。

处方 3：自然铜酒 150～200 毫升。

用法用量：处方 1 杵烂调 10 毫升白酒包敷患部。处方 2 可 1 克中药加 2 毫升水，水煎成 1 毫升，取汁灌服，每千克体重 1 毫升，连服数天，处方 3 用自然铜酒抹在患部药包上，每天 3～4 次，连用 7～10 天。

十五、直肠脱出

【病因】 直肠脱出经常发现于幼龄仔兽。韧带装置减弱，当肌肉紧张时（长期腹泻时里急后重，引起肛门括约肌弛缓，病理分娩时阵缩，直肠炎症过程），腹内压增高易诱发本病。

【症状】 常在排便动作后发现如花形直肠黏膜皱襞脱出。这样的皱襞通常可以自行缩回去，若长时间刺激时，则黏膜发生肿胀，不能自行缩回。由于里急后重，从肛门内脱出圆柱状、呈弯曲的肠管，毛皮兽可长达 12～20 厘米。由于括约肌嵌闭，肠管水肿，容易发生外伤及出血。当延误治疗时，黏膜逐渐由淡红色变为深紫红色并带有灰褐色薄膜，以后肠管发生坏死。在黏膜上常发现小的撕破，覆盖以血块。由于脱出的直肠经常摩擦笼网和被同居毛皮兽咬伤，有时招致肠管全部脱出，甚至有脱出的肠管被同居的毛皮兽吃掉的病例。

【诊断】 在治疗前必须准确进行诊断。明确是全部脱出、部分脱出或肠套叠。部分脱出时，黏膜直接转成皮肤。如遇完全脱出时，在肛门和肠脱出的部分之间插入玻璃棒顶在括约肌内缘，如套叠时能自由进入。

【治疗】脱出部分必须整复，并于肛门周围实行袋口缝合。

整复时头向下保定毛皮兽并压迫腰部，预防整复时里急后重而发生困难。首先清除直肠污物，并以消毒药和收敛药处理。用0.1％高锰酸钾溶液洗涤脱出的直肠，再以1％～2％普鲁卡因溶液蘸湿脱出的区域予以麻醉。以手指整复脱出部分，从脱出部末端开始，轻轻压迫黏膜，为整复方便，可向肛门内插入试管（盲端向里），小型毛皮兽可用玻璃棒末端套上胶皮以整复脱出的直肠。当完成整复后，不取出试管（或玻棒），在肛门周围实行袋口缝合。此缝合的内腔要足以使粪便通过。

8～9 天后拆除缝合。在此期间毛皮兽可能破坏缝合，肠管可能反复脱出，可与第一次整复方法一样进行整复治疗。如果整复不能，如肠穿孔、肠坏死，要实行直肠切除术。

中药防治：

本病因气虚体弱，肛门括约肌松弛，再加上多努责而引发。症状表现直肠突出，久而不收，或时发时收。突出物色鲜红、球状，突久则成紫暗色，或因异物损伤而溃烂、发臭。本病治疗提要：内服补中益气药物、人工回纳固脱。

处方 1：先以 7％白矾水洗净患部，再涂花生油润滑，给予回纳，再服下方：蓖麻仁（去壳）250 克，捣烂加水 500 毫升灌服，再以蓖麻叶 10 片叠好，包扎于天门穴处，每天 1 次，连用5 天。

处方 2：黑芝麻 200 克、糯米 500 克、猪肠头一具，共煮成粥灌服，每千克体重 3 克。连用 2 次（服前需人工回纳，而做法参考处方 1）。

处方 3：手术整复后用 70％酒精 20 毫升于肛门周围分四点注射，再服下方：当归、党参、黄芪各 30 克，赤芍、白术、茴香、甘草各 15 克，升麻、火麻仁各 40 克，加水 1 000 毫升煎至 500 毫升，候温灌服，每千克体重1毫升。每天1剂，连用2～3剂。

处方4：黄芪50克，党参40克，白术25克，防风25克，当归30克，白芍25克，升麻30克，陈皮25克，官桂25克，肉豆蔻40克，诃子50克，甘草25克。

处方5：花椒、白矾、防风、荆芥、薄荷、艾叶、苍术各20克。

用法用量：处方4研粉温水冲服，每千克体重1毫升，每天1次，连用3天；处方5煎水1克中药加2毫升水，水煎成1毫升药液，频洗脱出部分。

十六、剖 腹 术

为了达到对毛皮兽腹腔器官进行手术，经常实行剖腹术。如病理性分娩时自然产道不能取出胎儿，子宫捻转、子宫外妊、骨盆狭窄、胎位不正及有时为了诊断或实验目的，常常采用剖腹术。

毛皮兽在麻醉状态下，严格遵守无菌操作，一般剖腹术能获得良好效果。

为了保证达到子宫手术，可在脐后做剖腹术。沿中线由脐到耻骨联合处进行切开。

为获得肝、胃、脾等其他器官手术，可在脐前部和剑状软骨之间做中线切开。于上髂骨部，从左侧或右侧也可做剖腹术。

在麻醉下或应用止痛药和局部麻醉药并用时进行手术。

在投给止痛药或麻醉药之后，使毛皮兽呈背位姿势，保定于保定台上。术部剃毛，并以酒精-乙醚处理，以10％碘酊消毒，整个躯体除头以外盖以带有相应窗孔的创布。沿创缘用几个夹子把创布固定在皮肤上。再重新用碘酊消毒术部。

顺白线分层切开，皮肤切开后应更换外科刀。再小心进行腹膜切开，为了不损伤内脏，开始用两个镊子夹起腹膜并把腹膜切开，以后利用有沟探子或在插入切口内的两个手指引导下，用手术刀逐渐切开腹膜。此时手术刀刀刃应向外，沿探子沟或两指间移动。也可用钝头直剪切开腹膜，但也必须在插入的两指间进行。

在对内脏器官外科手术迅速完成后，向腹腔内滴入灭菌樟脑油 0.5~3.0 毫升；氨苄西林钠 0.35 克，之后进行缝合。用 3 号肠线对腹膜和肌肉实行第 1 道连续缝合。用多黏菌素（或青霉素油）重新灌注创伤，并用同一号丝线对皮肤实行结节缝合。创伤外装以灭菌纱布绷带，3~4 天更换一次。一般都按第一期愈合，在 8~9 天拆除皮肤缝线。可不给予特殊食饵，但饲料应予以改善，保持狐狸有良好的食欲。

最初两天毛皮兽破坏绷带，可装着胶性绷带或利用催眠药，为此经口给予安定片；为镇静的目的，也应用氯丙嗪。

当顽固性拒食时，应静脉内注射葡萄糖也可用匙或食道探子强制饲喂。

当出现全身症状时，可实行对症治疗。皮肤缝合下面化脓时，拆除 1~2 针缝合，并给予纱布绷带引流，可肌内注射以 0.25% 普鲁卡因为溶媒的氨苄西林钠溶液。

中药防治：

处方：熟地黄 45 克，白芍 45 克，当归 45 克，川芎 30 克，党参 60 克，炒白术 60 克，茯苓 60 克，炙甘草 30 克，肉桂 50 克，附子 50 克。

用法用量：共为末，开水冲调，候温灌服，每千克体重 1 克，每天 1 次，连用 5 天。

十七、流　产

所谓流产即妊娠中断，随后胚胎完全或部分消散，或从生殖器官内流出死亡的或早产胎儿。

【病因】致使毛皮兽流产的原因很多，但主要原因是饲养上的错误，如长期饲料营养不全、饲料霉烂变质、冷藏过久、缺乏维生素和矿物质的饲料等。生殖器官系统某些疾病（子宫炎）和其他慢性疾病（肝肾脂肪变性）也会引起母兽流产。机械性流产（粗暴捕捉、惊扰）在养兽业实践中并不多见。另外，某些传染病或侵袭病也能引起母兽大批流产。

【症状】毛皮兽多发生隐性流产，即妊娠前期胚胎自体溶解而被母体吸收。一些母兽整个胚胎死亡（全隐性流产），另一些母兽部分死亡，而其余正常发育（不全隐性流产）。一般隐性流产几乎无症状，有个别母兽若干天食欲减退或完全拒食，从阴道内流出红褐色污秽物。毛皮兽发生不全隐性流产时，触诊子宫可摸到比相应期胚胎小得多的硬固无波动的死亡胚胎。

妊娠晚期流产，发现有早产胎儿，母兽不断从阴道内排出多量脓性分泌物。

【防治措施】对不全流产的母兽设法防止其他胎儿死亡。常使用维生素复合物（维生素 B_{12}、维生素 B_1、维生素 C、维生素 E 及维生素 A）及肌内注射 1% 的孕酮（毛皮兽每次为 0.3～0.5 毫升）。为防止感染败血症和其他疾病，可肌内注射抗生素和磺胺类药物。

中药防治：

处方 1：当归、艾叶各 30 克，黄芩、芍药各 15 克，川芎、白术各 10 克。

用法用量：1 克中药加 2 毫升水，水煎成 1 毫升药液，加白酒 6 毫升灌服，每千克体重 1 毫升，用于先兆性流产，每天 1 次，连用 7 天。

处方 2：炒白术 30 克，当归 30 克，砂仁 18 克，川芎 18 克，白芍 18 克，熟地 18 克，阿胶 25 克，党参 18 克，陈皮 25 克，苏叶 25 克，黄芩 25 克，甘草 10 克，生姜 15 克。

用法用量：共为细末，开水冲调，候温服用，每千克体重 1 克，每天 1 次，连用 7 天。

处方 3：当归、川芎、黄芪、杜仲各 20 克，白芍、熟地各 25 克，葡萄藤、陈艾各 50 克。

用法用量：1克中药加2毫升水，水煎成1毫升药液，取汁灌服，每千克体重1毫升，可用于毛皮兽的产前安胎，每天1次，连用5天。

处方4：党参60克，黄芪30克，白术30克，当归20克，白芍18克，熟地25克，续断25克，桑寄生25克，阿胶30克，杜仲25克，菟丝子30克，补骨脂30克。

用法用量：共为细末，开水冲调，候温灌服，每千克体重1克，每天1次，连用7天。

处方5：酒知母35克，酒黄柏15克，川断30克，炙没药12克，炙乳香15克，焦地榆21克，广木香9克，生地炭21克，酒黄芩30克，砂仁24克，麝角霜30克，当归18克，川芎12克，桑寄生24克，茯苓24克，台乌24克，血竭6克，熟地30克，甘草15克。

用法用量：共为细末，开水冲调，候温灌服，每千克体重1克，每天1次，连用7天。

处方6：艾叶炭50克，芥穗炭60克，生地炭60克，阿胶50克，芍药50克，厚朴40克，黄芩40克，白术40克，当归40克，蜜炙黄芪40克，炙甘草30克。

用法用量：共为细末，开水冲服，候温灌服，每千克体重1克，每天1次，连用7天。

处方7：党参60克，黄芪40克，当归90克，川芎24克，桃仁30克，红花24克，炮姜18克，甘草15克，黄酒150毫升为引。体温高者加黄芩、连翘、二花；腹胀者加莱菔子。

用法用量：共为细末，开水冲调，候温灌服，每千克体重1克，每天1次，连用7天。

处方8：砂仁、白术各40克，续断、当归各45克，桑寄生30克，黄芩35克，甘草30克。

用法用量：1克中药加2毫升水，水煎成1毫升药液，取汁灌服，每千克体重1毫升，每天1次，连用7天。

处方 9：当归、阿胶、熟地各 60 克，黄芩、菟丝子各 30 克，川芎、白术各 45 克，艾叶 15 克，白芍 18 克，炙甘草 9 克。

用法用量：共研为末，开水冲，候温灌服，每千克体重 1 克，每天 1 次，连用 3～5 天。

处方 10：加味桃仁汤：桃仁 25 克，红花 20 克，当归 60 克，川芎 20 克，白芍 20 克，熟地 30 克，益母草 45 克，炙甘草 15 克，党参 30 克，牛膝 25 克。

用法用量：共为细末，开水冲调，每千克体重 1 克，用于难于避免的流产时的催产，每天 1 次，连用 3 天。

十八、子宫内膜炎

【症状】毛皮兽患子宫内膜炎于产后 2～4 天出现拒食，精神极度不振，鼻镜干燥，行为不安。患病母兽的仔兽虚弱，发育落后，并常常发生腹泻。经腹壁检查母兽子宫时，子宫变大、敏感，收缩过程缓慢。常从阴道内排出浆液性或浆液化脓性分泌物，有时混有血液。本病个别病例取轻微经过，无显著临床症状。个别不良经过的病例常并发脓毒败血症。

【治疗】可向子宫内灌注防腐液。阿莫西林粉，每千克体重 20 毫克，每天 1 次，连用 3～5 天；或氟苯尼考粉，每千克体重 25 毫克，每天 2 次，连用 3～5 天；或恩诺沙星粉，每千克体重 15 毫克，每天 2 次，连用 5～7 天；或速诺，每 20 千克体重 1 毫升，皮下或肌内注射，每天 1 次，连用 3～5 天；或拜有利，每 20 千克体重 1 毫升，皮下或肌内注射，每天 1 次，连用 3 天。静脉注射葡萄糖酸钙 8 毫升，注射催产激素，脑垂体后叶激素，人造雌酚及麦角等都具有一定的疗效。

中药防治：

1. 瘀血内阻型 治宜活血止血，去瘀生新。当归、川芎、芥穗炭、炮姜各 30 克，炮益母草 50 克，白及、桃仁、丹皮各 20 克，红花 15 克，香附 40 克。1 克中药加 2 毫升水，水煎成 1 毫升，取汁，候温加黄酒 30 克，分 6 次灌服。有腹痛症状者加蒲公英 20 克，郁金 30 克，延胡索 20 克；口色偏红，体温升高者加知母 30 克，黄柏 20 克，车前子 40 克，1 克中药加 2 毫升水，水煎成 1 毫升，取汁灌服，每千克体重 1 毫升，每天 2 次，连用 5 天。

2. **气血虚弱型** 治宜补气摄血，去瘀生新。党参、黄芪、香附、白术、茯苓各 40 克，炮益母草 50 克，白及、桃仁、红花、黄柏各 20 克，当归、泽泻各 30 克，炙甘草 10 克。1 克中药加 2 毫升水，水煎成 1 毫升药液，取汁灌服，每千克体重 1 毫升，每天 2 次，连用 7 天。

3. 中西药结合疗法一

（1）青霉素 80 万国际单位，30％安乃近 10 毫升，混合后 1 次肌内注射；庆大霉素 6 万单位，1 次肌内注射；复方新诺明 2 片，碳酸氢钠 2 片，维生素 B₁ 3 片，一次内服，每天 2 次，连用 3 天；复方维生素 B 溶液 25 毫升，加温水 4 倍稀释后 1 次灌服，每天 1 次，连用 3 天。

（2）中药方：益母草 30 克，丹皮 10 克，丹参 10 克，党参 15 克，炒蒲黄 15 克，旱莲草 25 克，花蕊石 15 克，香附 6 克，田七 3 克。1 克中药加 2 毫升水，水煎成 1 毫升药液，取汁灌服，每千克体重 1 毫升，每天 2 次，连用 5 天。

（3）淡温盐水约 500 毫升，加入适量蜂蜜冲匀，深部灌肠。

（4）口服补液盐适量。

4. 中西药结合疗法二

（1）阿莫西林粉，每千克体重 20 毫克，每天 1 次，连用 3～5 天；或氟苯尼考粉，每千克体重 25 毫克，每天 2 次，连用 3～5 天；或恩诺沙星粉，每千克体重 15 毫克，每天 2 次，连用 5～7 天；或速诺，每 20 千克体重 1 毫升，皮下或肌内注射，每天 1 次，连用 3～5 天；或拜有利，每 20 千克体重 1 毫升，皮下或肌内注射，每天 1 次，连用 3 天。同时用生理盐水冲洗子宫并灌注氨苄西林钠 0.5 克，每天 1 次，连用 7 天。

（2）中药方：党参 5 克，黄芪 5 克，丹参 5 克，白术 5 克，当归 6 克，益母草 7 克，木通 4 克，牛膝 4 克，王不留行 4 克，炙甘草 3 克，每千克体重 1 毫升，每天 1 次，连服 5 天。

一般子宫内膜炎及时采用消炎（氨苄青霉素为高敏首选药）、输液等保守疗法，一般都能治愈；对难产母兽，在进行药物催产、助产无效时，应立即进行剖腹产，否则极易因死胎腐败引起母兽继发败血症而死亡；对久治不愈的慢性化脓性子宫内膜炎或子宫蓄脓的病兽，切除子宫卵巢是行之有效的疗法。

十九、乳 房 炎

【病因】乳房炎多由乳腺感染而发生，如仔兽较多，乳汁不足，常咬伤乳腺或其他外伤造成感染。另外，因仔兽衰弱吮乳力不强或仔兽死亡，使乳汁长期积留于乳腺中，造成乳房炎。

【症状】开始乳腺硬结，继而乳房肿胀，乳头有咬伤，感染化脓，有时破溃，流出黄红色脓汁。

患病母兽徘徊不安，拒绝给仔兽哺乳，常在笼内走来走去，有时把仔兽叼出小室。逐渐开始食欲减退或拒食。

【防治措施】产仔期要加强母兽的饲养管理，保证有柔软的垫草和良好的小室卫生。经常检查产仔母兽，发现外伤及时处置，防止感染。一经发生乳房炎症时，初期提倡按摩乳房，排出积留的乳汁。对发育不全的乳头，应小心将其引出来，此时拇指和食指做轻微旋转运动，使其乳汁排出，或用日龄较大的仔兽放在母兽乳头上让其吸吮奶。实践证明，除化脓者外，进行乳腺按摩，对治疗乳房炎有良好效果。

用 0.25％普鲁卡因稀释青霉素或链霉素，在乳房炎症周围进行多点封闭（根据毛皮兽不同，可用 5～20 毫升），短时期也能获得满意的效果。必要时 2～3 天可实行反复封闭治疗。

对局部化脓者，可用 0.1％雷佛奴耳洗涤，并肌内注射氨苄西林钠，每千克体重 50～100 毫克，肌内或皮下注射；或每千克体重 100～200 毫克，静脉注射。对拒食者，可静脉或皮下注射 5%葡萄糖 100～200 毫升，维生素 C 1～2 毫升。

中药防治：

1. 浆液性乳房炎

处方 1：盐知母、盐黄柏各 200 克，盐巴子、生蒲黄、五灵脂、海藻各 50 克，木香，木通各 25 克。

用法用量：共为细末，开水冲灌，隔天 1 次，每千克体重 1 克，一般 3 次。

处方 2：当归 50 克，红花 25 克，蒲公英、地丁、川芎、黄芪、双花、连翘各 40 克，甲珠、赤芍、花粉、桃仁各 30 克，乳香、没药、甘草各 20 克。

用法用量：共为细末，开水冲调，加黄酒 200 克为引，每千克体重 1 克，每天 1 次，连用 7 天。

加减方法：热象显著时须去掉方中的黄芪，另加石膏 100 克，知母及黄连各 50 克，白芷及生地各 40 克；乳房肿硬或乳腺有硬结时，须重用双花及连翘，另加郁金、泽兰、夏枯草、透骨草、胆草及鹿角霜各 30 克；食欲不佳时可去掉方中的乳香、没药及甲珠，另加川朴、陈皮及炒麦芽各 20 克，乳房肿胀加大，有化脓趋势时，为了早日化脓及破溃，可适当加重甲珠的用量，另外加皂刺及防己 30 克。

处方 3：双花、蒲公英、地丁各 200 克，连翘 100 克。

用法用量：共为细末，开水冲调，加黄酒 200 克为引，每千克体重 1 克，每天 1 次，连用 7 天。

2. 卡他性乳房炎

处方：可选用浆液性乳房炎中的中药防治法。

3. 纤维素性乳房炎

处方：可选用浆液性乳房炎中的中药防治法。

4. 化脓性乳房炎

处方：双花、野菊花、蒲公英、紫花地丁、连翘各 50 克，川连、夏枯草、藕节、当归、焦地榆、棕炭、天花粉各 30 克，广三七 15 克。

用法用量：共为细末，开水冲调，加黄酒 200 克为引，每千克体重 1 克，每天 1 次，连用 7 天。

加减方法：即在肿胀热痛时，为了促进消散，可另加黄柏、黄芩、知母各 40 克，局部发软时，为促进化脓，另加甲珠、皂刺各 15 克。

5. 出血性乳房炎

处方 1：双花、野菊花、蒲公英、紫花地丁、连翘各 50 克，黄连、夏枯草、藕节、当归、焦地榆、棕炭、天花粉 30 克，广三七 15 克。

用法用量：共为细末，开水冲调，加黄酒 200 克为引，每千克体重 1 克，每天 1 次，连用 7 天。

加减方法：初期体温较高时，另加黄柏、黄芩及栀子各 50 克，食欲不佳的，另加焦山楂、麦芽、鸡内金、陈皮及川厚朴各 30 克，乳房肿热有痛的，另加大青叶、泽兰、乳香、没药及元胡各 35 克。

处方 2：生黄芪 4 克，玄参、当归 3 克，连翘、金银花、乳香、没药、生香附、青皮各 2 克，肉桂 1 克。

用法：加入白糖适量拌料喂服，每千克体重 1 克，每天 1 次，连用 7 天。

功能：清热燥湿，活血化瘀，理气止痛。

二十、维生素 A 缺乏症

在毛皮兽机体内，由于维生素 A 不足引起上皮细胞角化为特征性的一种疾病，称为维生素 A 缺乏病或维生素 A 缺少症。

【症状】成兽和幼兽临床症状相似，饲料内维生素 A 不足时，经过 2～3 个月表现出本病的临床症状。银黑狐和北极狐本病的早期症状为神经失调，抽搐和头向后仰，此时病兽失去平衡倒下。较小的外界刺激引起病兽沿笼子长期旋转，步态摇晃。个别病例神经性发作持续 5～15 分钟，仔兽常常出现肠道机能紊乱，表现腹泻，粪便内含有多量黏液和血液。维生素 A 不足引起肺部病变、生长停止和换牙延迟。

【病理解剖变化】因本病死亡的毛皮兽尸体消瘦，表现贫血。仔兽常出现气管炎、支气管肺炎，转为补饲时的幼兽常发现胃肠炎变化，并于死亡仔兽胃内见到有溃疡。肾和膀胱常发现有尿结石。

【诊断】当有特征性临床症状时，建立诊断并不困难。但为确诊起见，对病兽的血液和死亡兽肝内的维生素含量要进行测定。同时应分析饲喂的日粮。在可疑的情况下，可饲喂鱼肝油进行治疗诊断。

【治疗】肉食毛皮兽对胡萝卜素多消化不良，因此，应当计算饲料内所含维生素 A 的量。当毛皮兽发生维生素 A 缺乏病时，治疗量的维生素应为预防量的 5～10 倍，毛皮兽每天内服 15 000 国际单位，同时，必须注意饲料内保证有足量的中性脂肪。应用含植物油盐基的维生素 A 制剂曾获得满意效果。

中药防治：

处方：苍术 10 克，研末，灌服，每天 2 次，连用数日。

【防治措施】为预防维生素 A 的缺乏病在毛皮兽的配种准备期、妊娠期和哺乳期的饲料中，必须添加维生素性鱼肝油或维生素 A 浓缩剂。每天每千克体重 250 国际单位，实践证明效果很好。因有相当一部分维生素 A 在饲料调制过程中被破坏。毛皮兽饲养实践中，向日粮内投给肝及维生素 E 具有良好的作用，后者能防止维生素 A 的氧化。酸败鱼肝油绝对不能利用，用后不但不能起到治疗和预防本病的作用，反而对毛皮兽有害。

二十一、维生素 E 缺乏症

毛皮兽维生素 E（生育酚）不足引起不妊症，饲料内含有不饱和脂肪酸量增加，同样能促进本病的发生和发展。

【症状】毛皮兽主要表现为繁殖机能障碍，母兽配种期拖延、不孕和空怀数增加；仔兽生下来委靡，虚弱，无吸乳力，死亡率增高；公兽表现性功能消失，精子生成机能障碍。营养良好的毛皮兽在秋季突然死亡，应该考虑到维生素 E 的不足。

【病理解剖变化】新生仔兽在皮下常发现胶状棕色渗出物。其他器官无明显病理变化。

【诊断】根据临床症状和病理剖检尚不能建立诊断。为了确诊，还必须进行日粮的分析，特别注意饲料的质量，当饲料中发现脂肪迅速氧化（贮存较久的马肉、鱼、海兽肉、脂肪等），而在日粮中又未补充维生素 E 时，即可诊断为本病。在诊断本病时，还要注意与脂肪组织炎进行鉴别诊断。在实践中单纯维生素 E 缺乏少见，大多与脂肪组织炎一起发生。脂肪组织炎的特点是皮下高度水肿浸润，脂肪呈黄色，皮下脂肪和皮肤不易分离。

【防治措施】在配种期和妊娠期，日粮中必须排除有脂肪氧化的可疑饲料，保证给予新鲜脂肪含量适中的饲料。实践证明，较长时间（持续 2～4 周）饲喂脂肪氧化的饲料，能引起发病。因此，为预防不良的产仔和幼兽的死亡，配种期必须向日粮中添加 d-α 生育酚。正常情况下 100 千克发热量的饲料加 d-α 生育酚 2 克。当日粮内不饱和脂肪酸增高，维生素 E 的给予量也要增加。如不饱和脂肪酸为中等含量，则加 d-α 生育酚 3 克；含量高时，加 d-α 生育酚 5 克。

中药防治：

处方：党参、黄芪各 25 克，麦芽、谷芽、侧柏叶、苍术各 20 克，当归 15 克，红花 10 克，广三七 5 克。

用法用量：共为极细末，开水冲调，每千克体重 1 克，每天 1 次，连用 7 天。

二十二、维生素 C 缺乏症

在毛皮兽妊娠母兽机体内维生素 C（抗坏血酸）缺乏，引起新生仔兽呈现所谓"红爪病"。

【症状】四肢水肿是新生仔兽疾病的主要特征。关节变粗，指垫肿胀，患部皮肤紧张和高度潮红。以后指间形成溃疡和龟裂，脚掌水肿在胚胎期或生后第二天发生。个别病例的患病仔兽脚掌正常或伴有轻度充血。个别有尾的水肿，此时尾端变粗，皮肤高度潮红。患病仔兽发出尖锐的叫声，不间断地前进（乱爬），向后仰头，仿佛打呵欠。患病仔兽不能吸吮母兽乳头，结果使母兽发生乳腺硬结，母兽开始不安，沿笼子拖拉仔兽，甚至咬死仔兽。

【病理解剖变化】生下 2～3 天的仔兽死亡，发现胸、腹和肩胛部皮下水肿和黄疸，在胸和腹部肌肉常常发现广泛性斑块状出血。

【诊断】根据典型临床症状、妊娠期饲料和产后第一天母兽乳的分析可确诊。正常成年母兽每 100 毫升乳内含抗坏酸为 0.7～0.87 毫克。而病兽乳中含抗坏酸量仅为 0.1～0.48 毫克。病兽仔兽器官内也确定维生素 C 含量降低。

仔兽维生素 C 缺乏病与分娩外伤有类似的地方，要加以鉴别。分娩时损伤，发生于同窝个别仔兽中，出血性素质特征是大量出血。

【治疗】为及时发现病兽，在产仔后 5 天内，坚持每天检验仔兽。对发病仔兽可投给 3％～5％ 的抗坏血酸溶液，每只每次 1 毫升，每天 2 次。可用滴管喂给，直至水肿消失为止。配制的抗坏血酸溶液当天用完。发现母兽乳头发育不全，要将仔兽定期放到母兽乳头上吸奶。产后第一天要挤出患病仔兽的母兽乳，这有利于乳的正常分泌，预防乳房炎。

中药防治：

处方：鲜马齿苋、鲜小蓟、嫩松树叶、嫩侧柏叶、鲜车前草各 15 克。

用法用量：共捣为细泥，去粗纤维，分早、晚两次混饲料内

给予，每次加苍术面少量，疗效更好，每千克体重 1 克，连用
7 天。

【防治措施】为预防维生素 C 缺乏病，必须保证母兽有全价
的饲料。日粮内应有足够的维生素 A、维生素 B_1、维生素 B_2、
维生素 H 和维生素 C。妊娠后期，日粮必须排除保存时间过长
和质量不好的可疑饲料。对患过本病的毛皮兽，应从病兽群中淘
汰，这对防止维生素 C 缺乏症具有实践意义。

二十三、维生素 B_1 缺乏症

维生素 B_1 缺乏症是维生素 B_1（硫胺素）不足，毛皮兽引起
大批食欲消失、共济失调和麻痹为特征的疾病。

【症状】维生素 B_1 不足经过 20～40 天，会使毛皮兽食欲消
失，以后开始衰弱，步态摇晃，很快引起抽搐和痉挛，此时不予
以治疗，经 1 天死亡。

病兽体温降低，心脏机能减弱。发现母兽在妊娠后期出现很
高的死亡率（20％～30％），由于母兽体内聚集很多有毒产物，
常导致哺乳仔兽腹泻。

【病理解剖变化】新生仔兽发现头部出血和血肿。死亡兽体
保持良好肥度。妊娠母兽常发现木乃伊化胚胎。肝呈黄色或红
色，质脆易碎，有时发现肝破裂。心脏扩大，多数病例伴有表面
出血。脑两侧有对称的充血区。组织学检查，神经系统发生广泛
性损害。

【诊断】根据大批食欲消失和共济失调可做出初步诊断。但
确诊有待于血液和尿液的检查确定。当维生素 B_1 缺乏时，血液
中丙酸含量增高，尿液中维生素 B_1 含量降低，同时还必须注意
分析日粮中引起维生素 B_1 破坏的因素。

在诊断中，还要注意区别脑脊髓炎和食盐中毒。通过细菌学
和毒物学可以检查排除。

【治疗】维生素 B_1 缺乏病可早期食物中添加维生素 B_1，持

续 10～15 天。毛皮兽为每天 2～3 毫克。当病兽拒食和神经失调时，可注射维生素 B_1，成兽每次 0.5 毫克。

中药防治：

处方 1：党参 30 克，黄芪 30 克，当归 30 克，白芍 50 克，甘草 20 克，陈皮 50 克，三仙各 50 克，苍术 25 克，厚朴 30 克，木香 15 克，大黄 15 克，另加酵母片 200 片，医用九合维生素丸 30 粒，混入饲料内给予，每千克体重 1 克，每天 1 次，连用 7 天。

处方 2：症状好转时，每天只给酵母片 100 片，九合维生素丸 20 粒灌服，共为末，每千克体重 1 克，灌服，每天 1 次，连用 7 天，1 个月后痊愈。

【防治措施】为预防毛皮兽维生素 B_1 的不足，不能长期饲喂破坏维生素 B_1 的饲料。在繁殖期饲料内，应补加维生素 B_1，毛皮兽每天给 0.4 毫克。

二十四、维生素 H 缺乏症

在毛皮兽机体维生素 H 缺乏时，以引起表皮角化、被毛卷曲及自身剪毛现象为主要特征。

【症状】当该种维生素不足时，在 9 月初仔兽出现灰色毛皮镶边。仔兽在上部出现黑色毛皮镶边，下边为白色。

在发情期维生素 H 不足，母兽空怀率增高。母兽从妊娠中期起不改变缺乏维生素 H 的状态，会引起仔兽脚掌水肿和被毛变灰。

【病理解剖变化】毛皮兽死后表现高度消瘦，肝呈灰黄色，体积增大。肝内脂肪含量达 57%。同样发现肾脏及心肌变性。

【诊断】根据临床症状，病理解剖变化及日粮分析等进行综合性诊断，即可确定本病。

【治疗】出现维生素 H 缺乏时，提倡非经肠投给 1 毫克维生素 H，每周 2 次，到症状消失为止。维生素 H 以低浓度广泛分布在所有的动植物中，在酵母、肝脏和肾脏中的含量很高。每千克饲料中添加烟酸 30~40 毫克，每天 1 次，连喂 5~7 天。

【防治措施】为预防维生素 H 的不足，在妊娠期及幼兽生长期，不要喂给毛皮兽生鸡蛋及带有氧化脂肪的饲料。对其他方面还缺乏研究。毛皮兽对维生素 H 的标准是每天 15 微克。

二十五、磷和钙代谢障碍

磷钙代谢障碍在临床上又称为佝偻病和纤维素性骨营养不良。毛皮兽在磷和钙的需要上比其他动物要高，这显然与其生长快有关。幼兽及妊娠母兽对矿物质的缺乏最敏感。

【症状】仔兽佝偻病经常罹患于 1.5~4 个月的毛皮兽，明显的特征是骨变形。本病过度形成骨样组织，但此组织钙化不足。先是前肢骨变形，以后是后肢骨和躯干骨变形。有时发现小腿骨、肩胛骨及股骨弯曲，在肋骨和肋软骨结合处变形，形成念珠状。仔兽佝偻病形态特征是头容积变大，腿变短而弯曲，腹部增大下垂。有的仔兽不能用脚掌走路和站立，而用肘关节移行。由于肌肉松弛，引起共济失调，呈现跛行。定期发生腹泻。佝偻病的患兽对传染病、感冒及其他疾病的抵抗力降低。母兽发病由于髋关节不正常，形成难产和仔兽死亡数增加。

患佝偻病的毛皮兽不予治疗以后可转成纤维性骨营养不良。于 5~9 日龄毛皮兽发现本病，表现齿龈肿胀，牙齿松动，上颌增大，头变畸形，病兽以半开口坐着，齿龈高度水肿，颌不能闭合。骨软化，鼻和颌变形不便采食，逐渐消瘦。

【病理解剖变化】发现全身贫血，骨骼软化和畸形。管状骨骼肥厚，颅骨变薄，易于压凹。剖检肥厚的上颌时，有时发现囊肿，其内充满棕色液体。

骨组织营养不良，骨干软化是纤维素性骨营养不良的典型症状。骨髓萎缩而代之的是纤维素性结缔组织。这种过程伴发管状骨骼的肥厚和畸形。据此命名为纤维素性骨营养不良。

【诊断】根据佝偻病和纤维素性骨营养不良的临床症状特点

和典型病理解剖变化，可以建立诊断。

【治疗】必须给予维生素 D。通常应用油溶液或鱼肝油。毛皮兽每天量为 1 500～2 000 国际单位；以后转入预防量。同时在日粮内投给鲜碎骨。并发消化不良时，给予易消化的饲料。

中药防治：

处方 1：龙胆根 100 克，炒牡蛎、南京石粉、苍术各 200 克。

用法用量：共为细末，混合均匀，每千克体重 1 克，每天 2 次，连用数天。

处方 2：乌贼骨、蚕粪、鸡卵壳、苍术各 300 克。

用法用量：共为细末，混合均匀，每千克体重 1 克，每天 2 次，连用数天。

处方 3：黄芪、海带、柴胡、海藻各 50 克，双花、连翘、花粉、当归、郁金、生地、黄柏、羌活、威灵仙各 40 克，甲珠、红花各 15 克，河蟹 200 克。

用法用量：共为细末，开水冲调，加黄酒 200 克为引，每千克体重 1 克，每天 1 次，连用 7 天。

加减方法：食欲不佳的，另加川朴、陈皮、龙胆根及建曲各 20 克，跛行严重的全身疼痛严重时，可去掉方中的海带、柴胡及海藻，另加杜仲、土鳖虫、骨碎补、补骨脂、防己、乳香及没药各 25 克，有条件时也可以加广三七（消肿、散瘀及止疼效果显著）15 克，特别衰弱的，除加重黄芪剂量外，可另加党参、石莲子及山药各 50 克。

【防治措施】预防佝偻病和骨纤维性营养不良要比治疗容易得多。重要的是在日粮内加入维生素 D，剂量为每千克体重 100 国际单位。特别是毛皮兽饲养于遮光的笼子或棚舍内，以及日粮内骨很少，以肉、鱼的干燥代用品为主的饲料，补加维生素 D 显得十分重要。

应考虑到毛皮兽日粮磷和钙合理比例，一般应是 1∶1 或

1：2，饲料内骨不足可添加骨粉。母兽妊娠和哺乳期，维生素 D
最小剂量为每千克体重 100 国际单位，必要时可以补加其制剂。

在毛皮兽日粮内应含有丰富磷和钙的饲料（乳、带骨鱼、生
的青菜），在冬季要给予鱼肝油。食盐是毛皮兽日粮的必须组成
部分，成兽每天为 1.5～2 克。

二十六、肝脂肪性营养不良

肝脂肪性营养不良，又称肝为脂肪变性，肝中毒性营养不
良，黄脂肪病或脂肪组织炎。本病伴发物质代谢重度障碍和各器
官机能及形态学的严重病变。

【病因】主要是在饲料酸败，又没有加抗氧化剂的情况下发
生。维生素 E 和维生素 B 及硒的缺乏能促进本病的发生和发展。

饲料保存时间过久或保存条件不良，被产毒细菌（产气荚膜
梭菌、大肠杆菌或某些霉菌）侵害，饲喂这种饲料 15～20 天即
可发生肝中毒性营养不良。

【症状】本病有急性和慢性之分。

急性型：在毛皮兽常发生于 7～8 月份体质肥胖的幼龄兽。
病的主要症状为腹泻，粪便呈绿色或灰褐色，内混有气泡和血
液，最后变为煤焦油状。食欲废绝，渴欲增强，常发生痉挛及癫
痫发作，不久出现死亡。

慢性型：病兽显著沉郁，很少活动，拒绝饲料。体重减轻。
被毛蓬乱无光，有的可视黏膜黄疸，一般体温正常，个别稍升
高，最后出现腹泻，粪便呈黑褐色并混有血液。步态不稳，个别
病例后肢麻痹或痉挛发作，出现不自然的尖叫。

妊娠母兽发生性器官流血、流产，毛皮兽肝脂肪营养不良，
常引起胎儿吸收。本病死亡率在 10%～70%。

【病理解剖变化】急性病例尸体营养良好，慢性病例表现衰
竭，个别病例肥度正常。尸僵不明显，被毛蓬松，肛门部常被煤
焦油样粪便污染，有的毛皮兽可视黏膜黄疸。

主要病理解剖变化发生在肝和肾。肝增大，质脆弱，呈灰黄色，切面干燥无光泽。当弥漫性肝脂肪变性时，肝块漂浮于水内，当切开时在刀上留下脂肪薄膜。胆囊充满黏稠黑绿色胆汁。肾增大，呈灰黄色，切面平展。脾增大仅见于妊娠母兽。胃通常空虚，含少量黑色黏液，个别病例胃黏膜出现溃疡。

严重中毒病例，剖检变化也见于心脏。心脏扩张，心肌切开色淡，有显著纹理区，个别病例心肌呈煮肉状。

组织学检查确定，肝和肾不同程度的脂肪和颗粒脂肪变性。肝细胞容积增大，胞核挤到一侧。严重中毒发生扩散性脂肪性变性，此时大量脂肪主要以小滴状存在于肝小叶周围或在小叶中心的肝细胞内。毒物位于细胞中心，细胞皱缩，容积缩小，淡染。

在发生颗粒性变性的病例，在肝细胞原生质内除脂肪滴外，还有小蛋白质颗粒。

于心肌发生不同程度的颗粒变性和脂肪变性。死于妊娠期的母兽，脾组织学检查可确定巨核细胞数量增加，网状细胞增生。

【诊断】根据临床、病理剖检及组织学变化以及饲养状况，可以确定毛皮兽肝脂肪性营养不良。为排除传染病，必须把病理材料送实验室检查。同时，还要进行饲料毒物学检查。必要时，对饲料进行维生素和脂肪含量检查。

【防治措施】为治疗和预防本病，必须采取综合性预防措施。

为预防目的，必须认真检查每一批肉类和鱼饲料的质量，不许给予被产毒细菌和真菌污染的饲料，以及长期保存脂肪含量高的动物性饲料。被覆有黏液薄膜的肉、鱼饲料，无论以生或熟的形式都不能喂兽。经高锰酸钾洗涤过的饲料，禁止给予妊娠和哺乳的母兽。

当发生本病时，日粮内应加入质量好的富含全价蛋白的饲料。

母兽日粮从1月到产仔末期，应当有足够量的全价动物性饲料，保证蛋白质、碳水化合物、维生素的含量。在B族维生素含量上经常应考虑酵母、新鲜鱼肝油的补给。

为预防母兽流产的发生和对肝脂肪性营养不良以良好的影响，在繁殖期应用维生素 E、维生素 B_{12}、维生素 C 和叶酸。维生素 E 的作用应在用后 4～5 周之后才开始发挥作用，因此必须提前补给。

在本病治疗中，为预防继发性细菌感染，提倡应用抗生素或磺胺类药物。

亚硒酸钠具有强心和抗氧化剂作用。在毛皮兽饲料内加入适量该制剂是有益的，按兽每千克体重 0.1 毫克加入，饲喂 1 周，间隔 1 周，这样连续 1 个月，表现出明显治疗效果。但亚硒酸钠具有很强的毒性。当剂量增大时，会使毛皮兽中毒。因此，必须严格控制用量，放入饲料后一定调制均匀后喂给。

氯化胆碱和维生素 E 一样，对黄脂肪病有很好的效果。对病兽和健兽都可随饲料投给。毛皮兽每只每次为 60～80 毫克。

中药防治：

处方 1：半夏、厚朴、茯苓、藿香各 50 克，苏叶、陈皮、生薏米、白术、滑石、白蔻仁、竹叶各 45 克。

用法用量：共研为末，开水冲，每千克体重 1 克，候温灌服，每天 1 次，连用 7 天。

处方 2：鸡失藤、山楂、绛梨木 45 克，芹菜根 60 克，草决明 30 克，鲜嫩蕨苗 100 克，泽泻 45 克，荷叶、白术 30 克。

用法用量：共研为末，开水冲，每千克体重 1 克，候温灌服，每天 1 次，连用 7 天。

参 考 文 献

白秀娟，张伟. 1999. 养狐手册［M］. 北京：中国农业大学出版社.

白余庆. 1993. 特种经济动物［M］. 北京：中国农业出版社.

卞有生，张凤廷. 1998. 中国农业生态工程的理论与实践［M］. 北京：中国
　环境科学出版社.

陈甫. 2009. 狐貉疾病诊疗与处方手册［M］. 北京：化学工业出版社.

程世鹏，单慧. 2000. 特种经济动物常用数据手册［M］. 沈阳：辽宁科学技
　术出版社.

高本刚，杨劲松，凌明亮. 2004. 经济动物生态养殖工程技术［M］. 北京：
　化学工业出版社.

胡元亮. 2009. 新编中兽医验方与妙用［M］. 北京：化学工业出版社.

李光玉，杨福合. 2006. 狐貉貂养殖新技术［M］. 北京：中国农业科学技术
　出版社.

李铁栓，金东航. 2001. 特种经济动物高效饲养技术［M］. 石家庄：河北科
　学技术出版社.

李文华，闵庆文，张壬午. 2005. 生态农业的技术与模式［M］. 北京：化
　学工业出版社.

刘晓颖，程世鹏. 2009. 水貂养殖新技术［M］. 北京：中国农业出版社.

刘玉桓，王春三. 1987. 貉病防治［M］. 哈尔滨：黑龙江科学技术出版社.

朴厚坤，王树志，丁群山. 2002. 实用养狐技术［M］. 北京：中国农业出版社.

覃能斌，孙海霞，刘春龙. 2004. 实用养狐技术大全［M］. 北京：中国农业
　出版社.

佟煜人，钱国成.1990. 中国毛皮兽饲养技术大全 [M]. 北京：中国农业科学技术出版社.

汪恩强.2003. 毛皮动物标准化生产技术 [M]. 北京：中国农业大学出版社.

汪嘉燮.2007. 生态养猪技术手册 [M]. 上海：科学技术出版社.

张福云，毛国盛.1988. 貉狐饲养技术 [M]. 北京：科学技术文献出版社.

张玉，时丽华，陈伟.2001. 特种经济动物养殖 [M]. 北京：中国农业大学出版社.

郑敦仁.2005. 简明实用中兽医手册 [M]. 广州：广东人民出版社.

郑丕留.1992. 中国家畜生态 [M]. 北京：中国农业出版社.

郑庆丰.2009. 科学养狐技术 [M]. 北京：中国农业大学出版社.

Berestov VA. 1974. Biochemistry and blood morphology of Fur‐bearing animals [M]. Washington：Agr. & Nat Sci Found.

David D Porter，Austin E，et al. 1980. Advances in Immunology [M]. Amsterdam：Elsevier.

Gunnar Joergensen. . 1985. Mink Production [M]. Denmark：Scientifur.

National Research Council. 1982. Nutrient Requirements of Mink and Foxes [M]. Second Revised Edition. National Academy Press.

Wenzel V，Berestov VA. 1986. Pelztierkrankeiten-Nerz und Fuchs [M]. Berlin：VEB Deutscher Landwirtschaftsverlag.

图书在版编目（CIP）数据

毛皮动物生态养殖技术／葛铭，张瑞莉编著．—2
版．—北京：中国农业出版社，2013.10
（最受养殖户欢迎的精品图书）
ISBN 978-7-109-18135-9

Ⅰ.①毛…　Ⅱ.①葛…　②张…　Ⅲ.①毛皮动物—生
态养殖　Ⅳ.①S865.2

中国版本图书馆 CIP 数据核字（2013）第 171020 号

中国农业出版社出版
（北京市朝阳区农展馆北路 2 号）
（邮政编码 100125）
策划编辑　颜景辰
————————————————
中国农业出版社印刷厂印刷　　新华书店北京发行所发行
2014 年 1 月第 2 版　2014 年 1 月第 2 版北京第 1 次印刷
————————————————
开本：850mm×1168mm 1/32　　印张：10
字数：246 千字
定价：28.00 元
（凡本版图书出现印刷、装订错误，请向出版社发行部调换）